植物改良への挑戦

メンデルの法則から遺伝子組換えまで

鵜飼保雄＝著

培風館

はじめに

この本は、植物の品種改良（育種）の技術がこれまでどのように発展してきたのかを、まとめたものである。品種改良の歴史は古い。人類の歴史の中で農耕の発祥とほとんど同時に、作物や家畜の改良がはじまったと考えられる。ただ、近代育種学は事実上、一九〇〇年のメンデルの法則の再発見からはじまったので、この本もそれ以降の百年余りの期間を主に扱っている。

本書では、三つのことに重点をおいて解説した。

一つは、技術を生んだ研究者個人の一生についてである。科学における発見や発明も、人間の営みである以上、研究者の個人的事情とまったく無関係に生まれるわけではない。メンデルの法則の真実性は、メンデルが科学者ではなくキリスト教のれっきとした司祭であったことや、実験が研究所ではなく修道院内の庭で行なわれたこととはあまり関係はないかもしれない。しかし、そもそも司祭であるメンデルがなぜ自然科学の実験に手を染めたのか、なぜその実験課題が植物の遺伝であったのか、なぜ実験結果を遺伝法則の形でまとめたのか、などの疑問は、メンデルの生涯を知らなくては解けない。

二つ目は、技術が生まれ発展したときの社会的背景である。品種改良はそれぞれの時代や地域の社会的要請を反映しながら行なわれた。それらの要請は、時代の栽培慣行や農産物需要や、地域の気象、土壌、地形など自然条件から生まれてくる。肥料化学工業の進展により化学肥料が安価で利用できるようになると、施肥による増収効果の高い品種が求められた。また寒冷地には耐寒性品種が、病害多発地帯には抵抗性品種が育成され普及された。旧ソ連におけるルイセンコ旋風のように、政治情勢が品種改良技術の発展を遮ったこともあった。一方、トウモロコシの一代雑種の成果が第二次世界大戦下の米国の食糧を支えたように、品種改良の成果が逆に社会に影響を与えることも多かった。

三つ目は、学問と技術、あるいは技術と技術のあいだの歴史的なつながりである。どのような技術も、それ自体が単独で生まれてくることはない。品種改良技術は周辺科学とくに遺伝学と歩調をあわせて進展してきた。交雑育種はメンデルの法則が再発見されてそれを理論的基盤としてはじめて発展した。突然変異育種は、X線の発見にともなって誕生し、第二次世界大戦後の原子力の平和利用の一環として推進された。植物ウイルス病の解析のために開発されたプロトプラストの作出技術から、細胞融合が開花した。重要な技術の多くは、必ずしも育種学の中からだけ生まれ育ったものではなかった。一方では技術の間のコネクションもある。現在、中国全土で広く栽培されているハイブリッドライスは、米国でのトウモロコシの一代雑種育種の成果を稲作に応用したものであり、そのトウモロコシの品種は北アメリカに白人が植民するずっと以前から先住のアメリカインディアンが改良してきたものである。

育種学の教科書は少なくないが、品種改良の歴史を記述した本は、海外にもまだないようである。個々の品種改良事業には一つのドラマに例えられるような場面が多いが、育種家は寡黙であり、生涯をかけた仕事の成果も記録に残すことは少ない。そのため品種改良の歴史を詳しく追うことが難しい。本書も、論文や資料に含まれる断片的情報をよりあわせるようにしてまとめたものである。話題を、育成された品種の歴史ではなく品種改良の技術に重点をおいたのは、後者のほうが論文などによる記録が多いためである。今後さらに品種改良の歴史についてのより詳しい探求がなされるまでの一つの踏み台として、本書を読んでいただければと願っている。著者の理解不足により、記述に思い違いや誤りがあるのではないかと恐れている。読者の皆様からの御指摘をいただければ幸いである。

なお本書の文中では、著者にとっての恩師や先輩の方々も含めて、すべての方の敬称を略させていただいた。失礼をご容赦いただきたい。また所属は原則として記載された事項が発生した当時のものを記した。

出版にあたっては、培風館の小林弘昌氏と髙橋真紀子氏に丁寧な編集と校正をしていただき、心から感謝を申し上げる。本書執筆にあたっては、大澤良、真田哲朗、山口勲夫、山田実、平田豊の各氏から資料や情報をいただいた。またスウェーデンのルンドクヴィスト博士には病気加療中にもかかわらず突然変異育種関連の貴重な情報を送っていただいた。これらの諸氏に深く感謝申し上げる。最後に執筆中種々の面で協力してくれた妻紀代子に感謝する。

二〇〇五年　四月　一日

鵜飼保雄

目次

第一章

植物改良は自然突然変異と自然交雑の利用からはじまった

農耕の発祥とともにはじまった植物改良

植物の改良の歴史は長い。それは農耕の発祥とともにはじまり、少なくとも一万年前にさかのぼる。人類が植物を栽培するようになれば、植物集団の中から、種子がたくさんつくとか、果実が大きいとかという望ましい個体を選びたくなるのは自然である。また選抜を意図的に行なわなくても、栽培によって植物集団が変化する。たとえば穀類では、野生種の種子をとって翌年の栽培に用いるというただそれだけの操作を数世代つづけると、登熟しても穂から種子が脱落しないタイプが増えることが実証されている。

選抜は品種改良の基礎である。選抜による改良は必ずしも速くはなかったが、長い年月のあいだに累積した変化は大きかった。かつてトマトは現在のイチゴよりも小さかった。カボチャやダイコンやリンゴなどもいまよりずっと小さかった。アメリカ大陸で発見された推定六千年前の炭化したトウモロコシは穂が二センチの長さしかなかった。

改良された形質は、大きさだけでなく、さまざまであった。植物体の色、草丈、芒《のげ》やとげの有無などは、ひと目でわかり、改良されやすかった。また開花や成熟の早晩や病気や害虫に対する抵抗性などもたやすく見分けられた。選抜によって多くの形質が総合的に変化し、野生植物は栽培植物すなわち作物へと変身し、さらに作物になってからも絶え間ない改良がつづけられてきた。

選抜が有効であるためには、選ばれた望ましい形質が、栽培環境などによる一時的な変異ではなく、子孫に伝わらなければならない。つまり、形質の優劣が遺伝的変異によるものでなければならない。その遺伝的変異の供給源は自然突然変異である。現在の知識でいえば、それはＤＮＡの塩基配列上に自然に生じた恒久的な変化である。その変化はごく低頻度でしか起こらないが、進化の非常に長い期間に蓄積される。

突然変異は、それによる形質の変化が大きい場合は、すぐに見分けられる。それが有用ならば選抜され、有害ならば淘汰される。しかし優性から劣性方向への突然変異や、効果の小さい遺伝子の突然変異の場合には、認められずに、集団中に突然変異遺伝子として潜伏したままとなる。それらは自然交雑によって遺伝子の新しい組合せが生じて形質に変化を与えるようになってはじめて、選抜の網にかかるようになる。このように突然変異体として直接選抜される場合（五頁）と、集団中に分離した個体として選抜される場合（十一頁）とがあるが、どちらも自然突然変異に由来する。

メンデルの法則が再発見されるまでは、表現された形質の優劣にもとづく選抜だけで、植物は改良されてきた。交雑やそのほかの育種技術が花咲くのは、すべて二十世紀に入ってからである。

自然突然変異は観察できるか――ド・フリースの挑戦

生物の集団中に突然「変わりもの」が生じることがあることは、すでにギリシャの哲学者アリストテレスによって知られていた。またダーウィンもその著書で異常型が突発する現象をsports（変わりだね）として記している。

現在、突然変異を意味するmutationの語を最初に用いたのは、一六五〇年のT・ブラウンで、人類社会における特定の人種の出現の表現に用いた。またワーゲンは一八六九年にアンモナイトにみられた年代的な微小変化に対して用いた。しかし、突然変異を意味する生物用語として最初に用いたのは、ド・フリースである（図1・1）。mutationはラテン語で「変化」を意味する。彼は進化の問題から自然突然変異を実験的に研究しようとした。

図1·1　ド・フリース

ド・フリース（一八四八・二・一六～一九三五・五・二一）はオランダのハールレムに生まれた。ハイデルベルク大学とライデン大学で医学を学び、一八七〇年にライデン大学で学位を取得した。アムステルダム大学で一八七一年から五年間教えたのち、ドイツのヴュルツブルク大学の著名な植物生理学者ザックスの指導を受けた。一八七七年にアムステルダム大学の助教授、一八八一年に植物学の教授となった。

以後一九〇四年に米国に行きカリフォルニア大学で講義をした以外は、アムステルダム大学に在籍し、一九一八年の引退まで研究に没頭した。研究の前半生は植物生理学に集中し、呼吸、成長、膨圧について成果をあげた。「原型質分離」の語をつくったのも彼である。後半は一転して植物雑種の研究に向かった。とくにメンデルの法則の再発見者の一人となったことと、「突然変異説」を唱えたことで知られている。

彼は種の起源に興味をもち、ダーウィンの生物進化説を全体としては受け入れていた。しかし納得できない点があった。それは、進化の各段階は観察できないほど微小であるという考えである。それに対してド・フリースは、種は形質の急激で大きな変化によって生じ、それぞれの急変の事象は生理的過程と同様に観察しうると主張した。

一八八六年夏のある日の午後、散歩をしていたド・フリースは、使われていないジャガイモ畑に群生しているオオマツヨイグサ（*Oenothera lamarkiana*）の集団が、近くのよく管理された公園にある集団とは異なることに気づいた。この集団は全体としては均一にみえたが、そこかしこに変異体が見つかった。新しい環境に急速に適応している集団では自然突然変異が生じやすいと考えていた彼は、植物進化についての具体的な証拠と、その変化が起こるしくみを求めて、この集団の徹底的な調査を開始した。場所はアムステルダム南東のヒルヴァースムであった。

彼は変異体と正常個体から種子をとり、自分の実験園にまいて栽培し、交雑し、増殖して、数年にわたって観察をつづけた。出現した変異体は、大きさ、葉形、花形、花色、葉の位置などさまざまな形質で変わっていて、ギガス、アルビダ、オブロンガなどの名がつけられた。その総数は一八九九年までに八百三十四に達した。変異の出現は突然で、また形質変化の程度は急激で中間段階がなかった。彼はこの実験結果にもとづいて、一九〇一年から一九〇三年にかけて二冊の本を著し、その中で進化はダーウィンが説くような漸進的なものではなく跳躍的に進むという、有名な「突然変異説」を展開した。観察は緻密で、それにもとづく思索も十分に深かった。しかし、残念ながら彼が突然変異と考えたマツヨイグサ属の変異は遺伝子の突然変異ではなく、進化を説明するのに役立つものでもなかった。ギガスはふつうの倍の数の染色体をもつ四倍体であった。他のあるものは染色体数が増減した異数体であった。そしてほとんどは転座を含む染色体変異であった。

その後の詳細な細胞遺伝学的研究で、マツヨイグサ属の種々の系統は、各染色体に相互転座をもち、それにより染色体の大部分が減数分裂期に大きな染色体の環を形成することがわかった。この染色体環の存在により相同染色体間の対合はふつう、染色体末端に限られ、ヘテロ接合が半恒久的に保持される。これは複合ヘテロ接合体とよばれる。[1] 染色体末端は自殖の過程でホモ接合化していて、乗換えが起きても遺伝的分離は生じないが、まれに動原体に近い部分で乗換えが生じるとヘテロ接合の主働遺伝子が分離して、外見上はあたかも突然変異が分離したかのような印象を与える。これがマツヨイグサ属集団で観察された擬似突然変異の真相であった。当時としては、ド・フリースが騙されても不思議ではない巧妙な自然のマジックであった。自然突然変異がどのように生じるかは、いまも明らかでない。

自然突然変異体がそのまま品種になった

(一) 海　外

自然突然変異が起こる率は低く、比較的変異しやすい形質でも遺伝子あたり十万分の一程度である。しかし通常、畑などに栽培されている植物体の数は莫大なので、その中に自然突然変異をもつ個体が見つかるチャンスは決して小さくない。突然変異が、比較的小さな効果をもつ遺伝子が数多く関与する量的形質で生じる場合には、栽培されている集団中で直接見つけだすことはむずかしい。そのような突然変異は集団内の個体間の変異を高めるが、それを利用するには、数世代にわたる選抜が必要である。それに対して、肉眼でわかるほど顕著な効果をもつ単一の遺伝子に生じた突然変異は見つかりやすく、また得られた突然変異体がそのまま利用されることが多い。

紀元前三〇〇年の秦時代の中国古書には、穀類で熟期などの形質についての自然突然変異が選抜された記録があるという。後漢時代の許慎《ふしえん》が撰んだ中国最古の漢字の解説書『説文解字《せつもんかいじ》』（一〇〇年ごろ）には茎や葉が紫色の「紫イネ」に相当する漢字が記されている。中国清朝の康熙帝《こうきてい》の治世下（一六六一〜一七二二）で、多収で香りのあるイネの品種が皇帝の庭園で発見された。この突然変異体は早熟性で、これにより万里の長城より北の地域ではじめてイネを栽培できるようになった。ただし、当時このイネは皇帝とその側近しか食べることを許されず、「帝稲」とよばれていた。

一五九〇年にドイツのハイデルベルクの薬剤師シュプレンガーが彼のハーブ園でクサノオウから深い鋸歯のある葉をもつ変異体を発見した記録が残っている。この変異体には当時の植物学者によってもとの植物とは異なる学名が与えられた。

紫色の皮をもつジャガイモ品種のイモの一つの目から白色の皮をもつ突然変異体が得られ品種となった例が、一八五七年にオランダの園芸新聞に載っている。

自然突然変異の育種への利用は、メンデルの遺伝法則が再発見されたのちにもつづいた。ベルリンの遺伝学研究所にいた育種家ゼングブッシュとハックバルスは、一九二〇年代に通常の苦味のあるアルカロイドをもつ黄花ルーピンの畑でアルカロイドを欠く突然変異体を発見した。頻度は一万分の一から十万分の一であった。この突然変異体はスイート・ルーピンと名づけられ、その発見によりルーピンを牛の飼料として利用できるようになった。ゼングブッシュは、ルーピンの種子を一日で数千粒選抜できる技術を開発し、十三年かけて約七百万粒を検定した。

第二次大戦後にソ連から米国へ移住してきたサヴィツキーは、オレゴン州のテンサイ畑で約二十万株を調査した結果、五個体の単胚性の突然変異体を発見した。テンサイはもともと多胚性という性質をもち、茎の葉腋に数個かたまった集合花がつき、それが実ると種子塊となる。種子塊を一個まくと数本の幼植物が出てくるので過密になり、そのままでは根が十分に肥大しない。一本仕立てにするための間引きは手作業に頼り、機械化がむずかしかった。単胚性になった突然変異体は、各葉腋に一つの花しかつかず、一つの種子塊から一本の植物しか生えない。そのため間引き作業がおおいに省力化できた。連続戻し交雑により、単胚性の遺伝子をそれまでの多胚性品種に移すことにより、一九六二年までに米国のテンサイ品種のほとんどは単胚性に置き換えられた。

(二) 日　本

自然突然変異をそのまま品種とした記録は、日本では江戸時代からみられる。

一六九五（元禄八）年に江戸染井（現在の豊島区駒込）の三之丞《さんのじょう》によって著された『花壇地錦抄《かだんぢきんしょう》』には、突然変異に由来すると思われる名前をもつ品種がみられる。たとえば、アサガオに「二葉朝がお」という品種があり、「種をまき生えて葉二つ出れば花咲く。ちゃぼ朝がおともいう」と記されている。これは、日長に対する反応が変化して極早生になり、その結果として矮性になった突然変異とみなしてよいであろう。一八一五（文化十二）年に刊行された二冊の園芸書『牽牛品類図考《けんごひんるいずこう》』および『花壇朝顔通《かだんあさがおつう》』には多数のアサガオの突然変異が現れたことが示されている。

出羽国平賀郡浅舞村（秋田県）の住職であった釈浄因《しゃくじょういん》は、自らも田畑の耕作を行なっていたが、彼が晩年に著した『羽陽秋北水土録』（一七八八）にも、田で極長稈の突然変異が発見されたことが記されている。一八二八（文政十一）年に幕府直参の岩崎常正（灌園）により完成された『本草図譜』にも大黒型や「むらさきいね」が描かれている。

天保の飢饉の直後の一八三八（天保九）年に、富山県下新川郡前澤村前澤の中島次三郎が品種「晩生赤五郎兵衛」のたんぼで、早生の一株を見つけた。それに印をつけて、成熟してから抜きとってみると、穂が大きく、粒が密につき、一本の穂に三百粒余りもあった。翌年に試作したところ冷水や風害にも耐え、村の肝煎《きもいり》の勧めもあり三年ほどで村中に広まった。種子が他村に持ち出されないように、村境には見張り番がおかれた。[2]

明治に入ると自然突然変異の発見の記事はずっと多くなる。この時代の『農学会報』には紫イネ、長《ちょう》穎《えい》、無芒、早熟性などの自然突然変異が栽培田で見いだされたことが記録されている。このような変わりものだけでなく、「関取」、「神力《しんりき》」、「竹成」、「雄町」、「亀ノ尾」などの水稲の実用品種が、それぞれ短稈、無芒、多収性、長稈大粒、早熟性の自然突然変異として得られた。幕末の一八四八（嘉永元）年に三重県三重郡菰野《こもの》村の佐々木惣吉が、品種「千本」から一本の変わり穂を見つけて試作したところ、品質よく収量高く、また倒れにくいので、相撲にちなんで「関取」と名づけた。この品種は稈が短く分けつが多く、近代的な姿をしていて、また米は小粒で良質で「銀シャリ」といわれて東京の寿司屋で評判が高かった。

一八七七年には兵庫県揖保《いぼ》郡御津村の丸尾重次郎が、「程好《ほどよし》」という籾に芒のある品種中に無芒の穂を三本見つけた。これを試作すると、稈が短く穂数が多く収量が高かったので、神仏の加護により得られた品種という意味をこめて、「神力」とよぶことにした。これが兵庫県農会委員により『農商工公報』に紹介され、全国に普及した。評判がすこぶるよく、大量の種子の注文がきたため、それに対処するため村に採種組合が組織され、原原種田、原種田、採種田が設けられ、厳重な管理のもとに種子が生産された。「神力」は五十二万ヘクタールにまで普及し、「統一品種」と称せられた。北海道開拓により魚肥が増加し、日清戦争以降に大陸から大豆粕が入るようになり、国内の過燐酸石灰《かりんさんせっかい》の供給が軌道に乗ったことなどによって稲作が多肥農業に変わりつつあったことが、「神力」の普及を助けた。

「亀ノ尾」は、一八九三（明治二十六）年に山形県東田川郡大和村の阿部亀治（図1・2）によって発見された。彼はある田の水口に植えられた多くのイネ株が冷水のため青立ちして不稔となっている中、三本だけみごとに実った穂があることに気づいた。この穂の子孫から育成された「亀ノ尾」は、早熟かつ多収であり最高時には十九万ヘクタールに栽培され、のちに「陸羽《りくう》一三二号」の生みの親ともなった。村民はこの優れた品種を「亀ノ王」とよぶよう勧めたが、亀治は「とんでもない。私は亀の尾っぽでいい」と辞退したという。

図1·2　阿部亀治

一八九五年ごろに北海道札幌郡琴仙村の江頭庄三郎が赤い芒《のげ》をもつため「赤毛《あかげ》」とよばれていた品種の田で無芒の穂を発見し「坊主」と名づけた。「坊主」の名は、芒がないことと坊さんに毛がないことをかけたものである。ちなみに隣の中国では無芒の品種を和尚、観音、光頭などとよんでいる。[3]「坊主」はさらに北上して伝わり、北海道中部における最も耐寒性の強い多収品種として普及し、石狩、空知、上川地方における広大な水田地帯の栽培を支えた。一九二三年に「魁《さきがけ》」と「坊主」の交雑から品種「走坊主《はしりぼうず》」が育成され、北海道における水稲の栽培可能地帯がさらに北上して遠別、名寄から十勝、日高を含み、栽培面積は一九二七年に二十万ヘクタールに及んだ。

池隆肆《たかし》の『稲の銘』には民間育種家によって育成された数多くのイネ品種の例が記載されている。[4]

イネ以外にも自然突然変異による品種誕生の例が知られている。一八九八年に埼玉県大宮台地の主婦山田いちがサツマイモ品種「八つ房」を植えた畑で七個の鮮紅色のイモを見つけた。このイモは味がよく評判が高まり「紅赤《べにあか》」と名づけられて、川越地方で広く栽培された。同様にサツマイモの「蔓無源氏《つるなしげんじ》」も、一八九五年にオーストラリアから導入された品種「源氏」から一九〇七年に鹿児島県の中馬磯助により発見された自然突然変異に由来し、デンプン含量が高い特性が買われて、品種改良の交雑親に用いられた。

カンキツでは、枝変わりとよばれる自然突然変異が多発し、育種に利用されてきた。温州《うんしゅう》ミカンは中国を経て日本に伝来した品種の一本の実生に由来する。原木が一九三六年に鹿児島県出水郡東長島村鷹巣で発見され、その樹齢は推定三百年以上とされた。シーボルトが長崎で採集したミカンの腊葉《さくよう》がオランダの国立ライデン腊葉館に「ナガシマミカン」の名で保存されていて、田中長三郎が渡欧して鑑定した結果、温州ミカンであった。[5] 明治になり温州ミカンが各地に普及する過程で、種々の特性をもつ早生から晩生までの枝変わりが発見された。わずか百年ほどのあいだに県の奨励系統だけで少なくとも三十二系統が生まれた。[6] その頻度は、成木四万本あたり一枝程度である。

一八九二年、大分県津久見市青江村の畳商川野仲次により在来の温州ミカンから早生の枝変わりが発見され、十一年後に広島県の果樹協進会で認められ「青江早生」と名づけられた。温州の早生変異として普及した最初の品種となった。また大正初期に福岡県山門郡城内村（現在の柳川市）の医師宮川謙吉が、宅地内に植わっていた温州ミカンの樹の一本の枝のミカンがほかより早く熟することに気づいた。この枝変わりは一九二五年に「宮川早生」と命名され、先祖返りのない安定した品種として広く栽培された。これをきっかけに枝変わりの探索が各地で行なわれ、一九二〇年代には早生だけでも数十系統が集められた。

自然突然変異と自然交雑による変異から生まれた品種

（一）中国およびヨーロッパの品種

遺伝法則が明らかでない十九世紀以前の育種の方法は試行錯誤的なもので、新しい品種が生まれる効率も低かった。しかし、それにもかかわらず実際に育成され蓄積されてきた品種の数は決して少なくなかった。品種は植物の栽培化とともに出現したと考えてよいであろう。記録もいまから三千年近い前（西周の時代）からみられる。自然突然変異と自然交雑に起因する変異の中から、農家や園芸家や植物愛好家が、より優れた、より好ましい種類を選抜することにより品種が生まれた。

中国では西周年代の前九〇〇年代の記録によれば、アワに粱と粟の2品種があり、粱は人が食べ、粟は馬の飼料とした。[7] また『詩経』、『管子』、『呂《りょ》氏《し》春秋《しゅんじゅう》』などでの記載から、西周から春秋戦国時代にかけて、熟期や粒大のちがうダイズ品種が存在したことが知られる。[8] 前一世紀後半ごろに著され、中国最古の農書といわれる『氾勝之書《はんしょうししょ》』には、稲にウルチ稲とモチ稲があることが記されている。紀元前初頭にはすでにイネには粘る型と粘らない型とがあることが知られていた。二世紀に著された許慎の『説文解字』では、粘る型を稉《けん》（粳）と粘らない型を籼《せん》とよんでいる。これらはのちに加藤茂苞らによりそれぞれジャポニカおよびインディカと名づけられたタイプである。また前二世紀にはモチ性イネが出現し、紀元三世紀に糯稲の文字が使われるようになった。[9]

ギリシャのアリストテレスの後継者であるテオフラストスの『植物誌』（前三〇〇年ごろ）では、「たとえばコムギやオオムギのようなものは、それぞれがさらに多くの種に分かれ、実そのものや穂やそのほかの形態、さらには成長力や性質においても異なっている」と記されている。ローマ最大の詩人といわれたウェルギリウスが七年がかりで書いた『農耕詩』（*Georgica*）の第二巻にブドウについて産地による品種の分類を記している。またローマの博物学者プリニウスの『博物誌』（*Naturalis historia*）には、バラをはじめとする植物の品種の形態、生態、産地が記載されている。なお植物学用語のstamen（おしべ）はこの書の中ではじめてつくられた。[10]

中国では後漢や魏の時代に香り米の記述がある。白居易《はくきょい》の詩にも香稲の名がでている。粒だけでなく葉や根まで香る「紅蓮稲」という品種もあった。[11]

中国の唐宋八大家の一人である欧陽脩《おうようしゅう》が著した『洛陽牡丹記』（一〇三四）には、洛陽の人は貴賤《きせん》を問わず花を好み、春には花を挿し、幔幕《まんまく》を張って花見を楽しむとある。とくに有名なボタン二十四品種をあげ、簡単な解説をつけていて、花形に一重、半八重、八重があり、花色に白、黄、浅紅、紅、真紅、紫、緋色、鹿の子があったことがわかる。ボタンの品種は陸游の『天彭《てんほう》牡丹譜』にもみられる。王観の『揚州芍薬譜』、范成大《はんせいだい》の『范村菊譜』、趙時庚の『金漳蘭譜』、王貴学の『王氏蘭譜』には、シャクヤク、キク、ランなどの品種の特徴が記されている。[12]

ヨーロッパでは一五五四年にフェルディナンド一世の大使ブスベックがトルコからヨーロッパにチューリップを持ち込んでから、オランダ、英国、フランスなどで愛好されるようになり、一六三四〜一六三七年を頂点とするチューリップ狂時代が出現した。球根一個が花嫁の持参金代わりとなったり、球根一個が醸造所や製粉所と交換されたりした。十九世紀には園芸植物の新品種の作出が盛んとなり、一八二九年ごろの記録によれば、英国だけでもチューリップ、ラナンキュラス、アネモネ、ダリア、スイセン、アイリス、カーネーション、バラなどで数百から千数百種類の品種が育成された。一八二九年にフランスでだされたバラの目録には二千種が発表されている。

フランスのヴィルモランが農業中央協会からまかされてヨーロッパ中から収集したジャガイモの品種数は、一八四六年でも百七十七品種あった。その数は一九〇二年には千四百九十二品種に達していた[13]。

(二) 日本の品種

『古事記』(七一二) および『日本書紀』(七二〇) には、応神天皇のころ日本で最初に餅つきをしたという米餅搗大使主命《たかねつきおおおみのみこと》の名があり、イネのモチとウルチの区別がすでにあったことがわかる。『大宝令』(七〇一) には餅をつくる役職が、また『風土記《ふどき》』(七一三) には白鳥が化して餅になった話が記されている。また八世紀の『万葉集』には、わせ (早生) の語がしばしば登場し、早生《わせ》と晩生《おくて》の別が当時からあったことがわかる。

日本最古の農書といわれる『親民鑑月集《しんみんかがみげつしゅう》』(『清良記』巻七) には、イネ、オオムギ、コムギ、アズキ、ササゲ、キビ、アワ、ヒエなどの作物の品種が記載されている。また大蔵永常《おおくらながつね》の『油菜録』(一八二九) にナタネについて多数の品種が記載されている。

室町・桃山時代から庭園に粋をこらすことが盛んになり、それを飾るための花木が江戸時代前半に重んじられた。日本で最初の花の文献は、『続群書類従《ぞくぐんしょるいじゅう》』巻九百四十に所収されている安楽庵策伝《あんらくあんさくでん》『百椿集《ひゃくちんしゅう》』（一六三〇）で、当時流行のツバキ百品種が六群に分けて解説されている。刊行されたものとして最初の花の書は水野勝元『花壇綱目《かだんこうもく》』（一六八一）である。元禄期に入ると、貝原益軒《かいばらえきけん》が『花譜《かふ》』を著し、上述の『花壇地錦抄』などが刊行され、花づくりの流行が頂点に達した。後者にはボタン四百八十一、秋ギク二百三十一、ツツジ百六十九、サツキ百六十三、シャクヤク百四品種などが記録されている。

江戸時代になると、イネの品種はさらに増える。会津幕内村の肝煎《きもいり》であった佐瀬与次衛門による『会津農書』（一六八四）では、イネの品種は土質にあったものを選ぶことを勧めている。加賀藩の大庄屋の職にあった土屋又三郎の『耕稼春秋《こうかしゅんじゅう》』（一七〇七）には、早生《わせ》二十八、中生《なかて》二十、晩生《おくて》三十二、計八十品種があげられている。本草の大家稲若水《とうじゃくすい》の『加賀国物産誌』（一七三七）には、国内水稲二百十八品種がモチ・ウルチ性、早晩性、芒の有無や長さ、粒色、品質などで分類されている。

江戸時代後半には、商業経済が栄えて、草本や鉢物の鑑賞植物が愛好されるようになった。松平頼寛の『菊経』（一七五五）、峰岸正吉の『牽牛品類図考《けごひんるいずこう》』（一八一五）、松平左金吾（定朝）による『花菖蒲培養録』（一八四九）、著者不明の『桜草作伝法』など、品種の図解や栽培法を述べた園芸書が多数出版された。キクは奈良・天平時代に中国から伝来したといわれるが、すでに平安時代に品種が増加し、江戸時代の元禄期には少なくとも二百二十品種が流布していた。

アサガオは奈良時代に薬用として唐から導入され、当初は藍色の花が一種類あっただけとされる。それが江戸時代後半になり種々の変わりものが珍重されるようになった。文化年間には百六十六品種が図録に載り、朝顔花合会が開かれ、形態や花色の改良が進められた。[14]

ハナショウブは江戸時代初期から栽培が広まりはじめ、『花壇地錦抄』には八品種、『増補地錦抄』（一七一〇）には四十品種が載っている。江戸時代後期には改良が盛んになり多くの品種がでた。一八〇〇年代に江戸堀切の農民小高伊左衛門親子が各地から品種を集めて、最初の花菖蒲園を開いた。ここは堀切菖蒲園の名でいまも東京下町の人々に親しまれている。

江戸麻布に住んでいた直参《じきさん》旗本の松平左金吾（菖翁）は、親の代から各地より自生のハナショウブを集め、その実生から優れた品種を選抜した。天保年間に肥後熊本第十代藩主細川斉護《なりもり》が側近の吉田閏之助《じゅんのすけ》を介して左金吾からハナショウブを譲り受け、それが改良されて肥後系といわれる品種群が生まれた。斉護は「花の心のわかる武士であれ」と、家臣に教え諭したという。ハナショウブ、アサガオ、キク、サザンカ、ツバキ、シャクヤクを肥後六花といい、武士の花芸としてたしなまれた。また紀州藩士吉川定五郎により伊勢松坂で伊勢系品種群が育った。[15]

そのほか江戸時代には、オモト、ラン類、ナデシコ、フクジュソウ、タチバナ、タケ類などが鑑賞された。

野菜は古くから自家栽培が主であったが、江戸時代初期には江戸周辺などで市場栽培が行なわれるようになり、種々の品種名も記録に現れる。京都では、東寺、古御旅、出町、閻魔堂、三条粟田口などの街道筋や大寺院の門前に種子屋が店を出した。江戸では、中山道《なかせんどう》の巣鴨から滝野川にかけて種子屋が軒をつらねた。『和漢三才図会』（一七一二）にはカブの品種の記述がある。江戸幕府が享保年間に諸藩の物産を調査した結果では、ダイコン、カブ、ゴボウ、ニンジン、サトイモ、ツケナ、チシャ、ナス、トウガラシ、マクワウリなどで多数の品種があげられている。[16]

果樹は花卉や野菜に比べて品種の発達が遅れた。小野蘭山の『本草綱目啓蒙』（一八〇三、享和三年）には、ナシ、カキ、ウメなどの品種が示されているが、日本在来の品種を中国の品種に無理にあてはめているところがある。また四半世紀後に脱稿された『本草図譜』では、さらに多くの品種が記載されている[17]。

明治に入ると、主要作物である水稲の生産を上げるために、各地方の在来品種を集めて比較するようになった。奈良県山辺郡朝和村の中村直三は、村民の窮乏をみかねて年貢の軽減を藩主に訴えたが聞き入れられず、農事の改良に尽くすことを決心した。彼は一八六三（文久三）年から水稲の多数の品種を集めて私設の試験田に栽培して、その結果を調査し、優良品種を選定し普及に努めた。これは最初の品種比較試験である。彼は一八七七（明治十）年の第一回内国勧業博覧会に試験田で栽培した三百二十品種とその試作成績を出品した[18]。彼の目的は、全国各地から集めた多数の品種中から多収のものを選び、在来品種と置き換えることにあり、自ら品種を育成することはなかった。また収量以外の形質には関心がなかった。

秋田県南秋田郡の地主の石川理紀之助は、収集したイネ三百余りの品種を栽培し、比較試験をした体験にもとづいて『稲種得失辨』（一九〇一）を出版した。

筑前黒田藩の藩士出身の林遠里《はやしえんり》は『勧農新書』（一八七七）で、イネには品種が多く、肥沃土に適するものと痩せ地に適するものとがあり、また寒地にむくものと暖地にむくものとがあると述べ、「名種（よい種子）と唱うるものは遠近にかかわらずあまねく購求して、その得失を試むべし」と勧めている。

明治も後半になると水稲品種の数も増え、一九〇四年に農事試験場畿内支場で、品種改良を行なう手始めとして、日本に栽培されている品種数を調査するため、種子を各地域から送ってもらったところ、約四千品種が集まった。異名同品種を整理しても三千五百品種あった。

第二章

メンデルによる遺伝学と近代育種の誕生

遺伝の法則を明らかにしたメンデルは「近代遺伝学の創立の祖」といわれるが、同時に彼は育種学の開祖でもある。彼がエンドウを材料として遺伝学実験を行なった動機には、羊の改良に大きな関心をもっていた修道院長ナップの影響がある。メンデルの遺伝学は、一九〇〇年に再発見されるや、交雑育種の理論的基盤として品種改良の世界に受け入れられ急速に普及した。

遺伝学の夜明け前

異なる形質をもつ品種や個体間で交雑したとき、その形質が子孫にどのように伝わるかは、メンデル以前にも多くの人によって発見されていた。それもかなり以前からである。なかにはほとんどメンデルと同じことを認めた人たちもいた。すなわち、異なる品種を交雑した雑種第一代では片方の親の形質だけが現れるという優性の法則、雑種第一代は均質であること、しかしさらに雑種第二代では形質が分離すること、などをすでに知っていた。唯一これらの人々とメンデルとを分けた点は、前者には観察したことを遺伝法則としてモデル化する力がなかったことである。メンデルの前駆者たちについては、米国のH・F・ロバーツの著書が詳しい[1]。

リップマンは、遺伝現象を記録した早い事例として、一六六九年のベッヘルによる、「黒いハトと白いハトを掛け合わせると、子には黒いハトと白いハトが生まれる。子の白いハトどうし、または黒いハトどうしを交配すると、孫には黒と白の斑になったハトが生まれる。果樹の場合も同様である」という記事を紹介している[2]。

ケルロイター（一七三三〜一八〇六）（図2・1）は、ドイツ南西部ヴュルテンベルクのズルッ・アム・ネッカーで生まれた。一七四八年にチュービンゲン大学に入り、一七五五年に医学の学位を得た。ストラスブルク大学で一年をすごしたのち、一七五六年にロシアのセント・ペテルブルクに行き、帝国科学アカデミーのコレクションの管理責任者となった。一七六一年に故国に戻り、カロ大学の自然史学の教授となった。一七六四年にカールスルーへ大学に教授として移り、最後までそこに勤めた。また一七六九年までフリードリッヒの庭園を管理する最高責任者の立場にあった。

彼はタバコ属やダイアンサスを材料として種間交雑第一代、戻し交雑、雑種第二代などの世代を作成して植物体の大きさを測り、ある交雑（A♀×B♂）とその逆交雑（B♀×A♂）の間で差がないこと、雑種第一代は両親の中間であること、雑種第二代ではさまざまな大きさの個体が分離することを認めた。

ナイト（一七五九〜一八三八）は一七五九年に英国のヘレフォードシャーに生まれた。父は牧師であったが裕福で四千ヘクタール（千代田区の面積の約四倍）以上の敷地をもっていた。しかし父が五歳のとき亡くなり、彼は初等教育も受けられず文字もほとんど読めぬまま九歳まで放っておかれた。そのかわりに植物や動物など自然にじかに触れることに熱中した。長じてオックスフォードのバリオール・カレッジで教育を受けたのち、故郷の州のエルトンの小さな農場に戻り、壁をめぐらした圃場をつくり、温室を建て、果樹や野菜の実験と品種改良をはじめた。また成長に及ぼす重力の影響など、重力屈性の解析の端緒となる研究も行なった。一七九五年に英国学士院の集会で園芸家として果樹の接《つ》ぎ木《き》について発表した報告が英国学士院長のバンクス（第三章参照）に認められた。ナイトは本質的に農民、栽培家であり、きわめて控えめでシャイな人であったが、バンクスが彼を科学研究の世界にひっぱりだした。バンクスはナイトを自宅に招き、他の研究者の論文を読むことと、自らの発見を学士院で発表することを強く勧めた。ナイトは一七九八年から交雑による品種改良に興味をもち、まず大規模にイチゴの改良に取りかかった。一八〇四年にはロンドン園芸学会の創立者の一人となった。彼は毎年、会報に論文の投稿をつづけ、総数は百篇を越えた。また果樹についての美しい手書きの挿絵つきの本や、リンゴとナシの栽培法に関する本を著した。彼は、植物も動物と同じに、改良には交雑育種が基本になると信じ、イチゴ、ジャガイモ、キャベツ、ブドウ、リンゴ、ナシ、モモなどで交雑による品種育成を大規模に行なっ

図2·1　ケルロイター

た。リンゴだけでも二万本の苗を育てていた。彼が発表した論文の数の多さと質の高さがしだいに広く認められ、一八一一年についに学士院院長に選ばれ、以後二十七年間務めた。一八〇六年に長兄が遺したダウントン城の四万ヘクタールの土地と果樹園を引き継ぎ、そこでその後の生涯をすごした。しかし隠棲《いんせい》ではなく、英国学士院だけでなく、ヨーロッパや米国の園芸学会や育種家とも連絡を取りあいながら、研究に没頭した。

ナイトは一八二三年六月三日に学士院でエンドウの交雑実験の結果を報告した。種皮色について灰褐色の品種と白色品種を交雑した結果、次代個体はすべて灰褐色の種皮をもつ種子をつけた。つまり灰褐色は白色に対して優性であった。さらに灰褐色種子から育った植物を白色種子からの植物と交雑したところ、次代では二種類の植物が分離した。一つは灰褐色種子をつけ、もう一つは白色種子をつけた。これは戻し交雑であった。残念ながら、分離した植物の数に注目せず、遺伝法則を導くには至らなかった。

英国デヴォン州のゴスは一八二四年にロンドンの園芸学会で、エンドウの交雑実験の結果を報告した。子葉の色が緑色の種子をつける品種に黄白色の品種を交雑したところ、できた莢《さや》中の種子は、すべて黄白色であった。子葉の色は、交雑した世代でただちに花粉の影響が現れた。これはその後キセニアと名づけられた現象である。この種子から生じた植物の莢には、黄白色の種子だけをもつ莢、緑色種子だけの莢、両者が混じった莢の三種類があった。さらに緑色の種子をとってまくと、次代には緑色種子だけをもつ莢が生じたが、黄白色種子からは再び両方の色が混じった種子をもつ莢が生じた。これは、のちにメンデルが観察した事実そのものであったが、ゴスは観察事実を述べただけで、それを法則化しようとはしなかった。

フランスのサジェレ（一七六三〜一八五一）はパリに生まれた。彼はパリ園芸学会の創立者の一人であり、王立農学会の会員であった。五十六歳のときにロリスに移り、その地の農業調査を行なった。彼はマスクメロンを母親に、カンタループ・メロンを父親にして交雑を行なった。交雑の前に、これらの親間で異なっている形質を整理して比較した。肉色（白と黄）、種子の色（白と黄）、皮の外観（滑らかと網状）、中肋《ちゅうろく》（目立たないと顕著）、味（酸いと甘い）の五形質が対照的であった。当時は遺伝の融合説、すなわち両親の血が混ざり合うようにして、親の形質が子に伝わると信じられていたので、彼も雑種第一代は両親の中間になるものと予想していた。しかし、雑種第一代では片方の親の形質だけが現れた。彼は雑種第一代の形質は両親の形質が混ざり合って表現されたのではなく、どちらか片方の親のもつ形質が「分布」して現れたと考え、そのことはきわめて重要な発見であると記している。メンデルがのちにdominierend（優性）とよんだこの現象に対して、彼ははじめてdominateという語を用いている。彼自身の中では、遺伝の粒子説が確信されていたとみられる。

シレジア近くに居住していた牧師のジールゾンは養蜂の研究からミツバチの雄は未受精の卵から、働きバチと女王は受精卵から生まれることを発見した。この考えは当時あまりにも斬新であったので、はげしい論争をよび起こした。彼は一八五〇年代に多数の論文を書き、その中でドイツ種とイタリアン種のミツバチを交雑した結果、未交雑の女王バチからドイツ型とイタリアン型の働きバチが等しい数、つまり一対一で生まれることを報告している。ジールゾンが養蜂家として著名であり、メンデルも養蜂をしていたので、この論文を読んで分離比についてヒントを得たのではないか、とツァークルは主張している。[3]

メンデルの法則——遺伝学は教会の庭で生まれた

メンデル（一八二二・七・二二～一八八四・一・六）（図2・2）は、一八二二年に現在のチェコ共和国、当時ハプスブルク領であったモラヴィアの小村ヒンチーツェの農家に生まれた。生誕日については七月二十日の説もある。[4] メンデルの伝記については、イルティスやオレルの著書が知られている。[5] またメンデルの原論文はインターネット上のMendelWebというサイトで得られる。[6]

メンデルは村の小学校、修道会の高等小学校を経て、十三歳のときギムナジウムに進んだ。一八四〇年にギムナジウムを卒業し、さらに勉学を進めるために必須であった二年制の哲学科課程を修了した。しかし家からの仕送りも乏しく、家庭教師などをして学資や生活費を補ったが、疲労がはげしく三回も病に倒れるほどであった。そこで生活苦から脱する道として、物理学教授フランツの勧めに従い、ブルノのアウグスチヌス派の修道院に入る決心をした。二十一歳であった。

図2・2　メンデル

一八四三年に着衣式があげられ、修道名のグレゴール（Gregor）が与えられた。彼が入った女王修道院（正式名は聖トマス修道院）は、当時宗教活動だけでなく、文化の中心でもあった。修道院長はナップ（一七九二～一八六七）であった。メンデルはまず宗教家としての学問を身につけるために一八四四年から四年間ブルノ神学校に通い、宗教史、宗教法規、聖典注釈学、ギリシャ語、ヘブライ語などを学んだ。果樹栽培や農学の講義も受けている。農学は必須科目であった。彼は在学中に司祭に任命されたが、信徒の臨終の席で取り乱すなどして司牧には適さない面があった。そこでツナイムのギムナジウムの代用教員となり数学とギリシャ語を教えることになった。家庭教師の経験もある彼の教え方はわかりやすくとても評判がよかった。メンデルの自然科学に対する才能と熱心さを見抜いたナップは、一八五一年から一八五三年まで彼をウィーン大学に留学させた。ナップ自身、科学を推進することは修道士の霊的使命と矛盾しないと考えていた。メンデルはそこで、物理学、化学、数理物理学、動物学、植物学、古生物学などを聴講した。一八五四年からブルノ国立実科学校の代用教員になり、以後十四年間務めた。

メンデルにとって、ナップの存在は大きかった。彼は若い修道士を育てるために、なにくれとなく配慮をしたが、けっして自分の考えを押しつけることはなかった。モラヴィア地方はヨーロッパで最も良質の羊毛の産地であった。当時メリノ種の羊の質を維持するために、その形質がどのように遺伝するかが数十年前から課題となっていて、ナップ自身も大きな関心をもっていたが、答えは得られなかった。[7]

メンデルが遺伝法則を発見したエンドウの実験は一八五六年から七年間つづけられた。そののち彼は、エンドウで得た結果を他の植物でも確認したいと考え、一八六六年からアラセイトウ、アザミ、ミヤマコウゾリナなどで交雑実験を行なった。しかしエンドウでのような明快な結果は得られなかった。自然に対するメンデルの興味は広く、顕微鏡を買いもとめ、植物の木質部やシダの観察も行なっている。[8]また養蜂や気象観察にも熱心であった。しかしやがて司祭の任務からくる多忙と重圧により、植物を観察する時間もとれなくなり、また体力の衰えもあり、ついに一八七一年には実験を放棄しなければならなくなった。一八七五年からは修道院課税の問題からウィーン政府との長い抗争がはじまり、六十一歳で慢性の腎臓炎に心臓肥大を併発して亡くなった。

メンデルは、異なる品種間で交雑したときに、その雑種の子孫でどれだけの種類のタイプが現れるのか、またそのタイプを明確に分類したときに、それらの相対的頻度がどのようになるのか、雑種の子孫はどのようになっていくのか、を明らかにすることこそが、生物がどのように進化してきたのかを解明するための唯一の方法であると信じるに至った。これは修道院長ナップがつねづね「遺伝の法則を明らかにすることこそ重要である」といっていたことへの挑戦でもあった。彼は一八五六年から修道院の壁沿いの七×三十五メートルの猫の額ほどの細長い庭の一隅を用いて遺伝実験を行なった。研究に用いる植物として、世代を経ても変わらない明確な対立形質をもつこと、ほかの個体からの花粉で自然交雑することがないこと（自殖性）、雑種後代でよく種子がつき稔性が低下しないこと、などの条件を満たすことが必要と考え、エンドウを選んだ。エンドウは、また地植えでも鉢植えでも育ち、生育期間が比較的短く、交配作業が容易という利点もあった。エンドウは、作物であり市場で容易に入手でき、またナイト、ラックストン、ゲルトナーなどの先達がすでに実験に用いていた植物でもあった。

対立形質として、七形質——熟した種子の形（丸粒としわ粒）、胚乳の色（黄と緑）、種皮の色（灰褐と白）、熟した莢の形（膨れ型とくびれ型）、未熟莢の色（緑と黄）、花のつきかた（腋性と頂性）、茎の長短——を選び、まず一対立形質だけ異なる組合せの交雑を行ない、後代での分離を調べた。最後の形質以外は質的形質である。茎の長短は量的形質で、関与する遺伝子座が多いのがふつうであるが、彼は二メートル前後の丈の高い品種とその五分の一以下の低い品種とを交雑した。これら品種間での茎長の差は一個の遺伝子によるものであった。メンデルはたくさんの種子商から計三十四品種を買いもとめ、品種内は均一か、世代とともに形質が変化しないかを二年にわたり調べた。ざっぱくであったのはさいわい一品種だけであった。交雑実験には二十二品種が用いられた。

七形質について、それぞれ五～十五株を用いて二十三～六十種類の交雑が行なわれた。交雑は種子親（母親）と花粉親（父親）の正逆で行なわれた。交雑第一代では七形質すべてについて両親のどちらか片方の表現型だけが現れ、中間型はなかった。たとえば丸粒としわ粒の交雑では、すべての種子が丸粒となった。彼は雑種第一代に現れた表現型を dominierend、現れなかったほうを recessiv と名づけた。これらは現在、それぞれ英語で、dominance（優性）と recessive（劣性）とよばれている。優性劣性の区別は、交雑の正逆で変わらなかった。なお、茎長については、雑種は長いほうの親よりもやや長く、雑種強勢があることを認めた。種子の形と子葉の色とは、交雑して得られた種子ですでにその結果が観察できたが、そのほかの形質では、雑種になったマメから育った植物ではじめて結果が得られた。

つぎの雑種第二代では、優性形質だけでなく、劣性形質も現れ、しかもそれぞれは両親の表現型とまったく変わらなかった。中間型はなかった。優性と劣性の個体数の比はどの形質でも三対一という一定の比を示した。雑種第二代でも正逆交雑間で差はなかった。雑種第二代の優性個体には、親の形質（いまでいう優性ホモ接合）と雑種の形質（ヘテロ接合）の二種類が含まれることを理解した。

雑種第三代では、第二代の劣性個体から生じた個体はみな劣性であった。しかし、優性個体からは、優性個体だけしか生じない場合のほかに、優性個体と劣性個体を同時に分離する場合があり、その比は二対一であった。実験は第七代まで根気よくつづけられた。

さらに彼は二形質および三形質について異なる品種間の交雑も行ない、その分離する表現型の種類と比率を調べた。

雑種の各世代での形質の分離様式が規則正しいので、メンデルはその背景に必ずある法則が存在すると確信した。そして優性形質をA、劣性形質をaと表すと、雑種第一代はすべてAaとなり、雑種第二代での分離は$1A+2Aa+1a$となることを示した。これは現在もほとんどそのまま遺伝学の教科書で用いられる表記法である。（ただし今はホモ接合のAはAAで、aはaaで表されている）。さらにn世代目では、これら三種のタイプは、それぞれ$2^{n-1}-1:2:2^{n-1}-1$となることも示した。この法則にもとづけば、雑種は世代が進むと親の型に戻るという、ゲルトナーやケルロイターらの先輩が認めた事実を明快に予測できた。また複数の形質について異なった品種間で交雑したときの雑種の子孫では、各形質における対立形質の分離様式（これを彼は級数とよんだ）の積で表されることを示した。さらに、ある一つの植物の品種にみられる種々の形質は、くり返し人為交雑を行なえば、遺伝法則から予測される形質の組合せとして生じうることを指摘した。メンデルは記号遺伝学の創始者といえる。

　彼はAやaをFaktor（因子）またはElement（要素）とよんだ。これは粒子としての遺伝子を明確に表した遺伝モデルであり、遺伝の融合説を否定するものであった。各個体についての、因子の状態がわかれば、それらのあいだの交雑から生じる子孫の因子の状態も予測できることを実験で確かめた。さらに、Aaの因子状態から生じる卵や花粉では、Aとaが、平均すれば、同数生じること、Aとaのどちらが受精によるかは確率で決まること、雑種第二代での分離の様式は、結合しあう卵と花粉とを、$A/A+A/a+a/A+a/a$のように分数の形で並べることにより理解しやすいことを示した。

　イルティスは、メンデルは三つの点で交雑実験に新しい道を開いたと記している。第一に、一つないし少数の形質だけで異なる植物間で交雑して、形質の遺伝様式を追跡したこと、第二に雑種の子孫に出現する型を明確に分類して、その頻度を求めたこと、第三に雑種の子孫の植物を別個に観察し、各個体の種子を別個に採取して、次代に別々にまいたことである。

雑種第一代で隠されていた劣性形質が雑種第二代で現れ、優性と劣性個体が一定の比で分離することは「分離の法則」（第一法則）という。さらにある形質の分離が、ほかの形質の分離に影響されないことを「独立の法則」（第二法則）という。対立形質の優性劣性の関係は、のちに「優性の法則」（第三法則）と名づけられた。これらをまとめて「メンデルの法則」とよばれた。生物学において「法則」と名づけられた最初の発見でもあった。「分離の法則」はメンデルの論文では仮定ないしは仮説として提示されたものであったが、一九一三年にモルガンがショウジョウバエでの実験で遺伝子が染色体上に座乗していることを示してはじめて法則となった。

メンデルは、エンドウのほかに三十三種の植物について実験を行なった。エンドウで発見した遺伝の法則が、当然他の植物でも成り立つと考えた。実際にオシロイバナ、トウモロコシ、アラセイトウ、インゲンでもエンドウと同じ結果が得られた。ただしオシロイバナでは、花色が不完全優性であった。インゲンとツルナシインゲンの交雑では、花色で種々の段階の色が観察された。

結果を発表したのは、エンドウのほかは、ネーゲリに勧められて材料に加えたキク科のミヤマコウゾリナ属（*Hieracium*）だけである。この植物ではエンドウと違って明快な結果が得られなかった。それは材料に原因があった。のちにコレンスによりこの属の植物は花粉による受精がなくても生殖が行なわれる単為生殖の性質をもつことがわかった。

メンデルはナシ、リンゴ、アンズなどでも交雑を行ない、オーストリア果樹学会の巡回品評会で金牌を与えられている。また修道院の裏の丘に巣箱を置いてミツバチの実験を行ない、結果をブリュン養蜂協会で発表した。マウスについても大規模な実験を行なったが、その記録は残っていない。

エンドウの実験結果は、一八六五年二月八日と三月八日の二回にわたってモラビアの実科学校で開かれたブリュン自然研究会で口頭発表された。参加者は四十名ほどであった。賛否の議論があったようであるが、本質は理解されずセンセーションを巻き起こすことはなかった。論文はドイツ語で書かれ、翌年に発行された一八六五年度会報第四巻三〜四十七頁に Versuche über Pflanzen-Hybriden と題して発表された。その論文は論旨明快で、いま読んでも他の古典的論文から受けるような違和感はない。

雑誌の発行部数は五百部で、ヨーロッパの大学、図書館、個人に送られた。別刷は四十部つくられ、その一部が当時の著名な植物学者らに寄贈された。しかし反響はメンデルが期待したほど大きくはなかった。一八六六年のクリスマス・イヴの日に、メンデルは別刷を当代一流の植物学者であったミュンヘン大学教授のネーゲリに丁重な手紙をつけて送った。それに対して、「エンドウの実験は未完成であり、はじまったばかりである」という見当はずれの返事がきた。彼は、メンデルの論文中の数理的な表現が気に入らなかった。メンデルが固定したと判断した形質も、世代が進めば、あるいは環境によって変わるだろうと疑い、自分でも栽培して追試したいので種子を送ってほしいと求めた。そこでメンデルは種子を百四十袋も送ったが、結果は返ってこなかった。結局ネーゲリはメンデルの実験結果の本質を理解しようとはしなかった。ネーゲリに宛てたメンデルの手紙の英訳が、メンデルの法則の再発見五十周年を記念して *Genetics* の付録として公開されている。ウィーンの植物学者ケルナーに届いた別刷は封も切られなかった。ダーウィンには別刷を送らなかった。

論文の引用は、一八六九年にドイツのギーセン大学のホフマンが著書で紹介したのが最初である。一八七二年にスウェーデンのブロンベリーが、また一八七四年にはロシアのシュマルハウゼンが、ともに学位論文でメンデルの結果を引用している。また一八八一年にはドイツの医師フォッケが著書『雑種植物』の中で十五回引用したが、他の著者と一緒に簡単にふれているだけで、またエンドウの実験自体については議論していない。当時の百科事典『ブリタニカ』ではhybridism（雑種性）の項にメンデルが紹介されている。米国コール大学のベイリーは「交雑育種と雑種形成」と題する論文の中でエンドウの実験についてふれた。これらの引用は、メンデルが解明した遺伝法則の重大さに比べれば、ほとんど無視されたといってよい扱いであった。

当時ヨーロッパ社会ではダーウィンの『種の起源』（一八五九）が大きな論議の的になっていて、白熱した進化論争の陰で種内の品種間交雑における遺伝法則だけを扱ったメンデルの論文はあまり注目されなかった。またメンデルの考え方はあまりにも斬新で同時代の人には理解しがたかった。

遺伝学の世界ではあまり知られていないようであるが、メンデルの研究より遅いが十九世紀末に遺伝の法則を解析しようとした育種家がいた。

ドイツのランゲンシュタインにいた著名な育種学者リムパウは、コムギの有芒と無芒、オオムギの二条穂と六条穂の品種間交雑を行ない、雑種第一代は均一で、片方の親の形質が現れること、また第二代以降で形質が再び分離するが、固定することもあることを認め、一八九一年の著書に多くの優性形質と劣性形質の対の例を報告した[9]。彼自身はフォッケの著書を参照しているが、メンデルの報告には気づいていない。

またスウェーデンのスワレフ試験場のボーリンは、一八九七年ストックホルムで開かれた農業会議で、オオムギ、エンドウ、スイートピーで品種間交雑の実験結果を発表した。彼は、雑種第一代は均質で変異がないこと、また第二代以降では両親の形質のあらゆる組合せをもつ個体が生じ、その頻度は数学的な正確さで予想できるほどであると述べた。

三十五年後に再発見されたメンデルの法則

メンデルの法則の真価が認められ、自然科学における基本原理となったのは、一九〇〇年にド・フリースとコレンスが、この法則を「再発見」してからであった。この「再発見」が近代遺伝学の夜明けをもたらした。通常、自然科学の世界では、たとえ先人の報告を知らずに再発見した結果であっても、論文として受理されることはない。これらの再発見者がそれぞれの論文を学術誌に発表できたこと自体が、異例といえる。しかし、別の見方からすれば、これは再発見がいかに大きな出来事であったかを示している。

（一）ド・フリース

第一章で述べたように、オランダのアムステル大学教授のド・フリースはもともと進化における突然変異の研究に没頭していた。彼は一八八九年から遺伝の研究をはじめた。一八九六年のノートには、数多くの種についての品種間交雑の結果が記されている。雑種第一代の形質は均質で片方の親に似ていた。雑種第二代では形質が分離し、劣性個体が出現した。しかしメンデルと同じ遺伝法則を彼が独立に発見していたかどうかについては、種々の議論がある。[10] メンデルの論文をいつ読んだのかも明らかにしていない。

ド・フリースがフランス科学アカデミーに送った報告が、三月二十六日に読み上げられ、コント・ランデュ（*Comptes Rendus*）の三月号に「雑種の分離の法則について」と題して発表された。三頁の速報であった。不正確な個所があり、急いで書かれたようにみえる。なぜかメンデルの成果はふれられていなかった。これより先に投稿した原稿が、同じ年に同様の題でドイツ植物学会会報に載った。これには末尾にメンデルが引用されていた。さらに短論文がフランス語で植物レビュー誌に載った。詳細は彼の著書『突然変異理論』の第二巻にも掲載された。彼はメンデルの論文を正確には理解できなかった。その後も遺伝の結果を、パンゲン説という自身の体系の中で解釈しようとこだわりつづけ、遺伝学の主流から外れていった。

（二）コレンス

ドイツのコレンス（一八六四〜一九三三）は、ミュヘン大学のネーゲリのもとで学んで学位を得たのち、ネーゲリ、ハーバーラント、ペッファーなどの助手を務めた。一九〇二年にライプチヒ大学助教授、一九〇九年ミュンスター大学教授、カイザー・ウイルヘルム研究所の生物学教授および所長（一九一四年）となった。彼は遺伝学のさまざまな分野について研究を行ない、一九〇九年にオシロイバナの斑入りの研究から、植物における細胞質遺伝を最初に明らかにした。また一九一二年にはアブラナ科で胞子体型の不和合性を発見し報告した。さらに一九一六年にアザミ属を用いて、連続戻し交雑法を開発した。

当時、種子の胚乳は完全に母体の植物に由来すると考えられていたが、トウモロコシなどでは花粉の影響を受けることが観察されていた。これはフォッケが一八八一年にキセニアと名づけた現象である。コレンスはこの問題に決着をつけるためにトウモロコシとエンドウで品種間交雑を行なった。彼は胚乳が重複受精によることを見いだし、一八九九年にドイツ植物学会誌に発表した。同じ年にナヴァシンがユリで同じ発見をした。彼は若くして結核を患い健康に恵まれなかったが、遺伝学に大きな貢献をした。

コレンスは一八九〇年代後半にはすでにエンドウとトウモロコシで遺伝の法則を見いだしていた。しかし、文献を調べてみたら、すでにメンデルが同じ実験をずっと詳しく行なっていたことを知った。キセニアの研究や著書の執筆に忙しかったので、遺伝法則についてはそれ以上追求せずにいた。一九〇〇年四月二十一日にド・フリースから別刷が送られてきた。そこにはメンデルの名がなかった。彼はそれを見てあくる日の夕方までに急いで原稿を作成し、ベルリンのドイツ植物学会に送った。五月末に掲載されたドイツ語の論文のタイトルには Mendel's Regel（メンデルの法則）と明記されていた。それは自分の実験結果を述べるよりもメンデルの論文の解説を目的としていた。

彼はH・F・ロバーツへの手紙で、「再発見そのものは大したこととは思わない。メンデルの法則が最終的に知られ、証明されたことが重要である。また新しく独立に再発見されたのか、それともメンデルの論文を読んでから追試したのかも、科学にとってはどうでもよいことだ。どちらにしても三十年以上前に発見されたことの追認にすぎない」と述べている。コレンスはメンデルの法則を完全に理解した最初の人といわれる。ただし、彼にしてもメンデルの法則が広く生物全般にあてはまるものとは考えていなかった。

(三) チェルマク

チェルマク（一八七一～一九六二）は、オーストリアに生まれた。彼の祖父は、メンデルがウィーンで植物分類学および顕微鏡学を学んだフェンツルであった。一八九五年にハレ大学で学位を得たのち、二年間園芸業界で見習いとして働いた。さらに父の弟子であったベルギーのゲント大学のリーベンベルク教授の勧めで、ゲントの園芸企業に入ったが、温室の管理しか仕事がなかった。あり余る時間を彼は実験にふり向けた。

彼の興味は遺伝学よりも品種改良にあった。彼はダーウィンによる他家受精と自家受精の効果を検討したエンドウの実験を不完全なものと考え、緑色の子葉をもつ植物を黄色の子葉をもつ植物と、またしわのある種子をもつ植物を丸い種子をもつ植物と交雑し、その雑種第一代種子をもってウィーンに移った。一八九八年秋に雑種第二代の調査が終わった。形質別に種子を数えた結果、三対一の分離比に気がついた。一八九九年秋にリーベンベルグの研究室でフォッケの著書を読み、そこにメンデルの研究結果が引用されているのを知り、すぐに大学の図書館からメンデルの論文を探し出した。そこにみた内容は彼にとって最大のショックであった。それでも、彼は遺伝法則を再発見したのは自分一人であると信じて、クリスマスまでに論文を書き上げた。しかし一九〇〇年四月に、以前訪ねたことのあるド・フリースから別刷が届いた。そこにはメンデルの引用なしにメンデルと同じような結果が示されていた。彼はそれを不当と考え、論文の出版を急いだ。すでに講師資格論文としてウィーン農科大学に提出してあった論文を、大学の了解を得てオーストリア農業研究雑誌に送った。校正の最中にド・フリースの第二論文と、さらにコレンスの論文の別刷がだめ押しのように舞い込んだ。論文は六月に発表された。しかし、実験の規模が小さいうえに雑種第二代までしかないこと、メンデルの法則の理解が不十分であること、論文の印刷前にメンデルだけでなくド・フリースやコレンスの論文まで読んでいたことなどから、彼を再発見者とよぶには無理がある[11]。ただし、彼は育種学者として多くの功績を残し、一九〇九年にウィーン大学の植物学教授となった。八十歳のときに再発見のときの回顧録を書いている。

（四）外山亀太郎

メンデルの法則が植物だけでなく動物でも成り立つことを世界で最初に示したのは、東京帝国大学の外《と》山《やま》亀太郎（一八六七〜一九一八）によるカイコの遺伝研究である。外山は、神奈川県愛甲群小鮎村上古沢（現在の厚木市上古沢）の地主の息子として生まれた。村の小学校に学び、ついで漢学の塾に通い、東京駒場農林学校、のちの東京帝国大学農科大学に入った。一八九二年に卒業し、ただちに大学の動物学教室の無給助手となった。カイコの解剖学と細胞学を研究課題とした。一八九六年四月に福島県に蚕業学校が新設され、請われて二十八歳の若き校長として赴任した。校長としてまず当時最新の実験機器であった顕微鏡を生徒のために何十台も買い込んだ。しかし彼自身、研究への夢を断ちがたく、一九〇〇年十月には蚕業学校を辞して、母校の大学院に院生として戻り、動物生態学を研究した。さらに一九〇二年二月にシャム（現在のタイ）政府に農務省の養蚕専門家として招かれて渡航し、バンコクに滞在した。

一九〇六年三月に帰朝し、九月に動物学教室の講師となり、一九〇八年四十一歳でようやく助教授となった。当時、「遺伝学を学ぶなら駒場に行け、植物に池野成一郎あり、動物に外山あり」といわれた。外山の講義課目は、遺伝学ではなく養蚕学の一部の蚕体生理学であったが、講義内容はカイコの交雑実験を中心としたメンデルの法則の紹介であった。一九一一年に蚕品種の規格統一のための蚕糸業法が制定され、原種の製造と配布を目的とする原蚕種製造所（のちの蚕糸試験場）が設置されると、外山はその技師を兼務することになった。外山には大学よりも蚕糸試験場のほうが居心地よかったようである。一九一一年七月から一九一三年八月まで政府からヨーロッパに留学を命じられた。一九一七年十二月に教授になったが、その年に病に倒れ、ついに教授として一回も講義する機会がなかった。石川千代松は「君は官等も勲位も実に低かったが、君の名はメンデリズムと共に万世に伝わるであろう」とその早死を嘆いた。[12]

彼は大学院生であった一九〇〇年からカイコの遺伝に興味をもち、東京牛込の自宅で実験をはじめた。二化性白繭の日本種と一化性黄繭のフランス種の正逆交雑から、雑種第一代はすべて黄繭になり、雑種第二代では黄と白繭が三対一に、戻し交雑では一対一に、分離することを発見した。シャムに赴いてからも、バンコクの帝室蚕糸部でシャムの黄繭と白繭の交雑実験をつづけ、繭色については雑種第九代まで遺伝様式を調査した。斑紋、繭形、眠性、卵色などについても実験をし、繭色と同様の結果を得ている。これらの研究はヨーロッパにおけるメンデルの法則の再発見とは独立に行なわれた。結果は一九〇六年に東京帝国大学農科大学学術報告七巻二号に、「昆虫の雑種学研究、一、カイコの雑種特にメンデルの法則について」と題する長文の英語論文として発表された。外山のカイコの実験結果は、メンデルの遺伝の法則が動物でも成立することを示した先駆的研究として海外でも高く評価された。またそれは昆虫遺伝学の草分けでもあった。なお彼は、カイコだけでなくアサガオ、ツツジ、カボチャ、イネ、キンギョ、メダカ、コイ、ニワトリの実験も行ない、とくにキンギョの研究は優れていた。しかし、これらは論文として発表されずに終わった。

また彼はカイコの一代雑種が著しい雑種強勢を示すことを認め、それを養蚕業に利用するため、カイコのヘテロシス育種を推進した（第六章参照）。

メンデルの論文にまつわる余話

（一）七形質は互いに独立遺伝であったのか？

ベーツソン（後述）とパンネットが一九〇二年にスイートピーの紫花で長形の花粉をもつ品種と、赤花で丸い花粉をもつ品種を交雑した。雑種第一代は紫花で長花粉であった。雑種第二代では、独立遺伝の法則に従えば、紫花長花粉、紫花丸花粉、赤花長花粉、赤花丸花粉の植物が九対三対三対一で現れるはずであった。しかし実際には、両親と同じタイプの紫花長花粉と赤花丸花粉の個体が予想以上に多かった。このような現象は、その後米国の細胞遺伝学者モーガンによって連鎖と名づけられた。連鎖は、二形質に関与する遺伝子座が同一の染色体上にあって、しかもたがいに近接しているために起こることが示された。

メンデルは二形質の同時分離についても報告しているが、独立遺伝の法則に合わない場合があったとは記していない。エンドウは七本の染色体対をもつので、彼が調べた七形質の遺伝子座がエンドウの七対の染色体にたまたま一つずつ乗っていてすべての形質組合せで独立遺伝になった、と考えた人が二十世紀前半には海外でも少なくなかった。日本でもその説が採用され、しばしばメンデルの伝記中に記された。

しかしそれは誤りである。スウェーデン南西部のワイブルスホルム植物育種研究所にいたエンドウの遺伝学者ブリクストの解析によれば、七形質の遺伝子、つまり熟した種子の丸粒としわ粒（*R*－*r*）、胚乳の黄色と緑色（*I*－*i*）、種皮の灰褐色と白色（*A*－*a*）、熟した莢の膨れ型とくびれ型（*V*－*v*）、未熟莢の緑色と黄色（*Gp*－*gp*）、花の腋性と頂性（*Fa*－*fa*）、茎の長短（*Le*－*le*）のうち、*A*と*I*は第一染色体、*V*、*Fa*、*Le*は第四染色体、*Gp*は第五染色体、*R*は第七染色体上にある。つまり、同じ染色体上にある遺伝子組合せがじつは四組もあった。ただし*A*と*I*は同一染色体上でも、たがいに長腕と短腕に分かれていて互いに離れているので、ほとんど独立に分離する。同様に、*V*と*Fa*、*Le*と*Fa*のあいだも染色体腕が異なり、離れている。しかし、*V*と*Le*はともに第四染色体短腕上にあって十二単位（センチモルガン）しか離れていないので、当然雑種第二代の分離データ上で連鎖が認められたはずである。[13] メンデルのネーゲリに宛てた手紙には、莢の形（*V*－*v*）と茎の長さ（*Le*－*le*）がちがう二系統間の交雑も行なったと記してあるが、連鎖にはふれていない。メンデルといえども、他の形質組合せで独立遺伝の法則があまりにも見事に成り立っていたので、一つの組合せでだけ連鎖が生じていてもその事実を見逃してしまったのであろう。

(二) メンデルの法則は量的形質にもあてはまるか？

メンデルが行なったインゲンとツルナシインゲンの交雑では、花の色だけエンドウでの結果と異なっていた。たとえば白色の植物と紫紅色の植物を交雑した結果では、雑種第二代で紫紅色から薄紫色、白色までのさまざまな段階の色が出現しただけでなく、白色の植物は三十一株中一株だけしかなかった。メンデルはこれについて花色の発現について二個以上の因子が関与しているとすれば、説明ができると書いている。後年になって英国で量的形質の遺伝にはメンデルの法則は適用できないとする統計遺伝学派の強い反駁がむけられたが、メンデル自身が論文中ですでに同義遺伝子の存在を示唆していた。

(三) メンデルの実験結果は合いすぎるか？

英国の統計学者フィッシャーは、メンデルの論文について疑問を呈した。メンデルが数年にわたって同じ世代の調査をしていないこと、統計的な検定を行なっていないこと、正逆交雑を行なっていないことなどから、メンデルはすでに心に描いていた結論を証明するために緻密な実験を組んだにすぎないと述べている。またメンデルの論文に示された形質の分離をカイ二乗検定という統計手法を用いて解析し、メンデルの実験結果は期待される分離比（単因子では三対一、二因子では九対三対三対一など）から有意に異なる例はないが、全体としてみると偏りがあまりにも小さすぎ、期待比に合いすぎていて、逆の意味で偏りがあると結論した[14]。フィッシャーが当代随一の統計学者であったこともあり、この論文は話題をよんだ。日本でもフィッシャーのこの結論が確定的であるかのように扱った記事をときおり見かける。

伝記作家のイルティスは、メンデルの人格からみてデータを都合のよいように操作するとは考えられないと反論した。また米国のピルグリムは、メンデルが偏りの大きいデータを得たときには実験をくり返して確かめているし、ヒエラキウムの実験では期待された結果が得られなかったが、それを忠実に発表していることを例にあげ、フィッシャーの見解を「生前認められることのなかった科学者」に対する中傷にすぎないとしている。また実験結果がたまたまよすぎることをもって不正直というのなら、「昨日起きた交通事故は、確率が非常に小さいことだからありえない」というようなものだと反駁している。[15]

統計学にもとづいてつきつけられた疑念は、統計学によって検証されなければならない。分離比を決めてから実験データを細工したとすれば、最初に調べたキセニア形質（成熟種子の形、胚乳の色）よりも、二年次以降に調べた他の形質のほうが分離比の偏差が小さくなるはずであるが、その傾向はない。優性表現個体の次代での分離比はメンデルが述べている二対一ではなく、1.8874対1.1126になるはずであるが、実際の分離比が前者に常に近いとはいえない。また他の研究者によるエンドウの実験結果と比較しても、メンデルの結果がとくに合いすぎているとはいえない。[16,17,18]

そもそも統計学的検定は帰無仮説の条件下ではありえないほどの低い確率の事象が出現したときに、その帰無仮説を棄却するのに用いられるもので、帰無仮説に合いすぎるかどうかを検定するものではない。統計学の元祖フィッシャーが、本来の統計学的用法を逸脱した使い方をしていることは奇妙である。メンデルの実験は統計学的検定が考案される以前のものであり、そのために分離比という単純な値を得るために種子単位の形質については七千以上、株単位の形質については五百〜千株以上を観察している。現代の研究者であったら、これほど多くの数を扱うことなく、想定した期待比に観察比が合致していると統計学的に結論してすましてしまうであろう。

メンデルの法則はどのように受け入れられていったか

メンデルの法則にもとづく遺伝学説は「メンデリズム」とよばれるようになった。英国の学会にメンデルの法則をはじめて紹介したのは、ベーツソン（一八六一〜一九二六）（図2・3）である。彼は、英国のケンブリッジで生まれた。十四歳でラグビーの予備学校に入ったが、担任になじまず成績はふるわなかった。一八七九年に父が学長をしているケンブリッジのセント・ジョーンズ・カレッジに入学した。ここではじめて彼は優秀さを発揮して首席で卒業した。ただし数学だけは早くから苦手で、カレッジでも特訓を受けたが、その勉強は数百時間の無駄に終わった。

図2·3　ベーツソン

一八八三年と翌年の夏休みに米国のジョンズ・ホプキンズ大学に留学し、ギボシムシの発生を研究した。このころ生物の変異に関心をもち、中央アジア西部およびエジプト北部の多くの湖の動物相を調査した。一八九五年にケンブリッジ大学に移り、一九〇八年教授に就任した。さらに一九一〇年にロンドン郊外のジョン・インネス園芸研究所の所長となって移った。六十五歳のとき辞職を願い出たが理事会に慰留された。しかし翌年急逝した。遺骨は遺言に従い、ロンドン郊外に散骨された。

一九〇〇年五月、ベーツソンは、スコットランドで開かれる園芸学会での講演発表に行く列車の中で、大学図書館から借りてきたメンデルのドイツ語論文を取り出して読んだ。衝撃は大きかった。彼は準備してきた講演内容を急きょ変更して、講演会でそのニュースを伝えた。ベーツソンは、誰よりもメンデルの法則を深く理解し、やがて英国を代表する遺伝学者としてメンデリズムの最大の擁護者となった。量的形質についてはメンデルの法則は成り立たないとするウェルドンら生物測定学派と真っ向から対立して論陣をはった。メンデルの原著を最初に英訳し、メンデルの法則は化学における原子論に匹敵するほど画期的であると宣伝した。

彼は遺伝学をはじめて genetics と名づけ、allelomorph（対立形質）、homozygote（ホモ接合体）、heterozygote（ヘテロ接合体）の用語や、F_1、F_2、P_1、P_2などの記号を提案した。また一九〇八年にケンブリッジ大学生物学講座で世界最初の遺伝学講義を行ない、英国遺伝学会を設立し、一九一〇年に *Journal of Genetics*（遺伝学雑誌）を創刊した。

フランスでは、一九〇七年にメンデルの論文が翻訳され、一九一一年にはパリで第四回国際遺伝学会が開かれ、そこにはベーツソン、ド・フリース、ヨハンセンらも参加した。しかし一八九〇年代からフランス生物学会では、進化は環境圧によって生じる獲得形質の遺伝によるとするネオラマルキズムが主流であった。その最大の主唱者はパリ大学の生物進化学教授ジアールで、その主張は二十世紀に入ってからも弟子のルダンテクやラボウによって継承された。とくにラボウは一九一二年に「ラマルキズムとメンデリズム」という論文を発表してメンデリズムを批判し、以降一九三六年までメンデルの法則だけでなく、ダーウィンの進化論もモーガンの染色体説も一貫して否定しつづけた。パリ大学実験生物学講座の教授としての彼の影響は大きく、フランスの遺伝学は第二次大戦後まで停滞することになった。フランスでは一九三〇年代後半までメンデリズムが大学で教えられることもなかった。一九四五年にパリ大学理学部に開設された遺伝学の初代教授には、米国帰りのエフルシが就任した[19]。

ドイツでは、一九〇一年にコレンスが遺伝学の講義を開始した。また一九〇八年には、世界で最初の遺伝学専門誌として *Zeitschrift für Induktive Abstammungs-und Vererbungslehre*（実験進化遺伝学雑誌）が創刊された。編集委員長はバウアーであった。一九二一年にはドイツ遺伝学会が設立され、一九二七年にベルリンで国際遺伝学会が開かれた。しかしドイツにおける遺伝学の研究は発展せず、第二次大戦後まで遺伝学の教授ポストはベルリン農科大学だけにしかなかった。一九二八年にカイザー・ヴィルヘルム研究所に育種学部門が設立され、バウアーが所長となった[20]。

メンデリズムは米国では生物学者よりもまず植物および動物の育種家に受け入れられた。生物学者も一般的にはメンデリズムに好感をもっていたが、無関心な者も多かった。モーガン（第八章参照）は最初批判的であった。

米国におけるメンデリズムの普及に大きく貢献したのは、第一に、一九〇二年八月三十日から九月二日までニューヨーク市で開かれた植物育種と交雑についての国際会議であった[21]。集まった育種家や園芸家たちはここではじめてメンデルの名を知り、メンデリズムが交雑による品種改良に非常に役立つ原理であることを知った。会議で主役を演じたのは、英国からきたベーツソンであった。彼は「遺伝における新発見の実際的側面」と題して講演した。講演の後でコーネル州立農科大学のベイリーが、六月に発行されたベーツソンの著書 *"Mendel's Principles of Heredity: A Defence"* を紹介し、植物育種における教科書にするよう勧めた。つづいて演壇に立ったベーツソンの同僚のハーストもド・フリースもメンデルに集中して話した。米国育種家協会のイースト、キャッスル、C・ダヴェンポート、シャルもメンデリズムの信奉者となった。育種は一夜にして経験的技術から科学の分野へと変身した。

第二は、米国農務省（U. S. Department of Agriculture, USDA）の努力である。農務省はベーツソンの論文にもとづいて、メンデルの法則についての詳細な紹介記事を発行した。また一九〇二年から試験場彙報をとおして全州の農業試験場にメンデリズムを紹介し、農科大学でメンデリズムの教育を行なった。一九一〇年に*Journal of Heredity*（遺伝学雑誌）が、また一九一六年に雑誌*Genetics*（遺伝学）が創刊された。

メンデルの法則が早くから広まった日本

日本では、品種改良の過程で形質の遺伝についての知識が江戸時代から蓄えられていた。いまも七月初めになるとにぎわう入谷鬼子母神の朝顔市で新品種を競った江戸時代の好事家たちは、アサガオの形質の遺伝について経験によるいろいろな知識をもっていた。また、花の大きさと子葉の大きさが関連している（連鎖）ことを知っていて、苗の段階で大輪咲の個体を選ぶことができた。またカイコでは江戸時代末期に、信州の蚕種業者らが交雑によって新品種を育成していた。

日本に導入されたメンデル遺伝学は生物学よりも育種学の世界で強い関心をもって迎えられ、育種学とともに発展した。日本では、メンデル遺伝学をめぐってヨーロッパにみられるような科学的見解の相違による激しい論争は起こらなかったが、それは進化や遺伝についての研究の歴史が浅く、意見を闘わすほど思想が成熟していなかったためといえる。

メンデルの法則が最初に日本に導入されたのは、前述の外山のカイコの遺伝研究による。彼はまた一九〇六年に「家蚕の交雑に適用される遺伝のメンデル法則」という題で英文の紹介記事を書いている。さらに一九〇八年の蚕業新報に「遺伝試験の方法」を、一九〇八～一九〇九年の東洋学芸雑誌に「遺伝の現象は数理的なり」を記し、メンデルの法則の普及に努めた。

記事としてメンデルの法則を日本にはじめて紹介したのは、岐阜師範学校の理科教師であった臼井勝三である。彼は信濃博物学雑誌第七～九号に「メンデル氏の法則」と題して、一九〇三年十月二十五日発行の第七号から翌年三月の九号まで三回にわたり紹介記事を書いた。その内容は、一九〇一年に発表された米国のスピルマンによるコムギでの遺伝実験に拠ったものであった。確定した遺伝学用語のない当時の日本にあって苦労して翻訳しており、たとえば dominant を「凌越的」、recessive を「隠退的」としている[22]。

ソテツの精子発見で有名な東京帝国大学農科大学の池野成一郎は、著書『植物系統学』初版（一九〇六）の第四章第五節「雑種ニ関スルメンデルノ法則」の中でメンデルの法則を詳しく解説した。ただし、ド・フリースのパンゲン説を信奉する池野は、ここでもメンデルよりもド・フリースの論文を多く参照していて、それによる誤解もみられる。また観察される分離比のバラツキを配偶子の発達不良によるとしているのも誤りである。

その後、一九二〇年までに日本人による遺伝学の解説書が十冊も出版された。遺伝学に関する海外の書の翻訳も行なわれた。日本でも一九一〇年代から遺伝研究がしだいに盛んになり、一九一五年には第一次の「日本育種学会」が創立された。一九一六年には第一次日本育種学会の委嘱により翻訳されたメンデルの原著論文が、グレゴ・メンデル著、永井威三郎訳『植物ノ雑種ニ関スル試験』（丸山舎）として出版された。最初の遺伝学講義は、一九一三年に東北帝国大学農科大学の田中義麿によりなされた。日本で最初の遺伝学講座は、一九一八年七月十三日に東京帝国大学理学部植物学科に藤井健次郎を初代教授として創設され、「細胞学を基礎とする遺伝学」を目指した。gene を「遺伝子」と訳したのは、藤井である。

外山のカイコの仕事は一九〇八年の石渡繁胤や一九一三年の田中義麿の研究に受け継がれた。植物では、札幌農学校の星野勇三がトウモロコシやイネなどで交雑を行ない、粒のキセニアの現象を報告するとともにメンデルの法則を紹介している。また一九一〇年岡田鴻三郎はイネやムギ類で、一九一三年池野成一郎はトウガラシで、メンデルの法則を確認した。とくに池野の論文「トウカラシの雑種に関する研究」は、植物におけるメンデル性遺伝について日本人が海外誌に発表した最初のものであった。また田中長三郎、外山亀太郎、竹崎嘉徳、宮沢文吾、萩原時雄、今井喜孝などによりアサガオで形質遺伝の研究が広範に行なわれた。

育種との関連では、農事試験場畿内支場（大阪）で行なわれた研究が注目される。農商務省農事試験場では、府県農事試験場がほぼ設置されたのを機会に、それまでの品種比較試験だけによる改良から脱却するために交雑育種に取り組むことにし、その基礎試験に着手した。一九〇三年に大阪の第五回内国勧業博覧会で展示された温室のうち一棟が畿内支場に、もう一棟が園芸試験場に払い下げとなった。畿内支場では一九〇三年ころからその温室を利用して、イネとムギ類の交雑が開始された。イネは主任の加藤茂苞《しげもと》が担当した。これには本場の種芸部部長の安藤広太郎《ひろたろう》も出張してきて指導した。品種育成だけでなく遺伝研究も行なわれた。解析された形質は、イネでは草丈、稈径、穂長、葉長、脱粒性、早晩性、病害抵抗性、玄米重など、きわめて多種類で、籾色や芒の有無ではメンデルの法則が成り立つことが確認された。この仕事は、安藤広太郎や池野成一郎らによって紹介されるまで、大部分が発表されず埋もれていた。一九〇九年にでた農事試験場事務功程では、「稲の雑種はメンデル氏の法則に従ふものなるや否やにつき明治四十年来之が調査に着手し、其果たして然るを認めたり」とある。[23] 一九一〇〜一九二〇年代の日本の育種学研究は、主要作物を中心とするメンデル性遺伝の解明に集中した。

第三章　プラント・ハンティングから遺伝資源の収集へ

プラント・ハンターの時代

（一）古代におけるプラント・ハンティングや調査

自国にない珍しい植物を探し求める願望は、古い時代からあった。紀元前三〇〇〇年ごろに、ファラオのサンクカラが、ミイラの防腐用としてのシナモンや桂皮を求めて、紅海を下ってアデン湾まで船を出したという記録がある。[1]

紀元前二五〇〇年ごろには、ユーフラテス河口のスメル人がタウルス山脈を越えて黒海と地中海にはさまれた地域である小アジアにプラント・ハンター（植物採集家）を派遣してブドウ、イチジク、バラを探索させた。

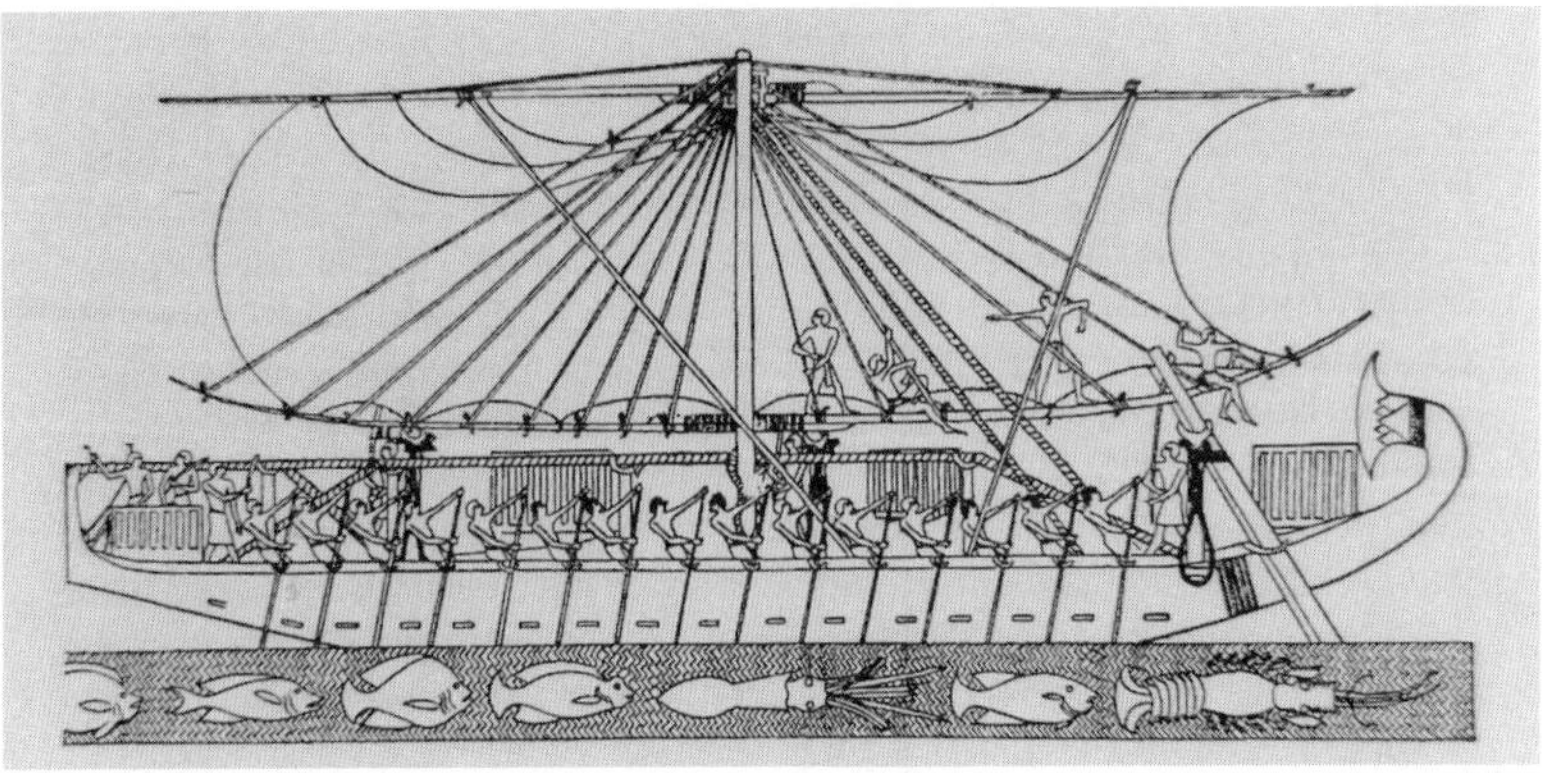

図3·1　ハトシェプスト船団

エジプト王朝で記録上はじめて王位についた女性であるハトシェプストが、前一四九五年に高価な香木（*Commiphora myrrha*）や没薬《もつやく》の木を生きたまま本国に持って来させるために北東アフリカのプント国に派遣した。多数のオールを備えた五隻の大型船がナイルを下り紅海を経ていったようすが、ルクソール近くのディール・エル・バハリにある女王葬祭殿の壁画に描かれている（図3・1）。

ギリシャ人のディオスコリデスはローマ皇帝ネロの軍医として戦地をまわったときの見聞にもとづいて、国外の五百以上の植物について栽培法と薬効を五冊の本に著した。

(二) 中世から近世のプラント・ハンター

中世には薬草の収集が盛んとなり、収集された薬草は修道僧によって観察し調査された。なかでも傑出していたのは聖アルベルトゥス（一二〇六～一二八〇）（図3・2）であった。彼は一二〇六年にドイツに生まれ、イタリアのパデゥアで学んだのち、ドミニク派の修道士になり、ストラスブール、ケルン、パリなどの大学で神学を教えた。彼の興味は植物だけでなく、動物、鉱物、魚類、天文などと広く、「キリスト

図3·2　アルベルトゥス・マグヌス

教徒のアリストテレス」とよばれるほど当時の自然科学全般に通暁していた。またその学識の深さをたたえて「偉大なるアルベルトゥス」(Albertus Magnus) ともよばれた。修道会管長のとき、管区内の修道院を視察するかたわら北ヨーロッパ全域を植物採集してまわった。彼は広い地域にわたって体系的な植物採集をした最初の人であった。

(三) 植物学上のルネサンス

十五世紀に入るとヨーロッパでは古いギリシャ時代の植物分類に限界があることが知られるようになり、植物学上のルネサンスが起こった。

一四八五年にフランクフルト出身の医者であった通称ドクター・フォン・クーベが、イタリア、バルカン諸国、クレタ島、ロードス島、イスラエル、エジプトを探索し、地域により植物の分布が異なることを発見した。

スイスの医者ゲスナーは千五百枚の植物の木版画をつくらせ、自身の観察による記録や分類をそれぞれに付記した。それは植物誌の基礎を打ち立てるはずの成果であったが、不幸にも出版前に疫病で命を落とした。それはただ同然の値でカメラリウス（第五章参照）に売られ、盗用された。

英国の牧師ターナーは、英国で最初の植物の本を著した。また牧草のアルファルファを英国に紹介した。

フランスのシャルル・ド・レクルーズ（別名カロルス・クルシウス）は、貴族の息子としてアラスに生まれた。八か国語を話し、哲学や歴史に通じるとともに、動物、鉱物、植物にも造詣が深かった。彼は長い人生の中で何回も浮沈を味わったが、常に植物学と園芸への興味を失わなかった。若いときにヨーロッパやトルコを旅し、植物を採集した。ウィーンでマクシミリアン皇帝の庭園の監督を務めたのち、ライデン大学の植物学教授となった。彼は地中海地域や近東からアネモネ、アイリス、スイセン、ラナンキュラスなどの球根を導入し、ヨーロッパ、とくにオランダにおける球根栽培の基礎を築いた。スペインから英国にジャガイモを紹介した功績でも知られている。

一五七〇年代にスペインの医師ヘルナンデは、メキシコからマドリード近郊の王立植物園に種子や植物を送った。

英国のサリスベリー伯爵の庭師であったトラデスカント（一五七〇～一六三八）は最初の組織的な植物採集隊を編成し、フランス、オランダ、ロシア、アルジェリアで収集を行ない、カラマツ、ライラック、クロッカス、ジャスミンなどを英国へ送った。彼はのちに王室付きの庭師に任命された。その死後、同じ名前の息子トラデスカントが後任となった。

息子のトラデスカント（一六〇八～一六六二）は、ルピナス、ヤグルマギクなど多くの植物を米国から導入し、収集した植物のカタログをつくりつづけた。ロンドンの庭園から出ることの少なかった彼は、塀の外で新教徒革命が起こって王室が崩壊したことも気づかなかったといわれる。ムラサキツユクサの属名 *Tradescantia* は彼にちなんで名づけられた。

十六世紀末から十七世紀にかけてヨーロッパでは、薬草や花壇用花卉を維持するため諸国に植物園が建てられ、また豊富な腊葉《さくよう》標本にもとづいて植物系統学の研究が進展した。

（四）植物学の黄金時代

十八世紀は植物学の黄金時代といわれる。それは、傑出した生物分類学者であったスウェーデンのリンネ（第六章参照）が活躍した世紀であり、情熱をもった多くのプラント・ハンターにより、世界の各地が探索された時代であったからである。

バートラム（一六九九〜一七七七）は、米国ペンシルヴァニアのダービーの近くに移民の子として生まれた。職業は農業であったが、植物とくに薬用植物に対する深い興味をもっていた。一七二七年に伝染病により妻を失い、失意のうちに植物収集に熱中するようになった。翌年に故郷の近くのキングセッシングに小さな家と五十ヘクタールほどの土地を求め、また二ヘクタールの小さな植物園をつくった。これは米国に現存する最古の植物園である。一七三二年にロンドンに店をもつ裕福な織物商でやはり植物収集に目がないコリンスンと海を隔てて知り合いになった。コリンスンはバートラムの収集品を一梱包あたり五ギニー支払うという契約で買い上げただけでなく、植物探索のスポンサーとなり資金や書籍を送った。また植物収集や造園に関心のある貴族と共同でヨーロッパにバートラムの後援会をつくった。見返りにバートラムは、米国東部の各地を探索して、収集した種子、球根、植物などを梱包して送った。彼らは生涯を通じて直接会うことはなかったが、三十六年間にわたりたがいによいパートナーであった。

バートラムは、父をアメリカインディアンに殺されたが、白人には未開の土地にもためらうことなく分けいった。彼の収集品は、バートラム・コレクションとしてヨーロッパ中で有名となり、ついに一七六四年に英国国王ジョージ三世付きの植物学者に任命され、毎年五十ポンドを受けられるようになった。そこで彼は長いあいだ望んでいたカロリナ、ジョージア、フロリダへの探索に翌年から赴いた。彼は米国で最初の植物学者といわれる。リンネも、バートラムの収集品の恩恵を受けていたが、彼を「当代最大の植物学者」と賞賛した。

リンネ自身も熱心な植物収集家としても知られ、カカオ、コーヒー、チャ、イネ、バナナなどをスウェーデンに導入して、故国を豊かにしようと計画したが、寒冷の土地ではまったく失敗に終わった。

独立国ドム（現在のフランス）に生まれたコメルソンは、地中海に近いモンペリエ大学で学んだ。王室付きの植物学者となり、ブーゲンヴィルとともにロシュフォールの港からブードゥーズ号に乗って世界一周の探検旅行に出かけた。船はブエノスアイレスなどに寄港しながら南米大陸を南下し、南端のホーン岬を巡り、タヒチ島、ニューヘブリディーズ諸島など太平洋の島々をまわった。さらにインド洋を渡ってモーリシャス島に着いたとき、コメルソンはブーゲンヴィルと別れた。彼はさらにマダダスカル島まで行き、そこで豊富な植物に魅せられて船を降り、ついに故国に戻ることなくその地で収集をつづけ、四十六歳の若さで死んだ。彼が収集した植物は三千種にのぼった。

図 3·3　バンクス

バンクス（一七四三〜一八二〇）（図３・３）は英国のリンカーンシャーの裕福な地主のひとり息子として生まれた。イートン校を経てオックスフォード大学に学んだ。彼は若いときから博物学とくに植物学に興味をもち、恵まれた若者がたどりやすい道は選ばなかった。父の急死で莫大な遺産を継ぎ毎年六千ポンドの収入が得られるようになると、抱いていた願望を実行に移した。二十三歳で最初の探索行としてニューファンドランドとラブラドルに出かけた。同年に英国王立協会の会員に推薦され、エンデヴァー号によるクック船長の最初の世界周航に植物学者として加わる許可を得た。ただし費用は自前であった。この航海はもともと王立協会による金星の太陽面通過の観察とそれに乗じた海軍による太平洋の島々の政治的、軍事的開発を目的としていたが、彼にとってこれは博物調査のための千載一遇のチャンスであった。リンネの高弟の博物学者ソランダーとその助手、二人の画家、四人の従者、二匹の犬も彼の探索に随行した。

　エンデヴァー号は一七六八年八月二十六日にプリマス港を出港して、ホーン岬をまわり、タヒチ島、ニュージーランド、オーストラリア、ニューギニア、ケープタウンなどを経て、一七七一年六月十二日に戻ってきた。彼らはオーストラリア東海岸に上陸した最初のヨーロッパ人となった。その航海でバンクスらは百十属千三百種の植物を収集することができた。オーストラリアを英国の植民地とすることを提案したのも彼である。

　彼はクックの二回目の航海には同行できなかったが、その後もスコットランド、ウェールズ、オランダ、アイスランドを旅して、収集品をさらに増やした。王立キュー植物園および大英博物館の理事となり、また一七七八年以降四十二年のあいだ英国王立協会長を務めた。キュー植物園は彼のおかげで王室の趣味の庭園から植物研究の場へと変身した。また彼は若手のハンターの養成に努め、その庇護のもとにネルソンが太平洋諸島、カレイがオーストラリアなど、メソンが西インド諸島、イベリア半島、アフリカなどを探検した[2]。バンクスが死んだとき、遺言によって蔵書とコレクションはのちに「ブラウン運動」の発見で知られたR・ブラウンによって相続され、ただちに大英博物館に寄付された。

当時の収集旅行は文字どおり命がけで志半ばで客死する者も多かった。ワクチンがない時代に衛生状態の悪い地域を歩き、コレラや赤痢にかかり、探索が中断されることが少なくなかった。探索者が病気に倒れたとたんに、雇われた者たちが荷物を持ったまま逃亡してしまうこともあった。盗賊や地域の軍隊に脅迫されることもあった。暑熱の砂漠地帯から寒冷の山岳地帯まで、気温の較差も大きかった。言葉も通じない見知らぬ土地を何か月もかかって踏破することは、多くの探索家の神経を参らせるのに十分であった。そのような状況にもかかわらず、十八世紀末には世界でプラント・ハンターの知らない土地はほとんどなくなった。

図3・4　ウォーディアン・ケース

なお、十九世紀中ごろまでは収集されるのはほとんどが種子や球根や果実などで、植物ではなかった。植物体をせっかく収集して本国へ向かう船に載せても、長い船旅のあいだに水不足のため枯れてしまうことが多かった。水は船員にとって命の糧であり、植物に与える余分な量はなかった。しかし一八二九年にロンドン在住の医師であったウォードが画期的な発明をした。それはウォーディアン・ケースとよばれた植物輸送用の密閉式ガラス箱であっ運べるようになった。

た（図3・4）。このケースを用いれば、植物は長期間でも潅水せずにすみ、船を水上の庭として無事に

（五）宣教師による植物収集

本国から海外に派遣されていたキリスト教宣教師の貢献も大きい。彼らはその地域の植物についての情報を収集家に教えたり、また自ら探索し収集することも行なった。十八世紀はじめに中国在住のイエズス会宣教師が送った植物や種子は、隊商によってロシア経由でヨーロッパに運ばれた。デイヴィド教父は一八六三年に北京に行き子どもらに科学を教えていたが、郊外で集めた種子および約二千点の植物標本をフランスに送った。彼にとって、植物収集は宣教の務めと調和するものであり、「天地創造の御業に関連したすべての生物種は、創造主たる神の栄光をいや増すものである」と記している。十九世紀末にチリに赴任したカトリック神父は、アルファルファの種子をカルフォルニアに送った。ブラジルにいたシュナイダー神父が米国に送った種子なしオレンジの十二本の苗は、すぐにカルフォルニアに植えられ、やがて品種「ワシントン・ネーヴル」として広く普及し栽培されるようになった。

（六）植物収集における外交官の貢献

米国ではヨーロッパからの植民者が来るまで、先住のアメリカインディアンにより、ブルーベリー、クランベリー、ペカン、マスカディニア属のブドウ、ヒマワリなどの北米在来の作物に加えて、トウモロコシ、マメ類、タバコ、ワタなど早期に導入され帰化した作物が栽培されていた。これらの作物はそのまま栽培方法とともに本質的な変化なしに、白人による農業に引き継がれた。一九四〇年の米国農務省年報で

も、米国の農産物の四分の三は、アメリカインディアンから受け継いだものであると記載されている。[3] 植民時代の初期にはそれらの作物によって生活が支えられたが、作物の種類は十分とはいえなかった。一六六九年に南カロライナに植民した人たちが、ワタ、サトウキビ、アイ、エンドウなどのマメ類、ヤムを導入したことが記録されている。一七七二年には西インド諸島や中米から導入したブドウや木本性作物の試作と頒布のためにある植民地に試験園が設けられた。[4] いまでは「世界のパン籠」とよばれる米国も、一七七六年の建国当初は利用できる作物が乏しい「もたざる国」であった。連邦政府は農業発展のためにとくに旧大陸起源の栽培植物を集める必要性を早くから強く感じていた。

独立宣言の起草者でもあり、のちに第三代の米国大統領となったジェファーソンは、フランス公使であった一七八四～一七八九年に、牧草、穀類、野菜などの種子や、オリーブや果樹の苗木を本国の非政府機関に送った。大統領になってからもジェファーソンは、「広く世界に多種類の植物を探し、それを導入し、試作して、新しい作物とすることは、連邦政府の直接の責務ではないが、その成果は必ずや労苦を償って余りあるので、各州の農業協会はとくにその活動に励むように」という趣旨の教書を発した。一八一九年に米国の財務長官は通達を出して、領事や海軍軍人に国に有益な植物を送るよう要請した。

米国では一七八五年にサウス・カロライナ州で創設された農業協会が会員から募った資金を議会や海軍に遺伝資源の収集のための費用として提供し、それによって得られた種子などを試作し増殖して、見返りに無償で会員に配布した。つづいてヴァージニア、ワシントン、マサチューセッツ州などでも農業協会が設立され、それらはやがて農業試験場へと発展していった。

第六代大統領アダムズも一八二七年に、海外の領事に赴任地から帰国の際にはその国の珍しい植物や種子を持ちかえるように指示した。ただし、当初は植物収集に対する予算的な措置はなかった。それが行なわれるようになったのは一八三九年である。

幕末の一八五三年六月三日に浦賀沖に黒船四隻を率いて現れた米国のペリー提督も、フィルモア大統領からの植物採集の命令を携えていた。翌年の日米修好条約で開港された浦賀、下田、横浜、函館で隊員による植物採集が行なわれた。帰国後標本はハーヴァード大学のグレイに手渡された。

外交官による植物収集の例は米国以外にもあり、十九世紀後半に中国に在住したアイルランドの領事ヘンリーは、本国に植物を送った。

作物はどこで生まれたか

植物を探索するうえで最も重要な情報となるのが、どの地域にどのような作物があるかということである。ある作物がたまたまそこに栽培されていても、それはよその地域から通商などで持ち込まれたものかもしれない。もとの地域では多様な変異、多数の品種があっても、その一部しか伝播していないおそれがある。それを考えると作物が誕生した地域があるとすれば、そこを目当てに探索にゆけば最も大きな収穫を期待できそうである。そのようなことから作物の起源地に関する研究が行なわれるようになった。ここで遺伝資源探索の話に移る前に、少し寄り道をして、作物の起源地の研究の歴史に触れたい。

(一) ド・カンドルと新大陸起源の作物

アルフォンス・ド・カンドル(一八〇六～一八九三)はパリに生まれた。父のアウグスチン・ピラムス・ド・カンドルは当時の著名な植物学者であった。一家は宗教上の理由からスイスのジュネーブ市に移り住んだ。一八六〇年まで市の行政に携わりスイスに郵便切手を導入する仕事に従事した。一八三五年から植物学教授、また父の莫大なコレクションをもつ植物園の園長を務め、とくに一八五〇年以降は植物学研究に専念した。彼はダーウィンと同時代の人であったが、進化論に傾くことなく終生変わらず天地創造論者であった。すなわち、すべての生物種は天地創造時のある特別の一個体に由来すると信じ、その主張のために膨大な書を著した。ただし、種内にさまざまな品種が存在するのは、種が各地に伝播していく過程でその地域の環境の影響を受けて変化し分化したものと考えた。彼は分類学の原理を追求し、一八六七年に植物の命名法についての国際基準を起草した。ドイツのネーゲリも最初彼のもとで植物学を学んだ。

ド・カンドルは一八八三年に『栽培植物の起源』をジュネーブで刊行した。[5]これは植物地理に関する最初の本となった。彼はその中で、分類地理学、歴史、言語学にもとづき二百四十七の栽培植物について、その起源地を論じた。彼は栽培種の起源地を推定するための根拠として、野生の近縁種が見いだされること、歴史的な証拠、植物名の言語学的関係、形質の変異、考古学的証拠などをとりあげた。しかし考古学は当時未発達であり、近縁野生種は必ずしも栽培種の祖先ではなく、その推定の根拠は弱いものであった。彼の下した結論は現在からみればおおざっぱであり、また不正確なことも少なくない。たとえば、ダイズの起源地として中国以外に日本やジャワを含め、トマトはペルーに起源するとしているが、現在では、ダイズは中国北部、トマトはメキシコが起源とされている。しかし、一方ではその書は作物の伝播について当時知られていた情報を豊富に含み、現在でも古典としての価値は非常に高い。彼は栽培植物には旧大陸起源だけでなく、中央アメリカおよびアンデスを中心とする新大陸起源の作物があることをはじめて指摘し、そのような作物として、トウモロコシ、タバコ、ワタ、キャッサバ、ジャガイモ、サツマイモ、トマトなどをあげている。これらの作物はどれも一四九二年のコロンブスのアメリカ大陸到達を契機にして、ヨーロッパにもたらされたものである。

ド・カンドルの『栽培植物の起源』（一八八三）が出版されたことで、それから半世紀の間に、栽培植物と家畜の起源についての問題は、植物学者、農学者をはじめ多方面の研究者の関心をよぶようになった。たとえば、ヴィクター・ヘーンは、言語学と歴史学の立場から『アジアからヨーロッパへの栽培植物および動物の伝播』を著した。

（二）スターリン施政下でのヴァヴィロフの悲運

栽培植物の起源の研究について、とくに大きな足跡をのこしたのはロシア（ソ連）のヴァヴィロフ（一八八七・一一・二五〜一九四三・一・二六）（図3・5）である。彼は、モスクワで生まれた。父は織物会社に勤め、勤勉で読書家であった。中等教育として彼はモスクワの商業学校で物理、化学、博物を学び、またドイツ語、フランス語、英語の訓練を受けた。また自宅で化学実験を行ない、植物採集に出かけ、顕微鏡をのぞき、科学史や考古学の書を読んだ。一九〇六年にモスクワ農科大学（のちのチミリャーゼフ農業大学）に入り、植物生理学、土壌学、細菌学、植物栄養学、応用昆虫学などを受講した。卒論は

図3・5　ヴァヴィロフ

「モスクワの畑害虫としてのナメクジ」であった。

一九一〇年にプリャニシニコフ教授の講座の院生となり、一九一一年に農業科学委員会の応用植物学局および微生物学・植物病理学局で働いた。そこはスウェーデンのスワレフ試験場やフランスのヴィルモラン種苗会社とのつながりが深く、また世界各国から種子が集まり栽培され調査されていた。一九一三～一九一四年にヨーロッパに留学の機会を与えられ、ヴィルモラン社、ドイツのヘッケル研究室、そしてとくに英国のジョン・インネス園芸学研究所のベーツソンの研究室に滞在した。しかし、一九一四年八月に第一次大戦が勃発したため故国に戻った。

一九一八年に、応用植物学局の副局長レーゲルの強い推薦を受けて、サラトフ大学の教授に就任した。「この若い研究者は将来国の誇りとなるであろう」とレーゲルは推薦状に記している。一九一七年二月にペトログラード（現セント・ペテルスブルグ）を中心に二月革命が起こり、一九一八～一九二〇年の内戦の間にサラトフは応用植物学部の中心地となった。一九二〇年に部長となり、学生や同僚とともにペトログラードに移った。彼は困難な時期に栽培地の調査や収集したコムギ品種の解析を行ない、育種学会で「遺伝的変異における相同系列の法則」を発表した。一九二〇年代に入ると、ソ連国内での研究機関の統合が進められ、一九二四年に彼の研究部は全ソ応用植物学・新作物研究所に改組され、世界の多様な植物を収集し育種研究に役立てるための中心的役割をになうこととなった。一九三〇年にその研究所は、V・I・レーニン記念全ソ農学アカデミーとなり、彼は一九三五年までその学長を務めた。さらに一九三〇～一九四〇年の間、遺伝学研究所の所長を兼任した。また党員ではなかったが、中央執行委員の要職にあった。彼は植物学、遺伝学、植物育種学、農業経済、科学史など、多様な課題について、国内会議および国際会議を主催し、科学界の優れた指導者として広く世界に認められた。

しかし、暗雲が覆うかのように、スターリンの独裁政治下で遺伝子の存在を否定し獲得形質の遺伝を標榜するルイセンコが台頭してきた。一流の遺伝・育種学者であったヴァヴィロフには、その説はとうてい認められるようなものではなかった。一九三一年に、農業の集団化に失敗したスターリンとソ連中央委員会は、数年のうちにソ連北部でも育つコムギや南部に適した病気に強いジャガイモを育成する計画をうちだした。まったく達成できるわけのないその計画にルイセンコが自分ならできると手をあげた。レーニンがミチューリンを認めたように、スターリンはルイセンコを支持した。

ほどなく科学者への弾圧がはじまった。学術誌の検閲制度が強化され、ルイセンコ主義を批判する論文はすべて掲載されなくなった。ヴァヴィロフの研究所の予算も削減された。「たとえ火焙りの刑に処せられようと自分の信念は変えない」という彼が率いる研究所はメンデル遺伝学を奉じるレジスタンスの本拠地のようになった。ヴァヴィロフは一九三五年についに全ソ農学アカデミー総裁の職を追われ、後任にルイセンコが収まった。一九三七年八月にヴァヴィロフを会長としてモスクワで開催される予定であった第七回国際遺伝学会も阻止された。一九三九年十月七～十四日に、モスクワで開かれた「遺伝学および選抜に関する会議」でヴァヴィロフとルイセンコは全面的に対決した[6]。彼は、メンデルの法則はいまやすべての生物にあてはまる誤りのない遺伝法則であることを主張し、ソ連における多くの農業試験場で若手研究者がルイセンコの影響で、コムギやオオムギの交雑育種をやめて接木雑種を採用していることを嘆いた。

一九四〇年八月六日、ヴァヴィロフはルーマニア国境に近いカルパチア山脈のふもとのチェルノフツィで遺伝資源の探索中に内務人民委員部の係員に捕らえられた。彼の親しい同僚も投獄された。彼は、過酷な取り調べの後、簡単な裁判だけで銃殺刑の判決を受け、一九四三年一月二十六日サラトフの刑務所で赤痢により死亡した。その死は海外には知らされなかった。ソ連の遺伝・育種学にとって不幸な時代はその後もつづいたが、ヴァヴィロフの後継者らは、彼の原稿や記録の散逸を必死に防いだ。彼の名誉が回復されたのは、死後十二年以上たった一九五五年八月であった。

(三) ヴァヴィロフの推定した栽培植物の発祥中心地

ヴァヴィロフが農業試験場に勤務して最初に研究対象としたのは、コムギのさび病やうどんこ病、エンバクのさび病などの病害に対する抵抗性であった。一九一七年の学位論文の課題も「病害に対する植物の免疫性」であった。病害による作物の被害の大きさを痛感していた彼は、病害抵抗性の解析にとどまらず抵抗性品種の育成を究極の研究目的とした。世界の試験場から送られてきた多数のムギ類の品種を圃場で観察し調査するうちに、品種間にさまざまな変異があることを知った。栽培植物の改良には、なによりも素材となる種や品種の正しい選択が重要であり、それには国外の試験場から送られてくる種子だけでは不十分であり、組織的な探索隊をアジアや新大陸も含めて世界各地に派遣して、育種素材となる優れた植物(近縁種、品種、系統)を積極的に収集することが急務であると考えた。そのようにして収集された植物は必ずや祖国農業の発展の礎となると信じた。探索は十八年間にわたり百八十回に及んだ(後述)。その結果を整理するにあたって、彼は従来のような種の単位でなく品種や系統のもつ多様な形質に注目して分布を調べる方法を考案し、これを「微分的分類地理学」または「植物地理学的微分法」と名づけた。

ヴァヴィロフは応用植物学・新作物研究所のときから大きな世界地図を用意して、その上に世界各地から収集した品種や系統の採集地を鉛筆で記入していった。その作業の中で、栽培植物ごとにその変異が地球上の特定の地域に局在していることに気づいた。彼は、これらの地域をその植物の「多様性中心」とよんだ。そのような地域こそが遺伝資源の宝庫であり、探索に行くべき目的地であった。しかし彼はそれ以上に多様性中心は同じに栽培植物の変異形成の中心地であり、さらに発祥地であると考えるに至り、これを「起源中心」とよんだ。起源中心では優性形質が多く、そこから伝播した二次的な地域（第二次中心）では劣性形質が多く多様性に富むと考えた。起源地は栽培植物間でかなり共通で、彼はこれを一九二六年の論文「栽培植物の発祥中心地」では五地域としたが、最終的には以下の七地域にまとめ、一九三九年に十一月二十八日に全ソ科学アカデミー・ダーウィン研究会で講演し、「栽培植物発祥に関する諸学説」として『ソヴィエト科学』第二号（一九四〇）に掲載した。[7]

一、熱帯南アジア地域（インド、インドシナ半島と中国南部、スンダ列島、すなわちジャワ、スマトラ、ボルネオ、フィリッピンなどを含む島々）
二、東アジア地域（中国中央部と東部、台湾、朝鮮半島、日本）
三、南西アジア地域（コーカサス、近東、北西インド）
四、地中海沿岸地域
五、アフリカ大陸（アビシニア）
六、北アメリカ大陸（南メキシコ山岳地帯、中央アメリカ、西インド諸島）
七、南アメリカのアンデス山系地域（ペルー・ボリビア・エクアドルの山岳地域、チロエ地域、ボゴタ地域）

彼の成果は栽培植物の起源地を探る世界の研究に大きな刺激をもたらした。ヴァヴィロフの方法は単純で結論は明快であったので、その起源地説は多くの教科書で紹介された。しかしその後、多くの修正が必要とされた。彼の探索調査ではアフリカが含まれていない。また当時はコムギの起源なども未解明であり、遺跡などの考古学的な情報も少ないなど時代的な制約もあった。

（四）ハーランの反論と中心非中心説

J・R・ハーラン（一九一七〜一九九八）（図3・6）は、ワシントンDCに生まれた。父は農務省のオオムギの指導的育種家で植物探索家として著名なH・V・ハーランであった。父は海外から訪れる多くの研究者を歓待した。その中にソ連のヴァヴィロフがいた。若いJ・R・ハーランは父とヴァヴィロフが交わす会話に興味をひかれ、一九三八年にジョージワシントン大学の修士課程を終えたとき、ぜひヴァイヴィロフのもとで研究したいと望んだ。しかし、父がヴァヴィロフに依頼の手紙を出したとき、すぐに来た返信には、状況の悪化を知らせるために、検閲の目をくぐらせようとわざと意味のないことが記されていた。彼はあきらめてカリフォルニア大学へ行き、植物の進化生物学の第一人者ステビンスの最初の学生となり、遺伝学の学位を得た。

図3·6　J・R・ハーラン（左）と蓬原雄三（右）

最初の勤務は一九四二年にオクラホマ州ウッズワードにある農務省での牧草育種であった。一九五一年からオクラホマ州立大学の遺伝学教授を兼任し、一九六一年から専任教授となった。一九六六年にイリノイ大学農学部の植物遺伝学教授に転任し、一年後に同僚のド・ウェットとともに植物進化研究所を創設し、一九八四年までその職にあった。彼は三十五年間にわたり四十五か国を探索した。彼の学問的寄与は、農学だけにとどまらず、植物学、遺伝学、人類学、考古学、歴史学など広い範囲にわたり、また音楽、絵画、言語、航海術などに深い興味をもち、ルネサンス的人物であった。なお一九七九年に来日して、名古屋大学生化学制御研究施設の研究室に滞在した。そのあいだに「作物の進化」と題して十三回にわたる名講義を行なった。なお筆者は、彼が農林省放射線育種場（茨城）を来訪された折に会う機会を得た。

J・R・ハーラン[8]は、ヴァヴィロフに心酔していたが、自身の長年にわたる探索と研究から、作物の起源地についてしだいに異なる意見をもつようになった。ヴァヴィロフが起源地を推定するのに用いた方法論は単純すぎ、その結論の多くはデータよりも直感にもとづいていると批判した。その要点は、次のとおりである。

一、ヴァヴィロフのいう作物起源地は、起源地というより多様性の中心地であり、長い間農業が行なわれてきた活動の中心地にすぎない。植物がその起源地で広く栽培されてもその変異が多様になるとは限らない。また多様性中心が認められる場合でも、起源地から遠く離れた地域に生じることが少なくない。

二、起源中心では優性形質が、周辺地域では劣性形質が多いという説も、多くの作物では成り立たない。

三、栽培化が広い地域の多くの場所で、種々の時期にはじまったために起源地が特定できない植物も少なくない。

四、順化によって栽培植物が起源地で誕生したときには、現在みられるような完成された姿ではなく、その後も近縁野生種の遺伝子を取り込みながら進化したものである。

五、各栽培植物が単一の起源地しかもたないとは限らない。

J・R・ハーランは、栽培植物の中には地理的に限定された中心がなく、順化が五千〜一万キロメートルにおよぶ広い地域で起きた場合があることを指摘し、それに対して「非中心」という概念を提唱した。そして農業は世界の三地域で独立に発祥し、それぞれの地域では、中心と非中心とがたがいに影響しあいながら農業が発展したと主張した。ここで三地域とは、①近東の起源中心とアフリカの非中心、②北部中国の起源中心と南東アジアおよび南太平洋地域の非中心、③中部アメリカの起源中心と南アメリカの非中心、である。

遺伝資源を探ねて——「もたざる国」からの脱出

(一) プラント・ハンティングから遺伝資源収集へ

プラント・ハンティングでは、自国にない珍しい植物や有用な植物を集めることが目標とされ、それぞれの植物についてはふつう、数個体程度を収集するだけであった。また植物集団内の遺伝的な多様性が考慮されることはなかった。収集された植物は、薬草園や植物園に植えられ、あるいは腊葉標本として保存されるだけで、大量に増殖されるのは商業的に利用できる場合に限られた。それに対して十九世紀後半にはじまった遺伝資源の探索では、収集の目的は品種改良事業のための利用にある。したがって珍しい植物だけでなく、すでに自国にある植物でも探索の対象となり、種内の変異を広げるためにできるだけ多様な個体を各地から集めて保存し増殖して研究者の必要に応じて配布することが要求される。

(二) 米国農務省種子・植物導入局の設置

米国では一八三九年に議会がはじめて種子の収集と配布のための予算として一千ドルを認めたが、十九世紀後半まで政府が主体で遺伝資源の収集を行なうことはなかった。一八五四年D・J・ブラウンが政府派遣職員としてヨーロッパに種子を求めて赴いたのが最初である。一八五八年には米国南部に茶園を開くためにスコットランドのフォーチュンが雇われて中国にチャの種子を探しに出かけた。なおフォーチュンは、幕末の攘夷の動きが騒然としていた一八六〇年に日本を訪れ、長崎、江戸、神奈川などで植物を採集し、盆栽や菊人形や豊富な種類の観葉植物などに興味をもった。

一八七〇年代の米国は、農地の拡大、鉄道の普及による市場への輸送の増加、そしてそれまで不作であったヨーロッパ農業の回復などにより、コムギの過剰生産に苦しんでいた。一八三〇年から一八八四年までのあいだにコムギ生産は五倍にもふくれあがり、ヨーロッパ市場でのコムギ価格の急激な下落をもたらした。一八六二年に設立された農務省が中心となって、その事態に対処するため、これまで他国から輸入していた作物の生産を拡大する必要に迫られ、種子導入と植物遺伝資源の探索が盛んに行なわれるようになった。

いく人もの探索家が各地に送りだされ、一八九八年までにコムギ、ソルガム、ネーブルオレンジ、アマ、オリーブ、カキなどの多くの品種が導入された。一八八六年に耐寒性の果樹や穀類を中心にハンソンが持ちかえった大量のコレクションを管理するため、一八九八年に揺籃期の農務省内に「種子・植物導入局」が設置され、その中に「植物導入部」がおかれた。この部は植物導入を行なう世界最初の公的組織となった。このときから米国の植物導入は政府の組織的事業となり、世界への探索が本格的に行なわれるようになった。それにより三万四千種以上の植物がもたらされ、ワシントン本部および直属の試験場に送られて増殖され、さらに苗は各州や熱帯属領の農事試験場、種苗業者などに配布された。このとき輸入された耐乾性のマカロニコムギは北西部の主要作物となった。日本から入ったイネの短粒品種は、南部ルイジアナとテキサス州の米作の発展に寄与した。トルキスタン、シベリア、アラビア、ペルーなどから輸入されたアルファルファは、栽培に成功し、南西部では冬期にも繁茂する雑種アルファルファが生まれた。[9] 導入された植物には植物在庫番号（Plant Inventory No. P. I.）がつけられることになった。第一号はロシアから導入されたキャベツであった。なお一九一二年には導入植物のための米国植物検疫法が制定された。

（三）植物探索収集におけるメイヤーの貢献

「種子・植物導入局」ができた一八九八年から一九三〇年までは、植物探索と導入が活発に行なわれた。陸路も海路も困難をきわめた当時の事情を考えると、これは驚嘆に値する。多くの探索家が輩出したが、なかでも初代局長D・フェアチャイルドに採用されたメイヤーがとくに優れていた。

メイヤー（一八七五〜一九一八）は、オランダのアムステルダムの港に近いフーサヴェンで生まれた。動植物が好きな少年は、小学校を終えたとき親にどのような仕事につきたいかと聞かれ、世界をめぐって植物を研究したいと答えた。しかし港湾の水先案内人で病気がちの父親には、彼にそれ以上の教育を受けさせるだけの経済的ゆとりはなかった。十四歳のとき、アムステルダムの植物園の庭師の助手に採用されたことが彼の運命を変えた。ここで彼の勤勉さがド・フリースの目にとまった。ド・フリースはメイヤーを研究室の助手とするために、英語とフランス語を教え、旋盤や木工の技術を身につけさせ、自分の植物学や植物繁殖の講義に出席させた。十八歳でメイヤーは実験園の監督をまかされるようになった。しかし一定の場所で行なう植物学の仕事では心が満たされず、ベルギー、フランス、ドイツ、スイス、イタリアなどヨーロッパ各地を歩きまわった。一九〇一年にド・フリースの紹介状を持って米国に渡り、農務省の温室で働くこととなった。しかし夢と生きがいを求める青年はここでもひと所に落ち着くことはできず、やがて米国各地やメキシコ、キューバを旅してまわった。一九〇五年五月に農務省のピーターズから来た一通の電報が彼に幸運をもたらした。それは農務省の職員として中国に植物探索に行ってくれないかという問い合わせであった[10]。

メイヤーは以後三回にわたる中国行きをはじめ、ヨーロッパ、ロシア、チベットに赴き、苦渋をきわめた探索行の中で収集した種子や植物を本国に送りつづけた。その数は十三年間で計二千五百品種に達した。彼は観賞用植物だけでなく、食用作物とその近縁種も集めた。とくに寒冷、干ばつ、アルカリ土壌などのストレスに対する抵抗性の作物に関心をもっていた。不幸にもメイヤーは神戸から上海に向かう途中で船から転落して死んだ。彼がアジアから導入した植物は米国の環境や植物を変え、植物園だけでなく個人の庭園や農場にも植えられた。彼がもたらしたニレの樹はいまでもダコタからテキサスまで防風林として、またマメ科植物は高速道路の土止めとして役立っている。しかし、肝腎の農務省に導入された品種は、当時の保存や増殖体制の不備から、九割以上が結局失われてしまった。

彼の上司であったD・フェアチャイルドも、自ら探索に赴き、アジアからマンゴーを、ペルーからアルファルファを導入した。またポピーノは一九一六〜一九一七年にグアテマラから二十四品種のアボカドを導入した。その多くはカリフォルニアやフロリダの気候に適し、多くの農園が開かれるようになった[11]。

H・V・ハーラン（一八七二〜一九四四）は一九一三年にオオムギの遺伝資源を求めて探索行をはじめ

た。彼の探索は自著『オオムギと過した男の一生』に詳しい[12]。その仕事は息子のJ・R・ハーランに引き継がれた。その後の収集はより組織的になり、一九五六年から一九八七年までに農務省がスポンサーとなって二百三件の植物探索事業が行なわれた。

一九四六年に「研究および市場法」が施行され、植物導入計画がさらに推進されるようになった。中期貯蔵用の「遺伝資源センター」が設けられ、四か所に「植物導入試験場」が設置され、種子の低温貯蔵が開始された。また一九四九年ウィスコンシン州のスタージャン・ベイにジャガイモの地域間植物導入試験場が、一九五八年コロラド州フォートコリンズに「国立種子貯蔵研究室」が建てられた。

（四）英国によるジャガイモの収集

ジャガイモは一五七〇年にスペインに、一五九〇年に英国にもたらされ、これらがやがてヨーロッパ全土に広がった。一六二二年にペルーからカナリー諸島に入ったが、その後ほかの地へ伝播した記録はない。また一八三〇年に品種 Daber が南米から入ったともいわれている。栄養繁殖性であるジャガイモは、ごく少数の品種を源として、伝播の過程で交雑による変異を生むことなく普及した。

それが災いのもとであった。イングランドにはじまったジャガイモ疫病が、一八四六年にアイルランドに蔓延し、大飢饉をもたらした。遺伝的多様性をもたない作物がいかに病害の蔓延に弱いかを示す見本のようであった。二百万人以上が餓死し、百万人が故国を離れ米国に渡った。

大飢饉の直後にリンドレイがペルーやコロンビアからロンドンに大量のジャガイモを輸入し、王立園芸協会の庭に植えた。しかしこれらもすべて病気におかされてしまった。クロッチが一八四九年にメキシコから導入したデミッサム種は最初の疫病抵抗性の遺伝資源となった。一八五一年にグッドリッチによりチリからRough Purple Chiliという品種が導入され、それをもとに最初の早生品種Early Roseが生まれた。南米由来の品種はすでに、導入以前に高緯度地帯の気候とくに日長に適応していたと考えられる。

英国では以来一九二〇年代まで、ジャガイモの品種導入の目的はすべて疫病抵抗性の育種を目的とした。一九三九年からバーミンガム大学のホークスが中心となってジャガイモを求めてアルゼンチン、メキシコ、ペルーなどを数回にわたり探索して、近縁野生種が収集された。英国以外では、ドイツ、イタリア、オランダ、チェコスロヴァキアなどで、穀類や野菜を中心とする収集が行なわれた。しかし、全般にヨーロッパの国では米国やソ連に比べて遺伝資源収集の事業は、一九七〇年代になっても遅れていて、収集品種が全作物総計でたかだか数万点という小規模であった。

ソ連における遺伝資源の収集と保存

(一) ヴァヴィロフは世界を探索した

ヴァヴィロフの遺伝資源探索は、彼の研究年月のほとんどすべてにわたった。彼は少年時代から野や林に出かけてはいろいろな植物を採集し、それを腊葉《さくよう》標本にすることを楽しんだ。また大学に入ってからは地理学に興味をもち、モスクワ近郊の調査をしたり、一九〇八年に地理学関係の学生たちとともにコーカサス地域に調査旅行をしたりした。英国へ留学した折も収集した植物を携えて帰国の途についたが、乗っていた船が魚雷を受けて収集品も失われた。

最初の探索行は、一九一六年であった。それは第一次世界大戦に召集される代わりに農務省が命じた出張であった。彼は世界の作物を自分の手で系統的に集めたいと願い、隊商の群れに入り、五〜八月にかけて、トルキスタン、北部イラン、パミール高原を探索した。ドイツ語の教科書をもち英語で日記をつけていた彼は、国境でドイツのスパイと疑われた。砂漠地帯を行くときは日陰でも四十三度を超えた。トルコとロシアの国境では弾丸のとびかう前線を四十キロ以上も進まなければならず、ついには隊商に置き去りにされた。他の探索家が一生の間に経験するほどの難事がつぎつぎと降りかかったが、探索の収穫も大きかった。

彼はそこで、自然の地に自生している作物や土地固有の農耕に出会った。六条オオムギの畑にはエンドウ、ソラマメ、ガラスマメが混生していた。さまざまなタイプのライムギがマカロニコムギ、クラブコムギ、秋まきオオムギの雑草として生育していた。ライムギは多くの土地で「オオムギやコムギを苦しめ、その雑草となる植物」という意味の名でよばれていた。しかし同じライムギがパミールの山岳地帯を登るにつれて、コムギやオオムギの代わりに独立した作物として栽培されているのを見た。この発見から彼は、作物にはコムギ、オオムギのように古くから主要作物として栽培されてきたグループと、ライムギのようにはじめはそれらの作物の雑草であったが、農耕の歴史とともに栽培環境に順応して雑草から作物へと昇格したグループがあることに思い至った。前者を一次作物、後者を二次作物と名づけた。

一九二一年五月から翌年一月まで米国へ出かけたのが、二回目の海外行きであった。今回はイアチェフスキが同行した。米国植物病理学会への出席が目的であったが、講演会には間に合わなかった。その代わりにH・V・ハーランの知遇を得た。

一九二四年七月一九日にはアフガニスタンの地理的に未開拓の地域に向けて出発した。これはヴァヴィロフの探索行の中で最重要となった。アフガニスタンへの入国は一年半待ってようやく許可された。ソ連とアフガニスタンとの緊張が高まっている時期でもあった。彼は穀類の収穫期にあわせて五月下半期には出発したいと計画していたが、ビザの発行が遅れた。その当時南部を除いて、その地を旅する者は、首が無事に肩についた状態で帰って来るには神の特別のご加護を祈らなければならない、といわれるほどであった。一行には二、三人のアフガン兵が常に付き添った。彼は通訳もつけずにアラビア語の文法書をもって現地の人と交渉した。アフガニスタン全域にわたり約五千キロを踏査して十二月一日に帰国した。その探索行でマメ類、油料作物、園芸作物、そしてなによりも多様なパンコムギや近縁種を採集することができ、アフガニスタン南東部とインドの近接地がコムギの発祥地であることを確信した[13]。

次は、地中海沿岸からエチオピアを探索し、帰路にベルリンでの第五回国際遺伝学会とローマでの国際農学会に出席する予定をたて、彼は一九二六年夏に出発した。英国およびフランスの植民地へ行くためのビザ申請にロンドンの大使館に出かけたが、もらえたのはパレスチナ行きだけで、エジプトとスーダン行きは与えられなかった。パリではヴィルモラン女史の助けでシリア、チュニス、モロッコ、アビシニア、ソマリアなどのビザが受けられた。シリアのゴラン高原ではフランスとの戦闘の真最中で、彼らは白旗がわりに白いスカーフを棒に結んで掲げながら進んだ。

一九二六年十二月二十七日から翌年四月まではエチオピアに出かけた。当時は行進の際には、隊商の荷役人に手かせ足かせをつけるのがふつうであったが、ヴァヴィロフはそれをやめさせただけでなく、裸足の荷役人たちにサンダルを買い与えた。彼がチフスで倒れたとき、荷役人たちは彼を見捨てず親身の看病をした。エチオピアは植物の宝庫であった。彼はここで、近縁の種どうしは形質からみて似たような品種群で構成されているという「相同系列の法則」を着想した。

一九二九年には中国領新疆《しんきょう》省のホータン、トゥルファンなどを経て、天山山脈を越えてソ連領中央アジアに入った。同じ年の十月に単身で日本を訪れた。とくに早熟性のコムギ品種の収集が目的であった。彼はまず北海道に行き、種子の収集とともに宮部金吾、明峰正夫、坂村徹などに会った。ついで京都大学に向かい、ビザ申請に協力を受けた木原均とはじめて対面した。朝鮮半島に渡り、朝鮮総督府農事試験場技師（のち日本大学教授）の永井威三郎《ながいいさぶろう》（作家永井荷風の弟）を訪問した。このとき京城で開かれていた農業博覧会でダイコンの品種にじつに多様な変異があることに感嘆した。ついで台湾に赴き、十一月十七日に門司に戻ってきた。盛永俊太郎とともに九州大学へ行き、イネやオオムギなどの種子の分譲を受け、桜島を訪れて桜島ダイコンや温州ミカンの栽培に接した。二十日に再び京都大学に来て、翌日三時から法経第三教室で木原均の司会のもと、「栽培植物の起源」と題する講演を英語で行なった。二十三日夜、京都駅を汽車がすべり出る際に、彼は片手に温州ミカンの苗木を持ち、見送りに来ていた木原に車窓から手を振り、「サクラジマダイコン！」とひと言叫んだという。[14]

さらに席を暖める間もなく一九三〇年に中央アメリカおよびメキシコに出かけた。メキシコでは、トウモロコシ畑の中にテオシントが雑草として混生しているのが見られた。一九三二年夏から翌年はじめまで南米のエルサルバドル、コスタリカ、ホンジュラス、パナマ、ペルー、ボリヴィア、チリ、ウルグアイ、ブラジル、トリニダード、キューバの国々を訪れた。ヴァヴィロフが各国の探索行で行き逢ったさまざまな出来事は自著に詳しく描かれている。[15]

しかし、彼の探索行もついに終わりがきた。一九三五年にインドを自ら探索したいと申請したが、どこからか政治的圧力がかかりついに果たせなかった。

彼の探索行では、同行の人数は少なかった。一人で出発することもまれではなかった。彼自身が行かれない場合には、彼の指導のもとに探検隊が組織されて派遣された。その探索事業は一九一六年から一九四〇年までの二十五年間にわたり、国内百四十回、国外四十回（六十五か国）におよんだ。収集された栽培種と近縁野生種は二十五万点に達した。その規模は一九三六年までに米国の遺伝資源をしのぎ、世界最大となった。

彼のほかにも、世界にはH・V・ハーラン、D・フェアチャイルド、マイヤー、ホークスのように精力的な探索者がいた。しかし、ハーランはオオムギを、ホークスはジャガイモだけを求めた。そのため赴く地域もこれらの作物の起源地とその周辺だけに限られていた。すべての作物を探索の対象として世界のあらゆる土地に行こうと目指したのはヴァヴィロフだけであった。ひと言でいえば、彼は「世界を収集」しようとした。

遺伝的変異をできるだけ拡大するには、種の分布範囲全体から収集する必要があると考えたこと、種の起源地や多様性中心についての明確な理論をもって探索したこと、現在栽培されている品種や系統だけでなく、外観は貧相な近縁野生種もそれに劣らぬ関心をもって集めたことなど、彼の探索の理念は時代に先駆けて優れていた。

（二）ヴァヴィロフ記念植物生産研究所

ヴァヴィロフは全ソ応用植物・新作物研究所の所長として、ソ連にとって重要なあらゆる栽培植物について、その素材を全世界にわたって計画的に探索し、それを栽培して形質の評価を行ない、将来の利用に備えて保存するという事業を、一九二〇年から大規模に展開した。これが世界最初の遺伝資源センターの誕生となった。このときはじめて、遺伝資源の探索、収集、評価、保存のすべてにわたる一貫したシステムが確立したといえる。この成功は米国、英国、オーストラリアなどにおける遺伝資源事業の進展に大きな刺激を与えた。

ヴァヴィロフが逮捕されてからは、彼が生涯にわたって収集した世界のコレクションを維持し管理する研究者がいなくなった。とくに第二次世界大戦中は、遺伝資源が失われる危険に何度もさらされた。遺伝資源の一部はドイツ軍に略奪されないように二十台のトラックに積み込んでエストニアの試験場に移された。ドイツ軍の占領地域を通過する際には、研究者は穀物を売りに行く農民を装った。またほかの一部は、同僚のレピックが管理していたが、一九四四年ついにドイツ軍につかまりリトアニアに持ち去られ、戦後ようやく返還された。[16] コレクションの多くは、レニングラード（当時）の研究所で保存されていた。ヒットラーの軍隊が市を完全包囲したとき、市中心部でさえキャベツ畑にされたほどの食糧難となった。しかし、研究者だけでなく市民も、誰ひとりとして餓えをしのぐためにコレクションに手をつけることはなかった。ようやく戦後になっても、農業生産や品種改良に純系品種などは無用とするルイセンコの主張で、多くの貴重な系統が自然交雑にさらされたままとなり、その遺伝的な価値を失った。再増殖のための採種栽培は思うにまかせず、発芽力をなくした種子も多かった。一九五〇年には収集点数は十二万にまで減少した。

ヴァヴィロフの研究所はその後、ヴァヴィロフ記念植物生産研究所という名称で活動している。一九八五年にジューコフスキーが所長に就任して探索収集を積極的に再開してから、保存点数も再び増加した。

時代とともに豊富になった日本の作物

日本在来の作物は少ない。固有の作物は、フキ、ワサビ、ミツバ、セリ、サンショウ、ミョウガなどの野菜や、クリ、カキ、ニホンナシ、ビワ、スモモなどの果樹とされている。現在栽培されている作物はほとんどすべて海外から入ってきたものである。導入は先史時代からはじまり、奈良・平安時代の遣隋使や遣唐使、室町時代の対宋貿易、安土・桃山時代から江戸時代の南蛮貿易などを介して、時代をとおして行なわれた。どの時代にどのような作物が入ってきたかは、星川（一九七八）の表を見られたい[17]。

『古事記』（七一二）によれば、「垂仁天皇が多遅摩毛理《たじまもり》を常世《とこよ》の国に遣し、不老不死の霊果である登岐《とき》士玖能迦玖能木実《じくのかぐのこのみ》を求めさせた」、という記事がある。『日本書紀』（七二〇）第六巻では、これらは田道間守、非時香菓と表されている。田道間守は十年の歳月をかけて秘境から非時香菓を持ち帰ったが、そのとき天皇はすでに亡くなり、彼は天皇陵の前で泣き叫びながら自死したと記紀は伝えている。なおこの霊果は橘と記されているが、田中長三郎はいまのダイダイではないかと推測している。また平安時代には播《はり》磨《ま》弟兄《おとお》により中国から大柑子《おおこうじ》がもたらされた。

一八五三年に浦賀に来航したペリーは種苗商ランドレッツから託された穀類や野菜の六十七種類の種子を幕府に献上した。その鑑定には、奥詰医師であった曲直瀬《まなせ》篁があたった。また薩摩藩主島津斉彬は嘉永〜安政年間（一八四八〜一八五九年）にコスモス、サルビア、ペチュニア、ヒヤシンスなどさまざまな草花を輸入した。

幕末の一八六二（文久二）年に一ツ橋外護持院《ごじいん》ガ原に洋書取調所が設けられた。九月に米国から野菜と穀類の種子が約六十種類入ってきたので、目録をつくり、栽培した。翌年にはフランスからキンギョソウ、ヤグルマソウ、ヒエンソウなどの花卉種子、チューリップ、ヒヤシンス、スイセンなどの球根が渡来した。米国から花卉種子、ロシアから穀類と野菜の種子が入った。文久四年に洋書取調所は開成所と改名された。慶応元年にホンコンからハクサイの種子が来た。オランダや英国からも草花種子が入った[18]。

明治に入ると遺伝資源の導入は、組織的をあげての本格的なものとなった。導入は内務省勧業寮が内藤邸の跡地三十ヘクタールを買収して一八七二（明治五）年十月に開設した内藤新宿試験場にはじまる。内藤新宿試験場の土質がダイズ、ムギ類、ワタ、アイなどの栽培に適さないという理由で、前田正名《まさな》の努力で一八七四年八月に三田四国町にあった島津邸の跡地約十三ヘクタールが買い入れられ、付属試験地となった。ここに前田がパリからの帰朝の際にヴィルモランらの協力で持ち帰った大量の苗木が植えられた。これが一八七七年に三田育種場となり、前田がその場長となった。命名は大久保利通《としみち》とされる。ここの事業は、国内外の農作物を導入して、試作、増殖、頒布を行なうこととされたが、実際には試験や改良の力はなく海外品種の栽培に終始した。三田育種場は一八八六年に民間に払い下げられた。なお最近の研究によると、前田は「育種」の語を最初に提唱した人でもある[19]。

一八七二年に開拓史が米国からリンゴ七十五品種を、また一八七五年に前田がフランスからリンゴ百八品種を輸入した。一八八二年にブドウの品種「デラウエア」、一八九七年に「キャンベルアーリー」を米国から入れた。レモン、オレンジ、オリーブなどのカンキツ類、メロン、オクラ、タマネギ、カリフラワー、アーティチョーク、パイナップル、マッシュルームなどの野菜、サクランボ、ライムギ、エンバク、アマ、ベニバナインゲン、ホップ、テンサイ、ライグラスなど、多くの作物が明治時代に海外から導入された。

農商務省の試験場が設立されるに従い、遺伝資源保存も試験場ごとに行なわれるようになり、とくにイネについては農事試験場試験地で行なわれた。これらの収集されたイネ品種を対象に、一九四〇〜一九四八年に松尾孝嶺は「栽培稲に関する種生態学的研究」を行ない、世界のイネ品種はA、B、Cの三型に分類されると提唱した。これはその後の外国稲を交雑親に用いる場合の基礎的な知見として役立てられた。

一九五〇年に、農林省試験研究機関の整備統合が行なわれ、農事試験場は農業技術研究所（略称、農技研）と改称され、旧農事試験場は関東東山農業試験場となった。それにともない、イネおよびアブラナ科作物は農技研の生理遺伝部に、旧園芸試験場の果樹、野菜、花は園芸部へ移管・保存されることとなった。松尾の研究室は一九五一年に閉じられ、その記録と保存品種は、農技研の西村米八および坂口進に引き継がれた。さらに育種の基礎研究は平塚に移転した生理遺伝部遺伝科で行なわれることとなり、イネの品種保存も遺伝科第七研究室で継続されることとなった。室長は伊藤博であった。旧農事試験場時代の記録と品種の整理には、とくに内山田博の貢献が大きかった。

一九五〇年からFAO（国連食糧農業機関）がイネとコムギについて遺伝資源のカタログを発行し、そこに登録された日本型イネを米国と日本で重複して保存することが義務づけられた。それに呼応して、一九五四年四月に、農林省において育種材料を専門に扱うための研究室が、農業技術研究所（イネ）、農事試験場（ムギ類）、東北農業試験場（マメ類、雑穀）に設立された。これが日本における遺伝資源の組織的導入のはじまりとされる。[20]

遺伝資源事業における国際協力

（一）遺伝資源の泉が涸れる

ヴァヴィロフが遺伝資源の収集のために世界各地を探索したのは、それを育種の素材として優良な品種を育成し、ひいては祖国の農業を発展させたいためであった。米国における初期の組織的探索も同様の目的であった。遺伝資源は、アラブの石油のように汲めども尽きない資源であると当時は考えられていた。いつでも変異の中心地へ赴けば、近縁野生種や在来系統の種子や苗を持ち帰ることができるものと思われていた。

しかし、資源の泉はやがては枯渇する。遺伝資源にも消滅の危険が迫っていた。ただしそれは、たび重なる探索で取り尽くしたためではない。皮肉にも近代育種の成果として育成された病害抵抗性や多収の品種などが広く普及した結果、それまで使われていた地域固有の品種が顧みられず栽培されなくなったことによる。これを「遺伝的侵食」というが、一九三六年にH・V・ハーランは助手のマルティニとともに最初にその警鐘を鳴らした。彼らはオオムギを例として「エチオピアやチベットの農民が古くからの品種を棄てて新しい品種に乗り換えたとき、世界はかけがえのないものを失った」と記している。とくに第二次世界大戦後の一九六五年から一九七〇年のあいだに「緑の革命」によりコムギおよびイネの短稈多収の品種がトルコからフィリピンまでの広いアジア地域に普及すると、それらの地域における在来品種が急速に消えていった。さらに急速な工業化や市街化が起きると、ダムや道路の建設に伴い近縁野生種の自生地までもが失われはじめた。フランケルは一九六七年に開かれた遺伝資源の会議における冒頭で「多くの遺伝資源の貯蔵地が急速に消えていっていることはいまや一般に認められている」とのべた。遺伝的侵食の概念はこれを契機に急に注目を浴びるようになった。一九七五年にはC・オチョアがジャガイモの多様性中心地で実際に在来品種の数が一九三八年以降に急激に減少していることを報告した。そこで、消滅してしまう前に遺伝資源を急きょ収集し、保存し、いつでも自由に研究に利用できるようにするための世界的組織が必要であると感じられるようになった。

(二) 遺伝資源の収集保存のための国際機関の設立

一九四五年に栄養、食糧、農業問題に関する情報提供と技術援助を任務とするFAOが国連の専門機関の一つとして設立された。本部はローマにおかれた。第二次世界大戦の混乱がまだ収まらない時代であったが、FAOは設立されてまもなく遺伝資源の問題を取りあげた。一九四七年に植物・動物育種材料小委員会を開き、世界的規模で育種素材の情報提供や自由な交換を目的とする機関の設立を勧告した[21]。一九六一年に植物の探索と導入をテーマとした最初の国際会議を開き、世界各地に遺伝資源探索のためのセンターを設けることを勧告した。さらに一九六五年には遺伝資源専門家パネルが発足し、一九七四年までに六回の会議を開き、遺伝的侵食がはげしいため探索・収集を最優先で行なうべき地域について具体的な提案を行なった。一九六七年にはIBP(国際生物学計画)と共催してローマで会議を開き、遺伝資源保存のための国際的な取組みを推進するためにいくつかの勧告を出した。この会議ではじめてgenetic resources(遺伝資源)の用語が使われた。

勧告に応じて、一九七一年五月十九日に国際機関設立に向けた最初の公式会議が世銀で開かれ、CGIAR(国際農業研究協議グループ)が誕生した。ロックフェラーとフォード財団の資金援助によって、すでに設立されていた四つの国際農業研究所、すなわちＩＲＲＩ（国際稲研究所、一九六〇年設立）、ＣＩＭＭＹＴ（国際とうもろこし・小麦改良センター、一九六六年）、ＣＩＡＴ（国際熱帯農業研究センター、一九六七年）、ＩＩＴＡ（国際熱帯農業研究所、一九六七年）を核として、組織された。その設立の趣旨は、国際農業研究および関連活動により、発展途上国の食糧生産性を高めることにあった。ただし、設立当初の目的は、食糧の乏しい熱帯圏の国々におけるイネの増産にあったという。世銀、ＦＡＯ、ＵＮＤＰ（国連開発計画機構）がスポンサーとなった。一九七四年にＦＡＯの勧告により、各国にある遺伝資源研究機関や国際農業研究所間のネットワークを発展させるため、ＣＧＩＡＲ傘下にＩＢＰＧＲ（国際植物遺伝資源理事会）が組織され、ローマを本部として活動をはじめた。ＣＧＩＡＲのもとにはその後ＣＩＰ（国際イモ類研究センター、一九七二年）、ＩＣＲＩＳＡＴ（国際半乾燥熱帯作物研究所、一九七二年）、ＩＣＡＲＤＡ（国際乾燥地農業研究センター、一九七六年）などが加わり、現在は十六の国際農業研究所が、それぞれの任務のもとで遺伝資源保存のため活動している。

第四章　交雑なしで選抜だけによる改良の時代

ヨハンセンの純系説——遺伝的変異と環境変異を分ける

メンデルの法則の再発見に加えて、品種改良の基本的な原理として役立ったのは、ヨハンセンによる「純系説」である。[1] 純系説は、コムギやイネなどの自殖性植物の量的形質の改良に大きな影響を与え、純系説にもとづく純系選抜法は交雑育種が普及するまでの主要な改良法となった。

デンマークのヨハンセン（図4・1）は、コペンハーゲンの軍人の家に生まれた。家計のゆとりがなく、中等教育を終えると、薬剤師の助手や大学の研究補助を務め、職場を転々と変わらざるをえなかった。一八八一年にカールスベルク研究所の窒素定量法で著名なキエルダールが部長を務める化学部の助手に採用された。一八八八年に獣医農科大学の教授、一八九二年に農科大学講師、そして一九〇五年にコペンハーゲン大学の正教授となった。農科大学時代から、しだいに変異や遺伝の現象の研究に熱中するようになり、コペンハーゲン大学では植物生理学と遺伝学を講義した。

ヨハンセン（一八五七・二・三～一九二七・一一・一一）（図4・1）は、生物測定学者のゴールトンが示した回帰の法則を応用して遺伝的制御を試みるため、市販のインゲンマメを使って、種子の一粒ずつの重さについての選抜実験を行なった。一九〇〇年に十九粒の種子を親豆として選び、自殖によって翌年五百七十四粒、翌々年五千四百九十四粒を得た。各粒の重さを測り、親子関係を記録した。彼はもし何代も同じ回帰の法則が認められるならば、極端な個体を毎代選抜しつづけることによって選抜の効果が上がるはずだと考えた。これは当時の一般的考えでもあった。

図4·1　ヨハンセン

一九〇二年の五千四百九十四粒の重さは統計学でいう正規分布に近かった。各粒の重さを一九〇〇年の親豆からの由来別に平均すると、二倍近い差が認められた。しかし各親豆由来の系統内で、一九〇一年の重さ別に分けた一九〇二年の粒の重さは、平均するとほとんど差が認められなかった。言い換えると親豆間の変異はそのまま縮小されずに子孫に伝達され遺伝する変異であったが、各親豆の子孫における個体間変異は遺伝しない変異で、系統内の選抜を行なってもなんの効果もなかった。つまり変異には、「遺伝する変異」と「遺伝しない変異」があることがわかった。彼は各親豆由来の子孫のように、遺伝的変異を含まない系統をタイプ（Typus）とよんだが、のちに「純系」（pure-line）と名づけた。選抜効果があるのは純系間の変異であり、純系内の変異は遺伝しない。これを「純系説」という。結果は回帰の法則とよく一致していたと彼は論文中で結論している。しかし実際には、実験結果の意味するところはゴールトンの回帰以上のことを含んでいた。

ヨハンセンの実験は、種子重を正確に測り親子関係を記録することにより、十九世紀末にスウェーデンで行なわれたイネ科穀類やマメ科作物の選抜実験の結果を、きちんと証明したものといえる。すべてのパイオニアの宿命として、新しい概念をどのような言葉で表現すべきかに悩んだ。gene（遺伝子）の用語も彼によってはじめてつくられた。それはメンデルの因子または要素と同じ意味であり、ド・フリースのパンゲン（Pangen）の下三文字をとったものである。彼はまた遺伝子型（genotype）、およびその反応として表現型（phenotype）を一九二三年に定義した。それはドイツの動物学者ワイスマンの Germplasm と Soma の概念やド・フリースの唱えたパンゲンとも無関係であると断言した。

また、変異をもつ集団を何代も選抜していけばやがて遺伝子型を変えることができるというウェルドンやピアソンら生物統計学者が支持していた説は、純系説の光に照らせば誤りであり、遺伝の基本的法則を明らかにすることにならないと断言した。選抜はすでに集団中にある純系を見つけ単離しているだけであること、選抜が効果をもつのは集団中に異なる遺伝子型を含む場合だけであること、集団における選抜が何代も有効である場合はその集団がいつまでも純系でない状態にあること、などをヨハンセンは明確に示した。また遺伝子型自体は不連続であるが、それに環境変異が加わるために、各遺伝子型の示す形質の分布曲線が重なって、形質の測定値からだけでは遺伝子型を識別できないことをはじめて指摘した。言い換えると、量的形質の表現型が示す連続的な分離様式がメンデルの法則の示す遺伝子型の不連続性と矛盾しないことを示した。なお、種々の遺伝子型が混在している集団中から、何代か近親交配（近交）をつづけることによって有用な形質をもつ純系を得る育種法を純系選抜という。

自殖性植物における純系選抜による改良

（一）英国の初期の育種家による個体選抜

十九世紀までは、作物の品種はざっぱくで、集団の中に種々の異なるタイプの個体が混じっているのがふつうであった。英仏海峡のフランス海岸に近くにある英国のジャージー島の農民育種家ル・クトゥールはスペインのマドリッド大学教授のガスカの訪問を受けた。ガスカはコムギ畑をみて異なる個体が混じっていることを指摘した。ル・クトゥールは二十三もの異なるタイプを見つけて、それらの穂をとり、翌年小さな畑に穂ごとに区別して栽培した。区別したのは、次代の系統は親と似ていると予想したからである。事実、そのとおりであった。それら系統は個体間の違いがほとんどなく、きわめて均質であったので、その中で優れた新しいタイプの系統を選ぶとそれ以上選抜を加えることなく、数世代増殖してから新品種として市場に出した。その品種は好評で、英国やフランスで二十世紀初めまで広く栽培された。[2]

スコットランドのエジンバラの東のハディントンに農場をもっていたシレフ（一七九一〜一八七六）は、コムギやエンバクの畑でまれに見つかる生育の旺盛な個体を選抜して、子孫を分離し、さらにそこから優れた個体を選んで増殖した。しかし最終的に得られる優良個体の頻度は低く、四十年もかかって四品種しか育成できなかった。最初の品種は一八一九年に穂数の多いコムギ個体として選抜され、二年間だけ選抜なしに増殖されたのちに市場に出された。この品種は彼の生地にちなんで Mungoswell と名づけられ、スコットランドの最良品種の一つとなり、イングランドやフランスにも広まった。ル・クトゥールやシレフは個体選抜の先駆的な実験を行なったといえるが、選抜の原理を理解していたわけではなかった。なおシレフは一八三三年春に米国やカナダに出かけ、広く農業事情を見てまわり、紀行文を著した。

英国南部の地ブライトンのハレットは一八五七年からコムギやオオムギの選抜を行なった。彼は個体間の変異だけではなく、個体内における穀粒の大きさの違いにも注目し、一個体内で最良の穂を選び、その穂の中で最良の粒を選抜し、その子孫でも同じように何代も選抜をくり返した。この選抜方法はウシの育種にヒントを得たものであるが、植物については妥当でなく失敗に終わった。

（二）ドイツにおける個体選抜法の失敗

リムパウをはじめとするドイツの育種家も、品種改良に個体選抜の手法を用いた。しかし彼らはとびぬけて優良な個体を選ぶのではなく、改良しようとする品種を代表するような個体を多数選ぶことからはじめた。また原集団から選抜した個体を、後代で区別せずにまとめて栽培した。選抜の対象形質は、穂長、穂幅、小穂数、粒数などの量的形質であった。毎代個体単位で形質の精密な調査観察と選抜が行なわれ、これにより量的形質の漸進的な改良が得られると期待されたが、優良個体の選抜に成功することはきわめてまれであった。優良と考えられた系統も、選抜をやめるとすぐにもとに戻ってしまった。それは選抜個体を後代で個体別系統にすることなしにまとめて栽培したため、いつまでたっても集団にはさまざまな遺伝子型が混在していたこと、異なる子孫間で自然交雑が行なわれ遺伝的な分離が生じたこと、観察が個体単位でしか行なわれないために環境変異と遺伝的変異とを区別できず選抜効率が低かったこと、などが原因と考えられる。

(三) フランスのヴィルモランによる後代検定の開発

フランスのヴィルモランは一八五六年にテンサイの試験で後代検定の方法を提案した。彼は、選抜された個体の能力はその子孫によってのみ確実に評価できることを示した。その方法はムギ類にも応用され、「ヴィルモランの選抜原理」とよばれた。

そのころ米国ミネソタ州でコムギの、またドイツのペトクスでロチョウがエンバクの選抜を開始した。彼らの方法もざっぱくな集団から優良な個体を選抜するものであったが、個体の優良性をそれ自体ではなく、その個体から生まれた次代の数百個体の平均で評価することにしたので、選抜効果が著しく上がった。

(四) スウェーデンにおける個体選抜法の改良

スウェーデンでは、南西部にあるランズクローナの農民ワイブルが一八七〇年に根菜類の育種を集団選抜ではじめた。一八八六年にスワレフにスウェーデン種子協会が設立され(第五章参照)、その年から試験場では大規模な選抜実験が行なわれるようになった。当時はダーウィン流の考えが広まっていて、選抜を何代もつづけて少しずつ形質を変えれば品種を望む方向に変えることができると信じられていた。ダーウィンは、その著『種の起源』(一八五九)において、膨大な観察事実を提示して、小さな変異がゆっくりと積み重なることによって、新しい種が生まれると主張した。その理論は英国やドイツなどでの育種実験を主に参考にしたといわれる。一八八九年に出版されたリュムカーによるハンドブックでは「栽培植物はきわめて順応性が高く、優れた育種家の手にかかれば千種類の新品種も育成するこができる。しかし才能とひらめきがなければ芸術家になれないように、すべての人が育種家になれるわけではない」と述べている。品種改良には集団から表現型にもとづいて優れた個体を選抜する「集団選抜」の方法が最良とされていた。

スワレフの試験場ではコムギ、オオムギ、エンバク、エンドウ、ヴェッチなど自殖性植物の改良が目的とされた。とくにドイツから導入したハダカムギ品種 Chevalier は醸造特性が優れていたが稈が弱くスウェーデンでは収穫直前に風雨により倒伏しやすいので、その改良が望まれていた。当初はドイツの育種家の方法に従い、オオムギ、コムギ、エンバクなどで原集団から選んだエリートとよばれた個体をもとに、一千に近い選抜集団をつくって改良を試みたが、どの作物でも成功しなかった。五年間も厳しい選抜を行なっても、集団がやや均質になるが、安定して新形質をもつ品種は得られなかった。選抜をやめると集団はすぐにもとのざっぱくな状態に戻ってしまった。一八九〇年には早くも、「育種家は自然が提供する素材以上には何も新しいものをつくることはできない。自然は変えられない。育種家にできることはただ一つ、自然が与えるものの中から最良のものを選ぶことだけである」という悲観論が支配的になった。場長に就任したばかりのジャルマ・ニルソン（図4・2）も育種家のH・テディンも絶望的であった。[3]

図 4·2　ジャルマ・ニルソン

しかし、一八九一年にたまたま個体間で形質が均質である秋まきコムギの集団についてその前歴を野帳でたどった結果、それらがいずれも原集団の一穂から由来したものであることを知った。そこで、ジャルマ・ニルソン指導のもとに一八九三年より二千もの穂から別々に系統を養成したところ、ほとんどの系統が系統内個体間では均質で、系統間では原集団よりも広い変異を示すことが認められた[4]。そこで個体の示す形質だけでなく、その次代の系統における形質の平均によって選抜するようにした。選抜の対象とされたのは、早晩性、病害抵抗性、土壌適応性、強稈性、穂長、粒数、粒大などの量的形質であった。次代で優れた系統をとり、その後の選抜なしに五、六世代の増殖と検定を経て、一九〇一年にコムギ、オオムギ、エンバク、ヴェッチの計十八品種が市場に出された。

オーストリアのチェルマクはメンデルの法則が動植物の品種改良の原理として大きく役立つと考え、それを広めてまわった。一九〇一年彼がスウェーデンのスワレフ試験場のニルソン・エーレを訪ねたことがきっかけとなり、スワレフの育種事業がすっかり近代化された。選抜は毎代ではなく、個体間での形質の分離の程度をみながら、ときどき行なうように改められた。

(五) 純系選抜による品種育成

ヨハンセンの提唱した純系の考えはすぐに世界の育種家に理解され、それにもとづく選抜、すなわち純系選抜(純系淘汰)が、米国のミシガン州立試験場をはじめ世界の試験地で行なわれていた作物の選抜実験にすぐに応用された。その結果、コムギ、エンバク、オオムギ、アマなどの自殖性植物で多数の新品種が育成された。たとえば米国では、クリミア半島でTurkeyの名でよばれていたコムギ品種から、純系選抜によってKenredやNebredやCheyenneなど多数の品種が分離育成された。そのほか、エンバクでは早生品種Fulghum, 病害抵抗性のDwarf Yellow Milo, オオムギの泥炭土適応性のPeatlandや多収性のTrebiなどが純系分離法によって得られた。

二十世紀はじめまではまだ交雑育種の有効性は理解されていなかった。交雑は、子孫にただ両親の中間的な植物個体を生みだすだけであると誤解されていた。スワレフでも交雑育種は一八九八年まで行なわれなかった。一九〇三年までは組織的に採用されることはなかった。当時は、ざっぱくな集団からの個体選抜だけで十分で、むしろ交雑育種よりも速く確実に育種目標を達成できると考えられていた。しかし、育種が進むにつれて、選抜するだけではもはや新しい変異が得られなくなった。

(六) 日本における純系選抜育種の発展

明治に入ったばかりの日本では、農業における品種の重要性は認められていたが、新しい品種をどのようにしたら育成できるかという方策は誰にもなかった。

典型的な例が横井時敬《よこいときよし》(一八六〇〜一九二七)(図4・3)による『稲作改良法』にみられる。[5] 横井は、肥後熊本藩士の四男として生まれた。熊本洋学校を卒業後、駒場農学校農学本科に入った。同校を首席で卒業後、兵庫県師範学校の農業担当教師、福岡農学校校長、福岡県勧農試験場長を務めた。この福岡時代に「種籾の塩水撰種法」を考案した。一八八八年に試験場を訪れた駒場農学校のドイツ人教師フェスカが横井を高く評価し、農商務大臣井上馨に推薦した結果、農務局第一課長となった。しかし、当時の農林技術者に対する待遇の悪さに嫌気がさし、辞職してしばらく文筆で生計を立てた。一八九三年に

図4・3　横井時敬

東京帝国大学農科大学に招かれて講師となり、翌年に教授となり農学第一講座を担当した。彼の関心は栽培学から農業経済学に転じた。私立東京高等農学校の経営を立て直して東京農業大学とし、一九一一年に初代学長となった。胃ガンにより六十八歳で没した。一八九八年に『栽培汎論』を著し、伝統農法の再評価と西洋農法の適用を説いた。「品種」の用語はこの書ではじめてつくられ用いられた。また彼の「農学栄えて農業亡ぶ」、「稲のことは稲に聞け、農業のことは農民に聞け」は、いまも名言として知られている。

『稲作改良法』の中で彼は、育種を「撰種」とよび、子が親に似るように作物もまた同じで、改良目的を定めて、それにかなった性状を示す良穂を選ぶことが肝要であり、栽培地の風土によって改良の目的が異なるので、一概にどのような穂をとるべきと決めるのは誤りであると指摘している。また赤米などが混種したときには、撰穂《せんほ》しなければ品質が下がると述べている。育種方法としては、「此ノ如クニシテ年々撰擇スル、反覆丁寧而テ星霜ヲ経ル久シケレハ則チ遂ニハ殆ント我ガ意ノ如ク變化セシムルヲ得ル者ナリ」と記している。これはダーウィン流の漸進的な変異の蓄積による改良を期待したものであるが、実効は望めなかった。彼自身、のちに自著の全集を編纂した際には、この書を外している。

明治末になってイネ育種に純系選抜の方法が採用され、昭和のはじめまで主流となった。東京帝国大学でヨハンセンの純系説を卒論とした寺尾博（一八八三〜一九六一）（図4・4）が、安藤広太郎の勧めで西ケ原の農事試験場に勤め、さらに陸羽支場に移り、一九一〇年からイネおよびダイズで純系選抜による育種を開始した。寺尾は静岡県有渡郡聖一色村（現在の静岡市）に生まれた。彼は第一高等学校に入ったときすでに農科を希望していた。大学で外山亀太郎に勧められて一九〇八年に出たド・フリースの著書*Plant Breeding*（『植物育種学』）を読み、品種改良の道を志した。また父親が菊の実生から新品種作出を試みていたことも影響した。

彼は東北のイネ四十品種、ダイズ二十品種を選び、それらを一個体ずつ区別して、つまり一本植えで栽培した。イネでは約二千個体を栽培してその一割程度を選抜し、翌年系統にして栽培した。二年目で系統内の個体が斉一になる系統は、ただちに純系とみなし、三年目は普通植えとして二反復で栽培して、収量を調査した。純系分離では、早ければ三年目で原種種子が生産できることになる。実際には一九一一年にはいもち病の発生が、一九一二年には冷害が起こり、それらの襲来に耐えられない系統は自然淘汰された。イネではとくに「愛国《あいこく》」の純系選抜が重点的に行なわれた。東北地方の「愛国」は一九〇三年の冷害により大凶作となったので、純系選抜によって欠点の改良が図られた。「愛国」由来の五十系統のうち、成熟のよいのは一系統だけであったが、それがのちに「陸羽《りくう》二〇号」となった。[6] この品種は「愛国」を早熟化したタイプで、大正年代に福島県、宮城県などの数万ヘクタールに普及し、凶作防止に役立った。

図4·4　寺尾　博

陸羽支場で大いに成果が上ったのをみた農事試験場長の古在由直《こざいよしなお》と種芸部主任の安藤広太郎の判断で、一九一六年から政府の奨励のもとに全国の府県でも純系選抜が行なわれることとなった。[7] 純系選抜の結果、「陸羽二〇号」をはじめ多くのイネ品種がでたことにより、ようやく品種改良の成果が世に認められるようになった。この時期に純系分離でつくられた品種は、のちの交雑育種によるイネ品種改良のための貴重な母本となった。

一方では、欧米に比べて交雑育種への移行は二十年近く遅れた。当時はイネの交配技術が未熟で交配した花の二割程度しか実がつかなかったことと、交雑育種では品種育成までの年数がかかったからである。

国公立試験場や麒麟麦酒社《キリンビール》でのビール用オオムギの改良でも、当初はもっぱら導入品種ゴールデンメロンからの純系選抜が行なわれた。ダイズでは一九五〇年代にまだ栽培面積の五割近くが純系選抜品種でしめられていた。野菜ではスイカの「大和二号、三号」、キュウリの「相模半白」、「大仙節成一～四号」、「霜しらず」、「刈羽節成」などが純系選抜でつくられた。

他殖性植物における系統分離法や集団選抜法の利用

十九世紀末に米国ではじまった他殖性のトウモロコシ育種においても、一本の穂から得た種子を次代で系統として栽培すると自殖性作物のコムギほどではないが比較的均質な集団が得られることが認められた。これを系統分離法という。対象形質は、収量と収量構成要素、およびタンパクや油含量など穀粒成分であった。

イリノイ農業試験場の化学技術者ホプキンズは一八九六年にトウモロコシ品種 Burr's White を用いて、その穀粒の油含量およびタンパク質含量の選抜を開始した。実験はその後、L・H・スミス（期間一九〇〇～一九二一）、ウッズワース（一九二二～一九五一）、レング（一九五一～一九六五）らに受け継がれて、第二次世界大戦中の四年間を除いて毎年、百年以上にわたりつづけられた。その結果、油含量についてはもとの四・六九パーセントから高方向で二十パーセント、低方向には約〇・三パーセントにまで変化した。

タンパク質含量についてはもとの十・九パーセントに対して高方向で約三十パーセント、低方向で約四パーセントとなった[8]。

日本では野菜で系統分離が早くから採用され、奈良県農業試験場でスイカの「大和二号、三号」（一九二五）が、神奈川県農業試験場でキュウリの「相模半白《さがみはんじろ》」（一九二九）が育成された。

変異に富む集団の中から優れた個体を選び、それらをまとめて翌代に集団として栽培し、再び優れた個体を選ぶという操作を毎代くり返す選抜法を集団選抜法という。この方法は、他殖性植物の改良法として最も単純な方法である。

一八五七年にドイツから米国北部のミネソタ州のミネアポリス西方五十キロの地にグリムとその妻ジュリアナが移り住んだ。そのとき十キログラムほどの一袋のノルウェー産のアルファァルファァの種子をもってきた。彼らは森林地帯に土地を買い求め開墾して、翌春に家畜を飼うためにその種子を播いた。最初の冬に一部が寒害で枯れてしまった。しかし生き残った個体から種子をとって、またまくことをくり返しているうちに、その土地の風土に適応した集団ができあがった。これは無意識に集団選抜法を適用したことになる。彼らはその種子を近隣の農家にも分けてあげていたが、その優秀性は長い間広くは知られずにいた。

一八九〇年頃に学校教師で農業も営んでいたライマンが、その種子を手に入れてその素晴らしさに気づいた。一九〇〇年になって彼は、ミネソタ大学教授で農業試験場長であったヘイズに、それを話した。それがきっかけで、各地の試験場でその種子の検定がはじまり、高い耐寒性と優れた形質が確認され、導入者の名をそのままとってGrimmと名づけられた[9]。

この品種の普及により米国の中西部および北部大草原の酪農ベルト地帯が形成された。さらにこの品種のおかげで二十世紀に入るとアルファァルファァはミシシッピー河以東にも栽培が広がり、米国東部やカナダでも栽培できるようになった。一九三〇年代に雑種トウモロコシが出現するまでは、この品種は米国における最も優れた成果と賞賛され、米国におけるアルファルファ品種の交雑親として用いられた。

栄養繁殖性植物における実生変異の利用

果樹やイモ類などのように栄養繁殖によって増殖する植物でも、一方で種子を形成することがある。種子から生じる苗を実生という。栄養繁殖している母個体が遺伝的にヘテロ接合性が高いと、そこから生じる実生にはさまざまな遺伝子型のものが含まれることになる。その中から選抜されて品種となる例が少なくない。

一八七四年に米国インディアナ州出身のメソジスト派の宣教師ジョン・イングが青森県の東奥義塾《とうおうぎじゅく》に英語教師として招聘されて来日した。翌年のクリスマスにイングの私宅に招かれた塾頭菊池九郎とその生徒は、出された西洋リンゴの果実を見て、津軽地方の和リンゴに比べてその大きいことに驚嘆した。そこで試食後に菊池がその種子を屋敷内にまいた。その実生苗から後年に品種「印度《いんど》」が育成された[10]。この品種を親としてのちに「陸奥《むつ》」や「王林《おうりん》」などの品種が生まれた。イングは本多庸一とともに弘前教会を設立した。

第五章

交雑はいまも植物改良法の主流

子孫を得るために遺伝的に異なる雌雄をかけあわせる（交配）ことを交雑という。交雑は突然変異とともに変異を拡大する主要な手段であり、人為交雑による改良は自然交雑に似て最も自然な改良法といえる。しかし、交雑育種が真に効率を発揮できる手法となるには、メンデルの法則が必要であった。交雑育種は、何種類もの高度な改良技術が利用できる現在でも、最も広く用いられている植物改良法である。

植物にも性があった

動物では交雑が早くから品種改良の主要な手段となっていた。それは動物の繁殖方法からして当然である。現在、育種を意味するbreedingという英語は、もともと優秀な動物（普通は雄）を交雑に用いることをさしていた。典型的な例は競争馬の改良である。現在サラブレッドとよばれる競馬に用いられる馬の血統は、一八〇〇年代はじめにはすでに確立されていた。早くから代々馬の近親交配がつづけられ、雄馬から雄馬への系譜が記録保存され、現在の競走馬はすべて、究極的に十七世紀後半から十八世紀前半に生まれた、たった三頭の種馬にまで由来をさかのぼることができる。

しかし植物で交雑が品種改良の主要な手法となったのは、あまり古いことではない。そもそも、植物では、種子をつける仕組みがなかなか理解されなかった。それは植物では雌雄が必ずしも異なる個体に分かれていないためである。たとえばイネでは、オシベとメシベが一つの小さな花の中に同居している。オシベが頂部に、メシベが稈の中途にあって分かれているトウモロコシでも、同じ個体に両性が備わっている。

植物の交配についての最古の記録は、紀元前五〇〇〇年ごろのメソポタミアの古代アッシリア人やバビロニア人によるナツメヤシの交配である。[1] ナツメヤシは樹齢百五十年にも達する永年生で、オリーヴ、イチジク、ブドウなどとともに最古の栽培用木本である。乾燥した実は遊牧民、出征軍人、船員、隊商などの携帯食となり、葉は織られてマットなどに用いられ、幹は建築用に使われた。インドでは幹に穴をあけて酒をつくる。聖書にある「生命の木」はナツメヤシのことではないかといわれる。雌雄異株で、自然条件では、雄株も雌株も同数生じる。しかし、栽培園では実をつけない雄株の本数は少ないほうが生産性がよいので、一エーカー（〇・四ヘクタール）あたり四十九本の雌株と一本の雄株が植えられて、手で交配が行なわれた。ロンドンの大英博物館には、鳥のマスクをかぶった神官が、左手に小さなカゴを、右手に雄穂を持って交配しているアッシリアの浮き彫りが展示されている。古代の人は、ナツメヤシには、実のなる木とならない木があり、実を得るにはならない木からなる木への授粉が必要であることを理解していた。また交配して得られた種子からは親と異なるさまざまな型の植物体が生じることも知っていた。しかし授粉は果実を得て生活に消費するための手段でしかなく、ナツメヤシの種子を得るためではなく、まして集団を改良するためではなかった。

ギリシャの哲人アリストテレス（紀元前三八四～三二二）、その弟子テオフラストス、歴史家ヘロドトスなどが植物の性について言及している。たとえば『テオフラトス植物誌』の三章三節には、「同一種の木のうちで、総じて雄性とよばれているものは、ほとんど実をつけない」とある。[2] しかし、彼らはその事実を確かめるための実験は行なっていない。

ドイツのチュービンゲン大学の自然科学教授ヴァレンティンへの手紙の形で、手記 *De Sexu Plantarum Epistola* を発表した。カメラリウスは雌雄異株のヤマアイ属、ホウレンソウ、アサや雌雄異花のトウモロコシなどの実験によって、交雑には花粉が不可欠であること、花粉を生じる個体が父親で種子をつける個体が母親であることを発見した。彼は植物の雌個体と雄個体が動物の雌雄のようにふるまうが、性以外の点についてはたがいに異ならないこと、それにもかかわらず植物の性は動物になぞらえた比喩などではなく事実であると結論した。これが実験によって植物の性の存在を明らかにした最初の記録となった。彼はまた、アサの雌株にホップの花粉をかけたり、雄花を取り除いたヒマにコムギの花粉をつけたときに受精するであろうか、またどのような変わった次代が得られるであろうかと記しているが、自ら交雑実験をすることはなかった。

マサチューセッツ州ボストン生まれの牧師で米国の植物誌を著したコットン・マザーは、トウモロコシの品種間で花粉による自然交雑が起こることを観察し、一七一六年九月に手紙で王立学士院に報告した。この手紙は学士院の会報には載らなかった。現在は大英博物館に保存され、また同文の内容が彼の著書 *The Christian Philosopher* に載っている。彼はまた、カボチャがしばしば盗難されるのでヒョウタンを混植しておいたところ、自然交雑でカボチャの果実が苦くなってしまったという見聞を紹介している。

一七二一年までにP・ミラーがチューリップで虫媒による受粉を観察した。またホウレンソウの雌株と雄株のあいだで交雑が生じることやキャベツの異なる品種を近接して植えると自然交雑が起こることを報告している。米国ニューイングランドのダドレイも一七二四年にトウモロコシの粒色の違う品種をたがいに近く植えると、粒色の異なる子孫が生まれることを手紙に記している。ペンシルヴァニア植民地の総督ローガンは、一七三五年にトウモロコシの絹糸をすべて切除するか、布で覆うと種子ができないことを観察した。

十九世紀までの人工交雑の歴史

(一) 十八世紀における品種間交雑の古い事例

古代中国やローマでは交雑による花卉の改良が行なわれていたとされるが、確かな記録がない。記録にもとづく限りでは、交雑によって子孫を積極的に得ようとする試みは、十八世紀前半からはじまった。欧州では交雑は種内の品種間よりも種間交雑からはじまった。一七一七年に英国の優れた園芸家T・フェアチャイルドが、カーネーションとアメリカナデシコの間で交雑して雑種を得た。それはのちに、バラ、チューリップ、ダリア、グラジオラス、アイリスなどの花卉《かき》を中心に無数のアマチュア園芸家による交雑と品種育成をもたらすきっかけとなった。

米国では一七三九年にバートラムが花卉のセンノウを交雑して雑種を得た。彼は交雑が品種改良に役立つことを示唆している。

一七五七年にはリンネが *Tragopogon pratense* と *T. porrifolius* の種間交雑を行なった。ドイツのケルロイターはカメラリウスの報告を知って、一七六〇年のタバコ属の種間交雑をはじめ十三属五十四種を含む交雑実験を行なった。彼はタバコの種間交雑次代が親よりも成長が旺盛であると報告している。雑種強勢についての最初の記録である。彼はまた正逆交雑間で差がないこと、雑種第一代は両親の中間であること、第二代ではさまざまな大きさの個体が分離することを認めた。

英国のナイトは十八世紀末からイチゴやスグリ、ブドウ、リンゴ、ナシ、モモなど果樹の優良品種を得るために数多くの交雑を行なった。これが品種改良を目的とした交雑の最初の確かな記録とされる。

(二) シレフによるコムギ品種の交雑

シレフは、一八七三年に出した著書『穀類の改良およびコムギバエに関する小論』において、「新品種は交雑、自然突然変異、外国からの導入によって得られる」とのべている。またコムギの交雑実験を二十年間で二回だけ行なっている。その方法はほとんど現在のものと同じであるが、コムギの穎《えい》を開ける人と除雄や受粉をする人との二人が共同して作業するほうがよいと勧めている。また一回目の交雑実験では、花粉親の葯を種子親の花の中に置くことにより交配させているが、二回目の実験では花粉親の花粉をまぶしたラクダの毛でつくったブラシで種子親の柱頭をこするやり方に変えた。また除雄から三、四日すぎてから交配するようにした。

交雑は自然突然変異では得られない変異を生みだし、また単に圃場で見つけた優良個体を選抜だけで改良する方法よりも優れていると彼は結論している。交雑で生じた雑種個体は穂形や分けつなどの形質について両親の中間を示した。彼は分離の法則を知らなかったので、子孫は固定されることなく種々の分離型が混在したままで品種として増殖され、利用された。

(三) 植物の魔術師とよばれたバーバンク

バーバンク（一八四九〜一九二六）は、米国マサチューセッツ州のランカスター近くの農場に生まれた。彼は、地方の高校の教育を受けただけであったが、ボストン博物館の部長であったおじの影響もあり、早くから博物に興味をもち、植物学を独習した。彼は図書館でダーウィンの著書『飼養栽培下における動植物の変異』を読み、生物の種は固定したものではなく、自然選択による小さな変化の蓄積により段階的に進化したものであり、人為交雑により新しい品種をつくりだすことができることを知り、植物改良の仕事をすることを決心した。そして二十一歳のとき、ルネンベルクの近くに約七ヘクタールの土地を買った。これがその後五十五年に及ぶ品種改良事業のはじまりとなった。

一八七一年にジャガイモに偶然ついた果実を見つけ、その中の二十三粒の種子をまいたところ、一本の苗から多収の個体が見いだされた。これが彼の育成した最初の品種 Burbank Potato となった。それは既存のものより、イモが大きく形も優れ、栽培上丈夫な品種であった。彼はそのイモの権利を同州の種苗業者に百五十ドルで売り、その金で一八七五年にカリフォルニア州のサンタローザに移った。このときはポケットの十ドルとジャガイモ十個、それに何冊かの本だけが全財産であった。やがて彼は苗床、温室および実験農場を開設して、植物の改良実験に専念した。多数の国内品種を集め、また海外からも多くの品種を導入し、それらの間で交雑を行なった。果樹などでは枝に高接ぎをして結果の判定を速めた。大量栽培と大規模な集団選抜を駆使して、目標の系統を選抜した。三千もの実験が並行して行なわれ、その個体数は総計数百万に達した。果樹ではプラムをはじめ、リンゴ、ブラックベリー、サクランボ、モモ、クルミなど、野菜ではジャガイモ、トウモロコシ、トマト、マメ類、カボチャ、イチゴなど、また花卉では、デイジー、カンナ、アマリリス、ダリア、グラジオラス、ケシ、カラーなど多種類に及んだ。プラムだけでも百十三の品種が育成され、カリフォルニア州の果樹産業の発展に大きく貢献した。彼が創出したシャスタ・デイジー、トゲナシサボテン、核なしプラムは世界的に有名である。彼は生涯で八百以上もの作物で品種を創出し、「植物の魔術師」とよばれた。七十歳を越えても、「天井から下がっている電球を足で蹴る」ことができるほど元気であった。

彼の成果は膨大であったが、遺伝学者間での評判は高くなかった。彼の育種には理論的な裏づけが乏しいこと、育成過程の記録をとらなかったこと、メンデル―モルガン派の遺伝学を否定し獲得遺伝を信奉していたこと、などがその理由である。ただし、彼の品種改良事業そのものは、広く遺伝資源を国の内外に求め、既存品種の形質をよく観察し、大量の交雑と厳しい選抜を行なっており、近代育種の方法と乖離する点はほとんどない。晩年には、米国およびカナダの育種学会の名誉会員に推戴され、またバーバンク協会が設立され、彼の成果をまとめた *Luther Burbank. His Methods and Discoveries and Their Practical Application* 全十二巻（一九一四～一九一五）が協会により発行された。

（四）ファラーとオーストラリアのコムギ改良

ファラー（一八四五～一九〇六）は英国ウエストモアランドの小作農の家に生まれた。数学の才に優れ、ケンブリッジのペンブローク大学で修士号を得たのち、医学の道を歩みはじめた。しかし、ほどなく肺結核にかかり、二十五歳の一八七〇年にオーストラリアに渡った。その地の気候は彼の健康を回復させた。

ファラーは、最初は牧羊場での教師として、ついで検査官として働いた。一八七五年から一八八六年までは土地改良部に勤めた。その間に農業に関心を抱き、とくに当時普及していた英国産コムギ品種がさび病に弱くオーストラリアの風土に適さないので改良する必要性を強く感じた。

一八八六年、彼はキャンベラの南のラムブリッグに一ヘクタール程度の小さな農場を買い求め、コムギ育種の実験をはじめた。最初は純系選抜だけを行なっていたが、すぐに米国やヨーロッパで行なわれていた交雑育種に切り替えた。健康が優れず、また事故による視力障害にも悩まされたが、昼は数多くの交雑と選抜に汗を流し、夜はその記録をとるという仕事を日々たゆみなくつづけた。育種試験はすべて私費で行なわれた。ただ一つ助けを借りたのは、グスリーによるコムギ系統の製粉性や製パン性の検定で、それは選抜上の強みとなった。人は彼をハンカチほどのちっぽけなコムギ畑で物好きにも無駄な苦労をしていると嗤《わら》った。しかし十余年間の孤独な仕事が認められ、一八九八年に農業部の研究者に採用された。彼はこれを契機にオーストラリアへの定住を決心し、故国にいるおじの遺産相続権を放棄した。

アメリカインディアンが育成した品種は、早熟性であったため病害や干ばつを避けることができた。一方製粉性や製パン性が高いのはカナダの Fife 系品種であった。両者の交雑から一八九八年に最初の市販品種 Bobs が生まれた。またカナダの品種より粉質の優れた Comeback が育成された。一九世紀末のオーストラリアではまだ従来の軟質で紫色の稈をもつ品種が普及していたが、一八九六年に不作が襲ったときにオーストラリアは硬質コムギを米国から輸入せざるをえなくなり、はじめてファラーの育成したコムギ品種の真価が認められるようになった。しかしファラーの品種は病害が少ない年の収量はまだ十分でない欠点があった。

そこで収量性の改良に向けた育種が精力的に行なわれた。努力は報いられた。病害抵抗性の Yandilla と軟質多収の一系統との交雑から一九〇一年に育成されたFederationは、早熟性で病害回避性が高く多収であった。また、収穫期に脱粒せず、稈が短く強く、コンバイン収穫に適していた。Federationは一九一〇～一九二五年のあいだ、全オーストラリアの主要品種となった。その名前は一九〇〇年にオーストラリア連邦（Federation）が成立し、六州が正式に統一されたことを記念してつけられた。ほかにも、Florence, Ceder, Firbank, Clevelandなど多くの有益な品種が育成された。一九一四年にニューサウスウェルズで栽培された二十九品種中二十二品種は彼が育成したものであった。一九世紀末からの二十年間で、オーストラリアのコムギ作は、一エーカーあたりの収穫高が三ブッシェル（約百リットル）増加し、収穫面積は四倍になった。ファラーはまた成熟期、病害抵抗性、粒質などの遺伝についても調査した。これらはメンデルの法則の再発見よりずっと以前のことであった。彼がつけたフィールド・ノートなどの詳細な記録は、その後に図書館に収められ、芸術作品のように、汚れを落とし、燻蒸《くんじょう》消毒され、脱酸性化されて保存されている[3]。

（五）サンダーズ親子とカナダのコムギ品種

一八八六年カナダの初代の実験農場機構長に就任したウイリアム・サンダーズは、自費で国内各地の農業を視察したとき、西部カナダでは秋の霜害を避けることができる早熟性の春まきコムギの育成が望まれていることを知った。当時、東部カナダでは粒色が赤いRed Fifeが百万ヘクタールにわたり普及していた。これはスコットランドからオンタリオ州に入植していたファイフという農民が故国の友人から送ってもらったものから選抜した品種であった。粒の組織が硬く良質のパンが焼けたが、西部では晩生すぎた。

そこでサンダーズは議会の支持を得てコムギ改良のプロジェクトを立ち上げた。そしてRed Fifeの早生化を目標に、ロシア、米国、インドから極早生品種を導入して、国内の全実験農場で特性評価を行なった。また息子パーシー・サンダーズらを各地の実験農場に派遣して現地で交雑を行なわせた。一八九二年に Red Fife と Hard Red Calcutta が交雑された。後者は低収低品質ながら Red Fife より二、三週間も熟期が早いという理由で、W・サンダーズがインドから導入したものであった。交雑の後代種子がオタワの中央実験農場に送られた。そこで形態形質が均質になるように選抜され品種 Markham と名づけられた。

一九〇三年にもう一人の息子チャールズ・サンダーズが、マークハムの圃場で四本の穂を選抜し、咀《そ》嚼《しゃく》試験を行ないグルテン品質の検定を行なった。一九〇五〜一九〇六年に有望系統に Marquis と名づけた。この系統はまた製パン性試験で大きなパンがつくれることがわかった。各地の実験農場に送られて試作された結果、西部カナダで多収短稈で早熟性の優れた品種であると評価され、一九〇八年から種子が農家に配布されるようになった。やがて Marquis は、カナダにおける粒が硬質で赤色の春まき性コムギの栽培地帯六九〇万ヘクタールの九割を占めるに至った。Marquis は西部カナダの主要品種になっただけでなく、そののちに世界のコムギ栽培地帯で交雑親としても多用された[4]。

(六) ヨーロッパ園芸品種における人工交雑

ヨーロッパでは十九世紀に入ると園芸植物の世界で人工交雑ができるようになり、それによる新品種の作出が盛んとなった。英国だけでも種々の花卉花木で数百種から千数百種の品種が育成された。

一八〇〇年ごろバラはとくにフランスでもてはやされるようになった。それに刺激を与えたのは、ナポレオンの最初の妻ジョゼフィーヌである。彼女は幼いときにみた熱帯の植物をフランスに集めることが夢であった。それにこたえて、エジプト遠征に参加した植物学者から、また各地に派遣された艦隊の船長から、珍しい植物がつぎつぎと彼女のもとに運ばれた。一八〇五年に彼女は膨大な植物コレクションを栽培するための温室を建てさせ、またマルメゾンの宮殿に庭園を設け、それを彫刻、プール、展示室などを備えた緑豊かな公園にしたてあげた。それは庭園史家が「フランスにおける真の植物園」と賞賛するほどであった。彼女は宮殿にあらゆる種類のバラを植え、また交雑による改良を奨励した。

当時フランスでバラの育種家として活躍した人には、デュポン、デケメなどがいる。とくにデケメはパリのドゥセメの栽培園で十二年間バラの交雑に取り組み、ドイツのシュヴァルツコップとともに、バラで大規模な人工交雑を最初に行なった人物といわれる。しかしナポレオンがウォータルーで敗退して連合軍がパリ市に侵入してきたときに、政治的理由から市外に難を避けなければならなかった。そのとき、栽培園の近くに金物店を開いていた退役軍人のヴィベルが、交雑記録を含む彼の膨大なバラの財産を引き継いだ。

(七) 日本における初期の交雑の事例

筑波大学の岩崎文雄によれば、サクラの品種「ソメイヨシノ」は、江戸は染井にいた将軍家の植木商、三代目伊藤伊兵衛《いへい》(三之丞《さんのじょう》)・政武《まさたけ》親子が一七二〇〜一七三五年ごろに「オオシマザクラ」と「エドヒガン」の人工交雑を行なって作出したものである。三之丞はツツジやサツキの人工交雑も行なった。一七五〇年ごろに幕府の直轄薬草園(現在の東京大学理学部付属植物園)に一個体が植えられ、現在まで継代されて毎年春に見事な花を咲かせている。[5]

一八七四年に津田仙《つだせん》がその著『農業三事』の中で、植物には雌雄両全花、雌雄異花、雌雄異株の別があること、人為交配によって品種の種類を増やすことができると説いている。三事とは三つの大切なことという意味である。彼はイネやムギ類などの一部の穂が開花しはじめの圃場で、天候のよい日に竹竿などで穂を揺り動かせば一斉に開花し、風雨による損傷を受けることなく、花粉が無駄なく受精し、稔実がよくなるとし、媒助法と名づけた。彼は、自分で津田縄と称する縄を発明しその使用を勧めた。彼は、当時の多くの人と同様に、イネは風媒によって受精し実がつくと考えていた。

津田は下総《しもふさ》佐倉《さくら》藩士の第八子として生まれ、蘭学塾で研鑽《けんさん》を積み、文武に優れ、英語を修めて幕府の藩書取調方となった。幕末に遣米使節の一員として渡米したとき、米国農民の豊かさをみて生涯の事業として農事改良を志した。一八七五年七月に学農社を、翌年に農学校を開き、「農業雑誌」を発行した。彼の農学校は、札幌農学校に先立つこと半年、当時最大の生徒数を擁し、明治期の農学に大きな影響を与えた。また彼は、新島譲、中村正直とともに明治期キリスト教界の三傑といわれ、盲唖《もうあ》教育を推進し、禁酒禁煙を実行し、功労を賞するための勲章はすべて固辞した。青山学院、同志社、普連土女学校、東京盲唖学院などの創立に深く関わった。津田塾大学の創立者津田梅子の父である。

農事試験場の開設と組織的な育種のはじまり

（一）欧米における農事試験場の誕生

十九世紀の中頃から各国で農事試験場が開設されるようになった。ただしそこで交雑育種を主流とする組織的な育種がはじまったのは、メンデルの法則が再発見され、近代遺伝学が誕生してからである。

世界で最古の農事試験場は一八四三年に開設された英国のロザムステッド試験場である。ヘレフォード州ハーペンドン教区のロザムステッドに生まれたローズ（図5・1）は、イートン校およびオックスフォードのブレスノーズ・カレッジに通ったのち、二十歳のとき故郷で百ヘクタールの農園を相続した。彼は少年時代に寝室で実験をするほど化学に夢中であったが、やがて作物の生育に対する化学肥料の効果に興味をもつようになった。彼はポット試験を行ない、とくに過燐酸石灰の肥料効果が高いことを発見した。そこで特許をとり、テムズ川畔に工場を建て、製造を開始した。これが化学肥料工業の幕開けとなった。その後ロンドンでの多くの事業にも乗りだしたが、事業で得た収益はロザムステッド試験場の拡張と維持に向けられた。

図5・1　ローズ

一八四三年にはリービッヒの教えを受けた若い化学者ギルバート（図5・2）が雇用され、その年から組織的な研究が開始された。対象とされた作物はカブとコムギで、さらに数年後にはマメ類、クローバ、オオムギが加わった。コムギの栽培試験は、それ以降絶えることなくつづけられ、ごく長期にわたる栽培試験の典型として有名になった。その後二人は四十七年にわたって農業上のさまざまな課題について共同で研究を進めた。実験設備は当初きわめて貧弱であった。ギルバートが仕事をしていた実験室は納屋を改築したものであった。

やがて試験場の成果が一般に認められ、一八五三年のクリスマスイヴに州の農家の会合でローズらは顕彰された。以後、試験場は国立のように扱われ、賛同者からの寄付金が千百六十ポンド集まった。ローズは王立農業協会の評議員、さらに副会長に選出され、一九〇〇年までに試験場発の論文が四十六報も協会誌に掲載された。[6] なお近代統計学の創立者であるフィッシャーがロザムステッド試験場に就職するのは、ラッセルが場長であった一九一九年のことである。

図5·2　ギルバート

英国はヴィクトリア女王の治世（一八三七～一九〇一）下で、輸出産業が振興し、商工業従事者の所得が高まり、人口が急激に増加した。一八四六年には穀物法が撤廃されて、それまで国家に保護されていた農業は自由放任と国際分業を基調とする産業に転換された。鉄道の敷設による農産物の販売拡大、土壌肥料学の応用、土地排水技術の進歩、農業機械の発明などにより、農業生産が大幅に向上した。一八五三年から二十年間は英国農業の黄金時代といわれる。

ドイツでは一八五一年に農学者シュテックハルトによりライプチヒ郊外のメッケルンに最初の農事試験場が設けられた。これを契機に毎年のように農事試験場が各地に設けられ、一八八七年には累計で六十三か所となった。ただし、これらの試験場では肥料試験や土壌、肥料、飼料、農産物の化学的研究が中心で、品種改良のための試験はまだ含まれていなかった。フランスではブサンゴーにより一八三四年にベシェルブロンに最初の農事試験場が創立された。

米国では、南北戦争勃発の翌年にあたる一八六二年五月十五日にリンカーン大統領の署名により農務省の設置が決まった。当時は国民の四十八パーセントが農民で、大統領は農務省のことをPeople's

Department（人民省）とよんでいた。良品質の種苗の検定と配布、科学的研究の遂行、農業統計およびその他の情報の収集、農業改良に役立つ出版物の発行、などが任務とされた。農務省の付属地に育種園が開かれ、サウンダースが責任者となった。同じ年に大学レベルの農業教育を行なう教育機関への土地払い下げを認可する条例が議会を通り、七月に大統領の署名を得て発効した。アイオワ州がこの農業大学をもつ最初の例となった。米国の農業研究は一八四〇～一八五〇年代における農業化学の発展以来とくに進展がみられなかった。大学を設立しても、当初は有能な教官が得られず教育水準も低く、学生も集まらなかった。

南北戦争後に米国は世界貿易の時代に入り、農業と工業の重要性が高まり、それまでの産業への自由放任主義的な政策を改めるようになった。一八七〇年代にコムギの過剰生産に起因する経済的危機に対処するため、州政府は科学に根ざした農業を推進する必要に迫られた。それには中央の試験場で専門家による研究を行ない、その成果を農家に普及するのが理想的と考えた。そこで州立農科大学と農業試験場では職業訓練だけでなく基礎研究を行なうことが決められた。一八七五年にコネチカット州にはじめて農業試験場が設立され、一八八八年末までに四十州に四十六の試験場ができた。一八八七年のハッチ農業試験場法（Hatch Act）の公布からは連邦政府の補助金が与えられるようになった。こうして科学的な農業教育の拡張、州立農業試験場の財政援助、普及組織の発展の連携体系ができあがった。交配と交雑育種の技術もこの過程で中心的技術の一つとして重要視されるようになった[7]。

スウェーデンでは一八七〇年ごろから英国、スペイン、ポーランドなど海外から、コムギ、オオムギ、エンバクなどの品種が多数輸入されるようになった。これらの中には耐冬性が劣るなど問題のある品種も少なくなかった。そこで導入した品種を普及に移す前に、十分な特性の検定が必要となった。そこで南部の小村スワレフの豪農ウェリンダーの提案でギレンクルック男爵が音頭をとり最初の会合が一八八六年四月十三日に開かれ、「栽培および種子改良のための南部スウェーデン協会」が発足した。協会の幹事は六名で、うち三名は大地主で、残りの三名が科学者であった。協会の活動はすぐに南部以外でも関心をもたれ、翌年には対象を国全体に広げるため協会の名称から「南部」の字が削られ、さらに一八九四年に「スウェーデン種子協会」と改称された。協会の活動拠点は当初からスワレフにおかれた。ここは気候が厳しく土地も重粘であったが、一方では南部の平均的条件に合っていて、栽培試験や新品種の選抜と検定に適していた。一八八六年の夏からドイツのキール出身のニーアガールドを指導者として活動が開始され、穀類を材料として圃場検定、品種改良、栽培試験、種子の販売、肥料試験などが行なわれた。一八八七年には、ニーアガールドがドイツで交配してきたオオムギの雑種第二代集団が栽培された。一八八八年にルンド大学からきたジャルマ・ニルソンが採用された。契約は一年であったが、ニーアガールドが翌々年に去ったときに後を継ぎ、一九二四年まで協会に勤めることになった。一九〇〇年まではコムギとエンバクの育種に従事した。つぎにこれを担ったのがニルソン・エーレで、一九三五年まで行なったのち、ルンド大学の植物学講座（後の遺伝学講座）教授として転出した。その仕事はさらにアッカーマンに引き継がれた。

（二）日本における農事試験場と遺伝生態学を取り入れた育種組織

駒場農学校農芸化学科の助教授から農商務省に入った沢野淳《じゅん》が、ドイツ、フランス、米国、インドなどをまわり農事試験の実情を学んで一八八九年に帰朝し、農商務大臣陸奥宗光《むつむねみつ》に農事試験場の設立を提言した。折から西南戦争時に発行された不換紙幣の整理により米価が暴落し、農村は疲弊していて、その対策として農業技術の改良と農産物の増産を図ることが急務となった。そこで一八九〇年十二月に滝ノ川西ケ原に仮試験場がおかれ、一八九三年四月に正式に発足した。場所が西ケ原に決まったのは、たまたまそこに陸奥が大きな別荘をもっていて、その近くに官有地があったことによる。陸奥もときどき視察にいくからという話であった。まず開墾された二ヘクタールたらずの畑に植えられた作物は、陸稲《りくとう》とムギ類、それにわずかながらのサツマイモであった。試験場のまわりは繊維養蚕《せんいようさん》学校（現在の東京農工大学）の桑畑であった。また近くの中里町に田を開いた。深いどぶ田であった。試験場といっても、田畑を管理する人は多いときでも二人しかなく、草ぼうぼうの状態からはじまった。それまで内藤新宿《ないとうしんじゅく》試験場や三田《みた》育種場では、海外から導入した果樹や花卉の栽培試験が行なわれていたが、西ケ原では、「農事試験場はいままでのように花をつくったりするのではない。米作を盛んにするのだ」と喧伝した。しかし当初は試験場の技師といっても研究に専念できる状況になく、農閑期《のうかん》には近県に出かけて集まった農家に農作物栽培の講釈もしなければならなかった。見たことも習ったこともない作物について質問されて冷や汗をかくことも少なくなかった。

初代場長には沢野がなった。また農事試験場本場に加えて、大阪・広島・熊本・徳島・石川・宮城の六支場が設立された。徳島ではアイ、広島ではアサも試験された。品種改良とその基礎調査は本場の種芸部が担当した。研究部は種芸・農芸化学・病理・昆虫・煙草の五部であった。当初は、研究は本場でのみ行ない、支場では研究成果の応用および普及が任務とされた。職員数は本場と支場を合わせても三十五名にすぎなかった。技師および技手は二十九名で、そのうち二十一名が駒場農学校関係の出身であった。ほかに群馬県勢多《せた》郡富士見村の船津伝次平《ふなつでんじべい》をはじめ老農も数名採用された。技師といっても、低給で待遇はひどかった。高等官待遇であったため、当初は馬を買い、官報を購読することが義務づけられた。

なお一八九六年に上記の六支場はそれぞれ畿内《きない》・山陽・九州・四国・北陸・東奥《とうおう》に改称された。また東海・陸羽《りくう》・山陰の三支場が増設された。

一八九〇年代には、輸入税の撤廃でワタが、また化学染料の普及で染料用の作物であるアイの生産が衰退し、一方ではコメ不足に悩まされていた。そのため研究体制の強化のため一八九九年に農事試験場の施設と定員が増加された。従来の第一部から農芸化学、病理、昆虫、煙草が分離されて部となり、残りの事項の担当が種芸部となった。ただし種芸部ではまだ育種は行なわれていなかった。東京帝国大学農科大学の横井時敬《ときよし》は、一九〇一年に、「今日学界では、施肥《せひ》、栽培、保護のことには重きをおくが、作物自体の改良には冷淡であるのはおかしい。スウェーデンでは経常費二万八千六百円の育種試験場があって、よい成績をあげている。我が国でも早急にその設立が望まれる」と述べている。

一八九九年に「府県農事試験場国庫補助法」が公布されて、一九〇二年までには三十九府県に農事試験場が設置された。これにともない研究の重複を避けるため、応用研究と普及事業は府県に移され、国立の試験場では支場も含めて研究に専念することとなった。

一九〇二年には農商務省に園芸試験費として一万一千円の予算がつき園芸部が農事試験場本場に、また園芸試験地が静岡県興津に設置された。当初は園芸というものに一般の理解が乏しく、予算も容易に認められなかったが、大臣曽禰荒助《そねあらすけ》が閣議の開かれるたびに自腹で買った種々の果物を食堂において大臣たちに食べさせ、園芸の重要性を説いた。

一九〇三年に国家財政の緊縮により試験場予算が少ないため、陸羽、畿内、九州の支場を残して、他の六支場を廃止することになった。農事試験場を大学付属とする案さえささやかれた。九月に農事試験場第二代場長に古在由直が就任すると、翌三月に基礎研究を軸にしてそれに応用研究を加味する体制に移行するよう機構改革を断行した。これにより本場での安藤広太郎《あんどうひろたろう》（図５・３）を中心とする育種、畿内支場での加藤茂苞《しげもと》らによるイネとムギ類の育種と遺伝解析、陸羽支場での寺尾博による純系選抜法などが推進されるようになった。

安藤広太郎（一八七一～一九五八）は兵庫県に生まれた。一八九五年七月に東京帝国大学農科大学を卒業したとき、講師でいた横井時敬から大学に残って自分の助手にならないかと勧められたが、それを断わり開設二年目の農事試験場に技師補として就職した。一九二〇年に第三代農事試験場長に就任した。さらに九州帝国大学や東京帝国大学の教授、茶業試験場、園芸試験場の場長を務めた。

育種の成果が期待以上であったため、一九一六年度に農務省はとくに八万円の予算を計上して国立農事試験場の育種事業を拡充した。また県に奨励金を交付して純系選抜法による育種と品種比較試験を行なわせ、また原種圃や採種圃の事業を助成した。一九二六年にはコムギ、イネ、ナタネ、ワタなどの指定試験地が各地におかれた。とくにイネでは品種改良により単位面積あたりの収量が増加するとともに、北海道の稲作では栽培可能な地帯が拡大し、一九二八年には十六万ヘクタールを超え、大正年間だけで四倍となった。

図5·3　安藤広太郎

イネでは、農事試験場の場長である安藤広太郎と種芸主任の寺尾博の考案で、スウェーデンのツレッソンが提唱した遺伝生態学（ジェネコロジー）の考えを取り入れて、一九二七年に全国的な育種組織が構築された。すなわち全国を北海道、東北、北陸、関東、東海、近畿中国、四国、九州の八つの生態区に分け、各地区の中心となる県の農事試験場を指定してそこに育種試験地（指定試験地）をおいた。それぞれの試験地の環境下で雑種集団から優れた系統を選抜すれば、その地域に最も適した品種が育成できるという考えにもとづいたユニークな機構であった。経費は全額国庫負担で担当者も農務省から派遣された。交配母本の選定、交配および初期世代の選抜はおもに鴻巣試験地で行ない、自殖第三代以降の選抜と固定は各試験地にまかせることにした。育成された品種には農林番号がつけられた。改良の対象とされたのは、最初にコムギ、ついで水稲、陸稲、ナタネ、さらにサツマイモ、ジャガイモ、ダイズ、ワタがつづいた。この組織は第二次世界大戦直後までつづいたが、育種の新技術を利用するうえでは難点があったので、当時農林省の初代研究企画官であった松尾孝嶺《たかね》により、各試験地で交配から品種になるまでの全過程を扱うように改められた。

メンデルの法則の再発見により進展した交雑育種

(一) チェルマクと世界最初の育種試験場

メンデルの法則は、交雑により品種改良を行なっていた育種家にとって、理論的な基盤となった。交雑の子孫で観察されるさまざまな表現型の分離は、遺伝法則によって説明でき、それにもとづいて効率的な選抜方法を考案することができるようになった。世界的な人口増加にともない二十世紀はじめには深刻な食糧飢饉がくるであろうと危惧されていたが、品種改良と栽培法の変革による増収で回避された。

オーストリアのチェルマクは、メンデル遺伝学を積極的に農業形質の改良に応用した最初の育種家であった。彼は交雑により両親の遺伝子型を結合して、その後代で選抜して、新品種を育成することに、メンデルが開示した遺伝の根本原理を応用しなければならないと確信した。そこで当時行なわれていた集団から外観が似た個体を穂選抜《ほせんばつ》でとる方法をやめて、交雑育種を採用し、ライムギやコムギで当時オーストリア、モラヴィア、ハンガリーで課題となっていた早熟性と多収性をあわせもつ品種の育成を目標とした。チェルマクにとどまってもらうために、ウィーンの農科大学は彼に一九〇三年に助教授の職を与え、さらに一九〇六年に「植物育種の教授団」を開設し教授とした。これがヨーロッパで最初の植物育種学講座である。この学校はウィーンの二十五キロ東のグロス・エルゼルスドルフにあった。なお最初の育種に関する著書として、オーストリアのフルヴィルスにより *Die Züchtung der landwirtschaftlichen Kulturpflanzen*（『農業栽培植物の育種』）が一九〇九年に著された。

植物育種のための欧州最初の試験場は、一九〇三年にチェルマクがウィーンの農科大学の実験農場に米国の資金援助を受けて開設したものである。さらに友人のリュムカーとともに米国へ視察に行ったチェルマクは農業研究における遺伝学の重要性が急激に増大していることを知り、帰国後それを雑誌で訴えた。それに応えてリヒテンシュタインの皇太子が一九一三年に彼のために新しい植物育種研究所としてメンデル研究所をレドニスに創設した。[8] さらにその後、彼は一九二八年までのあいだにモラヴィア、ボヘミア、ハンガリー、オーストリアに計十九もの育種試験地を開設した。彼は卓越した交配技術、開花生理の知識、自ら「病的仕事人」というほどの勤勉さから、ライムギ二品種、オオムギ七品種、コムギ十四品種、エンバク三品種、エンドウなどマメ類五品種、および野菜や花卉の多数の品種を生涯に生み出した。さらに彼はコムギとライムギをかけあわせるなど、数多くの種間交雑も手がけた。

(二) ジャルマ・ニルソンによる系統育種法の開発

交雑育種とくにコムギなどの自殖性植物の交雑育種についての基本的システムは、スウェーデン種子協会のスワレフ試験場で確立された。その最初は、初代会長ジャルマ・ニルソンによる系統育種法の開発である。彼は一八九一年に穀類の圃場で優れた個体を選抜して、翌年その後代を系統に展開して特性を調査するという選抜方法を採用した。この方法は pedigree method（系統育種法）と名づけられた。開発当時は、交雑育種法でなく純系分離の一手法であった。エンバクの Victory, Gold Rain や、オオムギの Hannchen, Golden など多くの品種がこの方法で育成された[9]。

スワレフ試験場で穀類の交雑育種が行なわれるようになったのは一八九七〜一八九九年ごろであった。交雑による最初の品種は秋まきコムギの Svalöf Extra Squarehead II であった。しかし、まだ交雑育種の成果は、全体的にははかばかしくなかった。交雑育種はまだ、純系分離では目的を達成できない場合の補助手段としかみなされていなかった。

チェルマクが一九〇一年にスワレフ試験場を訪問した際、ジャルマ・ニルソンらと育種の方法について議論をし、メンデルの分離の法則や独立遺伝の法則を品種改良に利用すべきであるという点で意見が一致した。そして、交雑すべき両親を注意深く選び、異なる価値をもつ形質を組み合わせて一つの新品種とするという育種計画が立てられた。それがスワレフ試験場における交雑育種事業のはじまりとなり、pedigree method はおもに自殖性作物改良のための交雑育種における系統育種法として発達した。それでも当初はざっぱくな品種集団から純系を選抜するだけで品種改良の目的を達成できると考えられていた。たとえば一九〇九年のレポートでジャルマ・ニルソンは、「交雑育種ではすでに存在するような価値しかない組合せが得られるにすぎない」と記している。

しかし、純系分離では集団内の変異がいくら広くても、目的の品種を得るのに不十分とみなされるようになり、しだいに育種の主流は交雑育種に代わっていった。スワレフ試験場では交雑育種の展開につれてそれまでより多数の系統を扱うようになったため、研究者間で専門作物を分担するように改められた。たとえばジャルマ・ニルソンはエンバクとコムギを受けもった。会長といっても名誉職ではなく、現場で働く研究者であった。

(三) ニルソン・エーレによる集団育種法の提唱

自殖性植物の交雑育種では、雑種第二代で遺伝的分離がはじめて生じるが、初期世代では選抜なしに集団で栽培し、第五代くらいまで世代が進んで遺伝子座のホモ接合度が高くなったころに選抜を開始し、以後は系統栽培に移す方法を集団育種法という。スウェーデン種子協会のニルソン・エーレは、育種における選抜方法をメンデルの遺伝法則にもとづいて考究し、一九〇六年にのちに bulk method（集団育種法）とよばれるようになった方法を開発し、冬コムギの育種に適用した。彼は集団栽培中に冬の寒害に耐えられない個体を集団から自然淘汰によって除き、寒さに強く多収の品種をつくりあげた。スワレフ試験場における交雑育種の確立に最も寄与したのはニルソン・エーレ（図5・5）である。

図 5·5　ニルソン・エーレ

ニルソン・エーレ（一八七三〜一九四九）は、スウェーデンのスクラプに生まれた。本名はNilssonであるが、同国ではその名があまりにも多いので自らNilsson-Ehleと名乗った。二十歳のときヤナギ属などの種間雑種について書いたのが最初の論文であった。植物の変異と分布に興味をもち、一八九八年には東部シベリアの植物探検に加わった。メンデルの法則が再発見された一九〇〇年にスワレフ試験場に赴任した。稈長《かんちょう》のような量的形質とみられる形質もメンデルの法則に従った遺伝をすることを明らかにし、これが一九〇九年の学位論文となった。彼は、ざっぱくな集団から異型を除く純化と、改良目標に向かって集団選抜する純系選抜とは区別すべきと考えた。一九〇九年から一九一一年にかけて、学士院の助成金を得て、デンマークのヨハンセン、英国のベーツソンやパンネット、ドイツのバウルやコレンス、オーストリアのチェルマクやフルヴィルス、スイスのヴォルカルト、フランスのヴィルモランなどの研究所をまわる長い旅をした。一九一〇年ルンド大学の植物学教授になり、一九一七年に遺伝学教授に任命された。一九二五年から一九三九年までスウェーデン種子協会の会長およびスワレフにある植物育種研究所の所長を兼任した。そのときから、ルンド大学遺伝学研究所の支所がスワレフにおかれることになった。

彼の研究は多岐にわたるが、その中心は穀類の遺伝学であり、種子の粒色をはじめ、形態形質、病害抵抗性、生理学的形質の遺伝様式を明らかにした。またコムギやエンバクの多収品種や病害抵抗性品種を育成した。彼はまた人為突然変異が作物の変異を豊かにすることを確信していた。晩年は倍数性育種に興味をもち、とくに林木や果樹に応用することを考えていた。彼の研究所は当時世界の遺伝学および育種学の中心的存在となり、国の内外から多くの研究者が訪問した。

一方では、彼には負の面があった。極端な親独家で権威主義者であり、人種的偏見が強く、一九三〇年代にはナチズムの信奉者となった。彼は動植物の改良と同じように遺伝学を応用して人類を改良すべきであるとも考えていた。なお「生態型」(ecotype) の概念を提唱し、種生態学を打ち立てたツレッソンはニルソン・エーレの弟子であった。

米国では一九二七年にフローレルがオオムギで純系分離によって育成された早生強稈《きょうかん》のAtlasと多収性のVaughnの交雑に集団育種法をはじめて採用した。集団育種法では、交雑後の五、六世代を選抜なしに集団で栽培して、そののちに系統に展開する。つまり十分に遺伝子型がホモ接合で固定する世代まで待ってから選抜を行なうことにより、選抜効率を高めるとともに、初期世代での選抜の労力を節約することがねらいである。一九四〇年にH・V・ハーラン、マルティニ、スティーヴンスが共同して集団育種法の理論的な裏づけをし、それ以来コムギ、オオムギ、ダイズなどの自殖性植物の育種に採用されるようになった。

集団栽培世代とくに世代促進法を併用した場合には、栽培面積を節約するために密植することが多い。そのため不稔や個体間の淘汰・競争が生じやすい。そこで一個体から一粒をとって次代につなげる単粒系統法がグールデンによって一九四一年に提案された[10]。

（四）戻し交雑育種の開発

雑種第一代を再び親のどちらかと交雑する戻し交雑育種法は、動物育種では早くからウシやウマの改良に用いられていた。植物では一九一六年にメンデルの法則再発見者の一人として知られるコレンスがアザミ属で適用したのが最初とされている。

ただしそれより早く一九〇九年に、日本の山形県西田川群京田村《きょうでんむら》の民間育種家工藤吉郎兵衛《きちろべい》が水稲で「敷島」×「亀ノ尾」の雑種第一代に「敷島」を戻し交雑している例がある。しかし、その意図は不明である。

一九二二年には米国のH・V・ハーランとポープはオオムギの品種 Manchuria の滑芒化《かっぽうか》を目的とした育種に適用した。戻し交雑はとくに、一九二〇年代から一九三〇年代にかけて当時の標準品種に病害抵抗性を付与する目的で広く採用された。カリフォルニア州立農業試験場では、ブリッグスが一九二二年から戻し交雑育種法によるコムギのなまぐさ黒穂病抵抗性品種の育成をはじめ、それ以来 Romana44, Baart46 など多くの抵抗性品種が戻し交雑育種法によって作出された。

水稲を中心に進展した日本の交雑育種

日本における交雑育種による品種育成は玉利喜造《たまりよしぞう》（図5・6）にはじまる。彼は鹿児島に生まれ、一八八〇年駒場農学校農学科を卒業して、ただちに同校に勤めた。一八八四年から一八八七年まで米国に派遣されミシガン州立大学およびイリノイ州立大学で学んだ。帰国後東京農林学校教授となり、引きつづき農科大学で畜産学および園芸学を講じた。一九〇三年に日本最初の高等農林学校となった盛岡高等農林学校の初代校長となり、さらに一九〇九年鹿児島高等農林学校校長となった。

彼は、ワタ、オオムギ、コムギなどで早くから品種改良のための交雑実験を行なった。一八八九年および一八九一年にワタの陸地棉種《りくちめんしゅ》×在来品種「小朝鮮」の正逆交雑を行なった。その結果、陸地棉より早生でしかも蒴《さく》が下向きに開絮《かいじょ》し、在来品種よりも繊維が長いという両親の欠点を補いあった雑種を得ることに成功した。

外来のオオムギ二条品種「ゴールデンメロン」は一八八一年に導入されて以来、選抜によりしだいに早熟化したが、それでも日本で栽培するには晩熟すぎたので、その早熟化のために在来の無芒品種を交雑した。両親は鉢植えにして室内で交雑された。一八九一年に早生の一代雑種が得られた。雑種では個体間に変異がなく均質であり、また雑種強勢が認められた。[11]

また一八九二年に交雑した「ゴールデンメロン」×「白裸麦《しろはだかむぎ》」の組合せから無芒品種「大丈夫」を、「ゴールデンメロン」×外来裸麦《はだかむぎ》品種「ネボール」から「白玉裸」を育成した。さらに一八九七年に早生の固定品種「改良ゴールデンメロン」を育成した。一八九二年に改良外来品種「内山」×在来品種「白笑出《しろえみだし》」の交配を行ない、早熟性の品種を得た。これらの成果をとおして、玉利は外来品種のもつ晩熟性などの日本の風土に適合しない欠点を交雑による改良で克服できることを実証した。

山形県東置賜《ひがしおきたま》郡の井上兵助は、一八九五年にイネ品種「中稲改良粳坊主」を育成し配布している。交配の年代や方法は不明である。

図5·6　玉利喜造

一八九五年京都の賀集《かしゅう》久太郎編著『朝顔培養全書』には、アサガオの除雄と受粉の方法が詳しく記されている。千葉県山武《さんぶ》郡日向村椎崎に生まれた若名英治は、家業の農業は家人にまかせ、一八九二年ころより五十アールの畑を使ってアサガオの研究に打ち込み、毎年数百種の品種を植えて交雑を行ない、名花の育成に努めた。一九〇二年に朝顔研究会をつくり、その機関誌として『朝顔の研究』を発行した。[12]

明治のはじめには、イネは風媒性であると信じられていたが、一八九八年滋賀県農業試験場長の高橋久四郎はイネが自家受粉することを明らかにし、除雄後に人工授精を行なった。彼はこの技術を用いて品種「近江錦《おうみにしき》」を育成した。ただし、イネが自家受粉することはすぐには認められず、広まったのは後述の畿内支場での交雑育種が本格化してからである。

米麦の組織的な品種改良事業は、第二代農事試験場長の古在由直《こざいよしなお》によって最初に企画された。古在は農芸化学者であったが、洋行中にメンデリズムを知り、それを基礎とした農事試験場の機構改革を行なうことを目標とした。各支場にも個別の任務をもたせ、その一環として大阪府柏原村（現在の柏原町）にあった畿内支場で品種改良を行なうこととした。畿内支場を選んだのは、大阪で開かれた全国博覧会で建設された温室が払い下げられていて、交配に便利であったからである。品種改良事業の責任者としては、最初安藤広太郎が指名されたが、彼は東京に残って全般的な仕事をしたいといって、当時東北の大曲《おおまがり》にいた加藤茂苞《しげもと》を推薦した。当時はまだメンデルの法則が十分に理解されておらず、交配さえすればなにか品種ができるであろうというくらいの気持ちであった。

加藤茂苞は一九〇三年ごろからイネで交雑試験を行ない、草丈、穂長、芒の有無、開花期など十八形質について遺伝様式を解析した。メンデルの法則の再発見からわずか三年後である。加藤茂苞（一八六八－一九四九）は、山形県鶴岡の庄内藩士の家に生まれ、一八九一年に東京帝国大学農科大学を卒業し、山形県師範学校教諭を経て、一八九六年農商務省農事試験場技師となった。一九〇三年に畿内支場に移り、長年にわたり水稲品種改良の事業に専心したのち、一九二六年に朝鮮総督府勧業模範農場長として転出した。一九二七年に九州帝国大学に農学部が新設されると、教授に就任し、のちに農学部長となった。退官後一九三四年に東京農業大学教授および農学部長を務めた。

山形県西田川郡京田村の出の民間育種家である工藤吉郎兵衛は、一八九八年に「アサガオでできる交雑がイネでできないはずがない」と、水稲で四通りの組合せの交雑を試みたが、成功しなかった。その後山形県農事試験場長の紹介で加藤茂苞のもとへ交雑技術を習いに行き、一九〇七年に再び交雑育種に挑戦してこんどは成功した。以後一九三八年までに三百六十通りの組合せの交雑を行ない、三十一品種を育成した。とくに品種「福坊主《ふくぼうず》一～三号」は、一九三〇年から一九四〇年はじめまで山形県の首位品種となった。

一九〇八年ごろ、北海道農事試験場の高橋良直技師が、アズキ、ダイズ、コムギなどで交雑を行なった。彼は交雑に用いる両親の出穂期が異なる場合にそれを調節するために短日操作まで行なっている。その中から品種「高橋小豆」が育成された。

農事試験場の安藤広太郎や農商務次官の橋本圭三郎の熱心な働きかけで、一九一六年に府県農事試験場でも交雑を中心とする育種事業を行なうための予算が通り、農商務省農事試験場ではその技術者を養成するために本場（西ケ原）で一か月間交雑育種に関する講習会を開いた。講師には安藤広太郎、加藤茂苞、竹崎嘉徳《よしのり》らが招かれた。

さらに交配技術（人工媒助法《じんこうばいじょほう》）は品種改良に熱心な農家にも取り入れられた。山形県の西田川郡農会は同郷の加藤茂苞の推薦で、一九一二年に萩尾貞蔵を技手として迎えて交配技術の指導を受けた。また一九一五年には西田川郡農会の佐藤順治らが畿内支場に赴いて交雑育種の技術を学んだ。

水稲の交配に際しては、母親となる品種は一穂あたり十～二十花を残してすべてハサミで除き、残した花は上部三分の一を切り、切り口からピンセットを入れて葯を抜き取る。父親品種の花粉を黒く塗った漆紙の上に出してそれを母親の開花した花にかける。いまでは研究室に入ったばかりの学生でも、教科書を読めばすぐにできる人工交配も、当時は難しい高等な技術であった。明治末期には十パーセント台にすぎなかった交配の成功率は、大正二年には五十パーセントを超えるまでに上達した。

日本で最初の交雑育種による実用品種は、札幌農学校の南鷹次郎《みなみたかじろう》により「ゴールデンメロン」と「シバリー」の交雑後代から一九一七年に育成された醸造用オオムギの「北大一号」である。南鷹次郎は長崎県大村藩士の家に生まれ、十七歳のとき東京の工部大学（現在の東大工学部）予科に入学、大学に進学した。たまたま札幌農学校の官費生徒募集に応じ、第二期生となった。内村鑑三、新渡戸稲造、宮部金吾《きんご》らと同期であった。一八八一年に卒業後開拓使御用係となり、駒場農学校に国内留学して獣医畜産学を研究した。一八八九年に教授となり、一九〇七年に札幌農学校が帝国東北大学農科大学に改組されたときに作物学を担当する農学第一講座の初代教授および農場長となった。一九一八年北海道帝国大学となったとき、初代の農学部長となり、一九三〇年には第二代総長に就任した。彼は農学、畜産学、獣医学を講義し、農場の管理経営にも手腕を発揮した。学外にあっては北海道農業界の中核的指導者であった[13]。

イネでは秋田県花館村（現在の大曲市）にあった農事試験場陸羽支場で、「亀ノ尾四号」と「陸羽二〇号」との交雑から一九二一年に育成された「陸羽一三二号」が、交雑育種により国立機関で育成された最初の水稲品種である。交雑は一九一五年に行なわれた。両親は、冷害に強く食味のよい「亀ノ尾」といもち病抵抗性があるが食味不良の「愛国」のそれぞれから純系分離されたものであった。この交雑は、一九一一年ごろに東北地方に普及していた品種「亀ノ尾」を襲ったいもち病による激しい被害を目の当たりにした寺尾博主任の、育種家としてこのようなことをなくしたいという強い決意から発していた。寺尾には助手として仁部富之助《にべとみのすけ》がついていた。寺尾は交雑から二年目に転出したので、育成の大半は仁部によってなされた。「陸羽一三二号」は、いもち病に抵抗性であるうえ、硫安《りゅうあん》を主とする無機肥料に対する施肥効果が高く多収で、冷害にも強かった。一九三四年および一九三五年に大冷害が襲うと、岩手、青森を除く東北各県で真価を発揮した。栽培に土地を選ぶことが少ないため広域適応性の品種として一九三九年には最大普及面積は二十四万ヘクタールに達した。一九二九年から一九五二年までの二十四年間、東北地方で作付面積一位の座を保った。この品種の出現により、それまで最悪であった東京市場での東北産米の評価が一気に上がった。「陸羽一三二号」は宮沢賢治の詩『春と修羅三——稲作挿話』にも取り上げられている。

なお仁部は、秋田県由利郡に生まれ、秋田県簡易農業学校を特待で卒業後、陸羽支場に勤めた。仁部はもともと養畜部に所属していたが、寺尾の着任に際して種芸部に配属された。「陸羽一三二号」が世に出てからまもない一九二四年に退官し、農商務省の嘱託として野鳥の研究に生涯を過ごし、その緻密な観察によりのちに「鳥のファーブル」とよばれた。

日本の水稲品種は、明治から大正末の一九二五年まではまだ老農が育成した「神力」、「愛国」、「雄町」などの品種が上位を占めていた。交雑が品種改良に有効であることは、純系選抜法が日本に伝えられる前から知られていたにもかかわらず、交雑育種が本格的になったのは、昭和に入ってからである。作付面積でみると、ようやく一九三二(昭和七)年になって「陸羽一三二号」が第六位に、一九三九(昭和十四)年には「陸羽一三二号」が第二位、「農林一号」が第三位に入っている。[14] メンデルの法則の再発見から三十年以上もたっている。これにはいくつかの理由がある。当時各地から収集された水稲の在来品種は遺伝的にざっぱくで、交雑親として用いる前に品種内をまず均質にする必要があった。また交雑育種には親とする品種の選定がまず重要であるが、それには多数の品種を同じ圃場で栽培して比較試験をしなければならなかった。なによりも、育種現場の研究者が交配技術に習熟することが必須条件であった。さらに、交雑から品種育成までの選抜は純系選抜より複雑で、近代遺伝学の理解が要求された。

一九二六年からコムギ、水稲、陸稲について、国立および府県試験場を統一して、交雑による組織的育種が開始された。とくに水稲育種については生態学的考えを取り入れて、全国を九つの生態地域に分け、各地域に地方農事試験場を指定するとともに、地方育種試験地をおいた。

イネでは育種組織が整備されるとともに、育種の基礎研究も進み、世代促進、出穂期調節、人工交配、外国稲の利用などの方法が進展した。とくに一九三九年には近藤頼巳《よりみ》によりイネの交配のための「温湯除雄法」が確立された。近藤は、広島県に生まれ、一九三一年に東京帝国大学農学部を卒業し、農林省農事試験場技官として冷害とそれにともなういもち病の研究を行なった。その後農林省開拓研究所を経て、一九五四年に東京農工大教授に就任し、一九六六年第四代学長となった。長野県の農民である荻原豊次《おぎわらとよじ》が一九四二年に考案した育苗法に「油紙《あぶらがみ》保《ほ》温折衷《おんせっちゅう》苗代《なわしろ》」と名づけ、その普及に尽力したことでも知られている。

日本の水稲改良における交雑育種でも、初期の品種はほとんどすべて二親間の交雑に由来する子孫に系統育種法を適用して育成された。一九三一年には、「森田早生《もりたわせ》」×「陸羽一三二号」の交配から水稲における最初の農林番号品種「農林一号」が育成された。育成者は新潟県農業試験場の並河成資《なみかわしげすけ》、鉢蝋清香《はちろうせいか》、および稲塚権次郎《いなつかごんじろう》であった。「農林一号」は、それまで育種目標とされてきた早生、多収、良質の三形質をすべて兼ね備えていて、水稲最初の農林番号品種にふさわしかった。その後、「コシヒカリ」、「ササニシキ」、「あきたこまち」などの大物品種へと、その血統が引き継がれた。なお農林省育成の品種は一九五〇年より、たとえば「コシヒカリ」のように、農民に親しまれやすいカタカナで六字以内の固有名詞をつけることになり、従来の農林番号は農林省における整理番号としてだけ用いるようになった。

第二次世界大戦後まもなく北海道農業試験場上川支場長にいた酒井寛一によって集団育種法が紹介され

た。ニルソン・エーレによる提唱からすでに四十年以上たっていた。日本の交雑育種では初期に導入された系統育種法が大きな改変もなくそのまま使われてきた。酒井は統計遺伝学の理論にもとづいて、集団育種法の利点を説明した。宗正雄など集団育種法に諸手をあげて賛成しない研究者もいたが、大方は理解を示した。その後、集団育種法がしだいに普及するにともない、初期世代を無選抜で短期間に経過させるため、温室の利用による無選抜世代を早い年月で継代する「世代促進」の方法が考案された。[18]

一九六〇年に青森県農業試験場藤坂試験地で育成された「フジミノリ」が集団育種法による最初の水稲品種となった。また愛知県農業試験場で集団育種法と世代促進法の併用によって、交雑後わずか六年目に「日本晴《にっぽんばれ》」(一九六三年)が育成された。ダイズの「エンレイ」(長野県農業試験場、一九七一年)も集団育種法によってつくられた品種である。しかしイネの育種現場でもしばらくは系統育種法が主流を占め、集団育種法が多用されるようになったのは一九八〇年代になってからである。現在ではほとんどの品種が集団育種法によって育成されている。

第六章

トウモロコシの生産を飛躍させた一代雑種育種

親より雑種のほうが強い——雑種強勢の発見

異なる品種・系統や異なる種の間で交雑したときの子孫を雑種（ハイブリッド）という。とくに交雑したつぎの世代、つまり子を一代雑種という。雑種は両親のどちらよりもずっと旺盛な生育を示すことが多く、これを雑種強勢という。雑種強勢は、二十世紀に入りトウモロコシの品種改良の基本原理となるが、植物育種家のあいだでは十八世紀からすでに知られていた。はじめて記録に残したのは、ドイツのケルロイターである。

ケルロイターは一七六三年発行の著書の続第一巻中で、タバコ属のパニキュラータ種とルスチカ種との交雑では、雑種第一代は親よりずっと速く成長し、種子の発芽から開花期までのどの生育段階でも親とたやすく区別できるほどであると述べている[1]。これは雑種が両親よりも大きな繁茂を示すことを報じた、植物で最初の記録である。

ナイトは一八〇四年に園芸作物の品種が長い世代にわたって採種をくり返すとしだいに活力が落ちることを認め、これらの品種には自然が定めた寿命があり、人間と同じように高齢になると衰えてくると考えた。これは雑種強勢の裏返しの現象で、のちに近交弱勢とよばれた。彼は品種育成のために多くの交雑を行なったが、雑種強勢が「老衰した」品種を復活させることに気づくことはなかった。

ネーゲリは、雑種強勢を多数の植物で観察した。彼はスイスのキルヒベルクで生まれた。一八三六年にチューリヒ大学に入り医学と生物学を学び、一八三九年にジュネーブ大学のド・カンドルのもとで生物学を学び、チューリヒ大学から学位を得た。卒業後一八四一年にベルリン大学に勤め、翌一八四二年にイエーナ大学でシュライデンとともに働いた。一八四五年から一八五二年のあいだ、私講師ついで助教授となった。一八五二年にフライブルク大学の植物学教授に、一八五五年チューリヒにある連邦工科大学の一般植物学の教授になり、さらに一八五七年から一八八九年までミュンヘン大学の植物学教授および植物園長を務めた。彼の著作は、数理的かつ哲学的で、論理的に鋭いという特徴をもっていた。ただしそのような彼も、メンデルから送られた論文の重要性は理解できずに終わった。

彼は、七百種一万組におよぶ種間交雑を行ない、雑種が両親に比べてさまざまな器官について異常なほど強勢を示すことを観察した。雑種は、草姿が高く、分枝は旺盛で、大きな葉をより多くつけ、花も大きく数が多く、ときに色がより鮮やかで芳香があり、開花は早くからはじまり秋遅くまでつづき、繁殖力が旺盛である、と記している。

雑種強勢については、ダーウィン（一八〇九・二・一二〜一八八二・四・一九）（図6・1）も注目している。ダーウィンは、英国中部のシュロップ州のシュルスベリに生まれた。祖父のエラスマズ・ダーウィンは、医者で、博物学者で、詩人であり、リンネやバンクスと親交があった。母の実家は現在も高級陶器の販売で世界的に有名なウェッジウッド社であった。彼は十三歳のとき庭内に兄と一緒に建てた化学実験室にこもって遊んだ。少年時代の彼は鳥撃ちやネズミ捕りに興じるだけで、成績の悪い将来性のない怠け者と父を嘆かせた。十六歳のとき父によって欧州最良といわれたエジンバラ大学医学部に送りこまれた。しかし講義は退屈で、なによりも彼は手術の実習で血を見るのが耐えられなかった。在学中に、南米からきた友人に熱帯雨林の話を聞き、G・ホワイトによる『セルボーンの博物史』を読み、また夏休みにウエルズ北部の山岳地域の美しい自然にふれて、博物学に深い興味をもつようになった。また友人の動物学者グラントにより進化論を教えられた。このままでは怠け者の紳士になるだけだと心配した父は、彼を英国教会の牧師にするためケンブリッジ大学クライスト・カレッジに移した。そこでも彼は、カブトムシを捕り、シェイクスピアを読み、友だちとパーティーを開いて楽しむだけであった。

図6·1　ダーウィン

二十二歳のとき転機が訪れた。一八三一年八月に英国科学探検隊のビーグル（H. M. S. Beagle）号で無給の博物学者として南米の探検に参加しないかという招待状を受け取った。父の猛反対をおじに説得してもらい、彼はこれを承諾した。船はおんぼろで、与えられた船室は最後尾にあり三メートル四方もないほど狭かった。睡眠は、天井から吊るしたハンモックの中でとった。ビーグル号は十二月二十七日朝に七十三人の船員とともにプリマス港を出帆し、アフリカ北部の西海岸に沿って南下したのち、南アメリカ大陸南部の西海岸から南端をめぐって、ガラパゴス諸島やタヒチ島を含む南太平洋諸島、ニュージーランド、オーストラリア、タスマニア島などをめぐった。彼は航海中絶えずひどい船酔いに悩まされたが、寄港したそれぞれの土地で動植物の変異や地質の観察を行ない、多くの標本を収集した。船は一八三六年十月十四日に帰港した。[2]ダーウィンはロンドンで荷物を受け取りケンブリッジに移ると、航海中の記録と標本の研究を開始した。その航海は、彼に生物進化についての深い洞察をもたらした。Transmutation（進化）についての着想は一八三七年六月ごろに得たといわれる。

　航海中に原因不明の病気にかかったのか、帰国後は健康がすぐれず、一八四五年にロンドンから二十四キロ東の人口四百五十人ほどのダウン村に隠棲し、以後は研究と著述に専念した。夜明け前に起きて散歩をし、八時ごろに朝食をとり、昼までの三時間ほど研究をし、午後は犬を連れての散歩や手紙の返事を書く、という生活を変わりなくつづけた。

　一八五九年に *On the Origin of Species by Means of Natural Selection, or the Preservation of Favoured Races in the Struggle for Life*『種の起源』を著し、生物進化の理論を体系化した。生物は進化したこと、進化は数百万年という長い年月をかけて漸進的に行なわれたこと、進化の原動力は種内に無作為に生じる変異とその自然選択であること、現存の無数の種は原初の単一の生命体から種分化という分岐により生じたこと、などがその理論の主旨であった。種内の変異はランダムに生じ、各生物が生存できるか絶滅するかはその生物環境に対する適応力によって決まると考えた。初版千二百五十部は出版当日に売り切れ、まもなくヨーロッパ中の言語に翻訳された[3]。彼の理論は、生物学に進化の思想という新しい世界への道を指し示したが、一方では教会や社会に大きな論争の嵐を巻き起こした。

彼は『種の起源』第四章で、以下のように、異なる品種間の交雑では雑種強勢が認められ、反対に近親交配は活性や稔性を低下させると述べている。

「まず第一に、私は、育種家のあいだでほとんど普遍的である信念と合致してつぎのようなことがらをしめす、きわめて多数の事実をあつめた。それは、動物でも植物でもちがった変種間、あるいは変種はおなじだが系統を異にした個体間の交雑では、強壮で多産な子孫が生じること、他方、近親間の同系交配では強壮性と多産性とが減少すること、そしてこれらの事実だけでも、……」

〔ダーウィン著・八杉竜一訳（一九六六）『種の起原（上）』岩波書店〕

『種の起源』の執筆後に、ダーウィンは種の進化の自説を補強するために、人工選抜による家畜の改良例を集めだした。その中で、一方では近親交配（近交）により望ましい形質を固定することが重要であるが、他方では過度の近交が家畜を弱らせる危険があるという矛盾が、家畜育種の世界でいわれていることを知った。彼は交配が容易で多数個体を扱えるので、家畜より植物を選んで、自殖と交雑の効果を十年にわたって調べつづけた。ほとんどすべての種は、交雑で程度の差はあるが強勢となり、近交では弱勢となった。ダーウィンは近交をつづければ、やがて種は絶滅に至ると考えた[4]。

十九世紀米国におけるトウモロコシの放任受粉品種

米国のトウモロコシは先住民であるアメリカインディアンの遺産である。トウモロコシの英語maizeもインディアンから伝わったものである。米国の作物の品種改良は、トウモロコシを中心に発展した。白人が植民者として入ってきた十九世紀前半には大草原でしかなかったミシシッピー河上流の地帯は、一八七〇年までには、コーンベルトとよばれるようになっていた。そのころのトウモロコシの品種は、自然の植物集団のように特別の操作をせずに受粉させる、いわゆる放任受粉で採種されていた。

栽培期間が短い北部地域では、耐冷性があり、低温でもよく成長するフリント種が適応していたが、それ以外の広い地域では十九世紀はじめに出現した多収のデント種がつくられていた。中間的地域では北のフリントと南のデントがともに植えられていたが、それらのあいだで自然交雑して生じた雑種個体は、両親よりも優れることを農家は気づいていた。コーンベルト地帯では、農家による選抜が長年くり返され、一八四〇年ころの米国では放任受粉で維持される品種がすでに二百五十ほどあったと推定されている。十九世紀末には有名な放任受粉品種Minnesota13が育成された。この品種はのちにReid's Yellow DentやLancaster Sure Cropなどとともに、雑種トウモロコシ生産における近交系の遺伝資源となった。しかしトウモロコシの単位面積あたり収量は、南北戦争（一八六一〜一八六五年）以来ずっと変わらぬ低い水準であった。

ビールと品種間交雑の実験

ダーウィンが実験に用いた植物には、当時インディアン・コーンの名でよばれていたトウモロコシも含まれていた。彼は、交雑次代の植物は多くの場合に自殖系統や近交系統より草丈や収量が大きくなることに気づいていたが、それを雑種強勢と同じ現象とは認めなかった。彼の実験は、交流のあったハーヴァード大学のグレイ教授に伝えられ、さらにその学生であったビールに教えられた。

ビールは卒業後ミシガンに米国最初の州立農科大学として設立された大学に赴任した。彼は、トウモロコシが風媒性でしかも雌穂と雄穂が同じ個体上に別器官として生じることに着目して、大規模な交雑を試みた。種子親となる株は頂部についている雄穂を花粉が散る前にすべて引き抜き、それに他の品種の花粉を受粉した。その際、ダーウィンの助言に従って異なる環境条件に何年か生育していた品種を両親に選ぶようにした。それらは遺伝的にもたがいに異なっていた。このような放任受粉で栽培されてきた品種間交雑でも一代雑種は収量が両親よりも高くなることが観察された。とくにミシガン州の北部から取りよせたフリント種に南部からのデント種を交雑したときに雑種強勢が著しかった。またビールは、ダーウィンにならって自殖の影響を調べるため、トウモロコシの植物体全体に袋をかけ、花粉が同じ個体の雌穂にだけかかるようにして、強制的に自家受粉させた。

ビールはこれらの実験結果を一八八〇年に報告した。実験の結果にもとづいて、新品種の優れた特性を維持するには、自然交雑で不良品種の花粉がかからないように、また自殖や近交を避けるようにと、彼は農家に説いてまわった。しかし残念ながら彼が勧めたのは、交雑親の管理だけで、雑種強勢の積極的利用ではなかった。また自殖が及ぼす悪影響を目にしていたので、一代雑種の親としての近交系を育成することは思いもつかなかった。農家も種苗業者も従来からの家畜育種に準じた方法を変えようとはしなかった。トウモロコシの採種では花粉がどの品種から飛んでくるかわからない状態であったため、交配を管理できる家畜の場合と違って、優れた母個体を選んでも選抜の効果がなかった。

　ビールの助手であったホルデンは、一八九六年に学部長E・ダヴェンポートの招聘《しょうへい》で助教授としてイリノイ大学に移った。ダヴェンポート自身は畜産学が専門であったが、かつて短期間ビールの助手を務めたことがあった。ダヴェンポートはトウモロコシ改良に熱意をもち、さらに一八九八年にシャメル、一九〇〇年にイースト、一九〇四年にラヴをつぎつぎと雇った。[5]ホルデンが招かれた目的も当然トウモロコシの品種改良にあった。しかしビールの雑種強勢は、同じ大学内の研究者の実験によって確認済みであった。ホルデンはそこで自殖の実験を行なった。結果は惨憺《さんたん》たるもので、草丈も収量も激減し、多くの個体は四年以上生存できなかった。「自殖は強勢と収量の敵である」とホルデンは結論した。眼前にある放任受粉品種を基準とした考えでは、自殖ないし近交はその基準を大きく下げてしまう忌むべき操作であり、近交系間交雑をすれば放任受粉品種よりずっと強勢で多収の雑種が得られることには思いがおよばなかった。これは彼だけでなく、十九世紀末までイリノイやアイオワのすべてのトウモロコシ研究者に共通した考えであった。

シャルによるヘテロシスの概念の提唱

トウモロコシ育種の方式を変革したのは、米国のコールド・スプリングハーバーにいたシャル（一八七四・四・一五～一九五四・九・二九）（図6・2）である。彼はオハイオ州のクラーク郡に生まれた。両親は賃貸農場を転々と移りながら働く貧しい農民であった。彼も農繁期には農業を手伝わなければならなかったため、学校にほとんど通えず、家族全員に助けてもらいながら家で自学自習をした。十歳のとき兄に感化されて植物に興味をもち、検索本を腕にかかえて林や野原を歩きまわった。一八九二年から公立校で教えるかたわら、アンチオヒ・カレッジの学生となった。学費は免除されたが、生活のため毎朝四時に起きて学内の守衛、管理人、鉛管工として働いた。一九〇一年にシカゴ大学大学院に入り、数か月のうちに国立植物標本室の助手に採用された。さらに三か月後に植物専門家として米国植物産業局に転勤した。このころC・ダヴェンポートの影響で生物測定学に興味をもち、野生アスターの変異の研究で学位を得た。

一九〇四年、新設されたコールド・スプリングハーバーのカーネギー研究所の所長にC・ダヴェンポートがなったとき、彼も応募して実験進化学の研究員として移った。そこでは育種家バーバンクに協力して彼の育種や交雑の仕事を科学的に分析して雑誌に投稿するよう命じられた。決して意見を曲げないバーバンクを相手の仕事は容易ではなかったが、一九一四年に第一次世界大戦の勃発でようやくお役御免となった。

プリンストン大学に遺伝学分野を導入したいと考えていた生物学部長コンクリンに請われて、一九一五年に教授として赴任し、秋期は遺伝学、春期は植物学を講義した。遺伝学の研究成果を発表する雑誌の必要性を感じ、協力者とともに一九一六年にプリンストン大学出版会から *Genetics* 誌を発刊した。これはそののち、遺伝学の最高の雑誌となった。彼は一八九一年から一九五三年まで植物遺伝学の論文を発表しつづけ、その数は百六十七に達した。また約百万ものナズナやマツヨイグサの標本を作製した。彼の興味を引いた植物は、トウモロコシ、マツヨイグサ、ナズナをはじめ、ナデシコ、ジギタリス、インゲンマメ、トマト、ポピー、ジャガイモ、タバコなど実に多種にわたった。一九四二年に退職した後は、ニュージャージーの海岸の野生生物保護に尽くした[6]。

図6·2　シャル

　シャルがカーネギー研究所に着任したとき、研究室はまだ建設工事中であった。圃場は四十アールほどで、半分が沼地で半分が庭園の跡地のままであった。一九〇四年五月にシャルはこの畑にトウモロコシの種子を自分でまいた。品種はダヴェンポート夫人の父からもらった白色デントコーンとスイートコーンの二種類であった。「なぜなら、所長であったC・ダヴェンポートが、この二種類のあいだに生じるキセニア現象を見学者に見せたがっていたからである。」当初の実験目的は育種とは関係がなく、トウモロコシを改良したいというようなことは、シャルの脳裏になかった。

　当時ド・フリースが、オオマツヨイグサの集団中に新種が中間型を経ずに突然に出現することを見いだし、その現象が進化の要因であると考え、はじめて突然変異と名づけた。これはのちに突然変異ではなく、オオマツヨイグサの染色体が複雑な相互転座をもつことに起因することがわかった。シャルはこのド・フリースの結果が他殖性植物を無理に自殖したことによる現象にすぎないのではと疑い、オオマツヨイグサとトウモロコシを材料に選んで、自殖と交雑の結果を比較しようと試みたのである。

トウモロコシの形質には穂の粒列数という量的形質を選択した。粒列数は系統により八から三十までの変異があった。彼はある在来品種の畑から、粒列数が異なる穂を採り、次代に穂別系統として栽培した。その個体を自殖したところ、予期したとおり草丈や収量が少し低下した。異なる穂に由来する系統間では大きな変異がみられ、同時に系統内の個体間は比較的均質であった。彼はヨハンセンがその数年前にインゲンマメで報告した純系をトウモロコシでも得ることができたと確信した。しかし、得られた結果はそれ以上であった。これらの近交系を交雑したところ、驚くべきことがわかった。雑種第一代は近交系の両親と同様に均質であったが、両親よりずっと生活力や収量が高かった。当時栽培されていた放任受粉の品種よりも多収の雑種さえあった。

雑種強勢の現象自体は、すでにケルロイター以来百年以上前から知られていたことである。しかし同じ現象を前に彼がくだした解釈は、それまでの研究者のものとは違っていた。彼は、雑種強勢と近交によって生じる弱勢は同じ現象の表裏にすぎないことに気づいた。また雑種強勢という現象をもたらすのは、自殖と交雑という繁殖様式の違いではなく、近交系とその一代雑種という遺伝子型の違いであると考えた。さらに最大の雑種強勢を得るには、交雑に用いる両親を近交系にすることが重要であることを示し、この方法は近い将来、米国のトウモロコシの収量を高めるためのまったく新しい手法となると主張した。それはビールやホルデンの考え及ばなかったことである[7]。実験は当初の目的を離れて、意外な方向に展開した。

結果は一九〇八年一月にワシントンDCで開かれた米国育種家協会の報告会で発表された。また一九一四年にドイツのゲッチンゲンでの招待講演でも紹介された。しかしこちらのほうは、運悪くその三週間後に第一次世界大戦が勃発したため、講演要旨の印刷が遅れ一九二二年になってようやく出版された。

彼は、雑種強勢を表すのに当時使われていた stimulus of heterozygosity（ヘテロ接合性の刺激）などに代わって heterosis（ヘテロシス）という簡潔な用語をつくり、一九一四年に提案した。ヨハンセンが gene（遺伝子）という語を遺伝子本体についてのあらゆる仮説とは無関係な用語として提案したように、シャルはヘテロシスをその原因として提案されていた種々の仮説とは独立の概念とした。なお duplicate gene（重複遺伝子）、sib（同胞）、geneticist（遺伝学者）などの用語も彼によってつくられた。

イーストと単交雑実験

米国のイースト（一八七九～一九三八）は、十五歳で高校を終え、一九〇四年に修士号を得た。イリノイ農業試験場での勤務を経て、一九〇五年から一九〇九年までコネチカット農業試験場に勤めた。このあいだ、一九〇七年にホルデンの学生としてイリノイ大学から化学の学位を受けた。一九〇九年に、ボストンにあるハーヴァード大学ビュッセイ研究所に招かれ、一九一四年に実験植物形態学の教授となった。当時はまだ遺伝学が科学の分科とみなされていなかったからである。遺伝学教授となったのは一九二六年である。彼は一九一六年から一九三八年まで *Genetics* 誌の編集委員を務めた。またシャルとともに一代雑種トウモロコシの育成に貢献した。イーストが率いるビュッセイ研究所は二十世紀の最初の二十年間、米国の植物学の中心となった。擬似突然変異の現象を発見したブリンク、トウモロコシの進化を追求したマンゲルスドルフ、コムギの細胞遺伝学者として多くの先駆的業績をあげたシアーズなど、米国の遺伝学・育種学を発展させた多くの俊秀がその門下から巣立った。[8]

イーストは当初、化学者としてイリノイ農業試験場に雇われた。その務めは、C・G・ホプキンズおよびL・H・スミスと協力してトウモロコシ穀粒の食料または飼料としての栄養価を高めるためにタンパク質と油の含量を分析することにあった。[9] 材料はBurr Whiteという放任受粉品種であった。実験計画にはホプキンズの指導を受けた。しかし含量を高低両方向に何世代か選抜するうちに、肝腎の収量が下がってしまった。選抜された系統の由来を調べてみると、高タンパク質の系統はすべて一個体から由来していること、タンパク質含量の選抜に伴って間接的に近交が行なわれて近交弱勢がもたらされたことに気づいた。そこでホプキンズに自殖の影響をもっと直接的に調べる必要があると提言した。しかし、ホプキンズはすでに近交弱勢のことは既知のことであり、いまさら調べる必要はないと賛同しなかった。

イーストは、独自に一九〇四年から連続自殖の効果を調べる実験をはじめた。実験材料は、多収で飼料価値が高く、農家に人気がでていた黄色穂のデント種のChester's Leamingに変更した。トウモロコシの自殖および交雑の効果を調べることは、トウモロコシ育種の発展にとって重要なことと考えたのではじめた、と当時助手であったH・K・ヘイズが述べている。州試験場にも基礎研究の予算が下りるようになって、イーストは一九〇五年九月にニューヘイヴンにあるコネチカット農業試験場に移った。その年に受粉させ自殖したトウモロコシはまだ登熟中であったので、収穫して送ってくれるように同僚のラヴに依頼した。それらの系統はその後もニューヘイヴンで自殖がつづけられ、うち三系統は五十世代の自殖を生き抜いた。一九〇八年のシャルの報告を会場で聴いたイーストは、すぐに交雑の重要性を知り、翌年には近交系の交雑種子をまいて雑種強勢の効果を確認した。シャルの実験はすべて同一品種由来の近交系間で行なわれたが、イーストはデント、フリント、ポップ、スイート種の白色および黄色品種間のさまざまな組合せで交雑を行ない、その雑種で強勢程度を調べあげた。シャルは農業の現実には疎い生物学者であり、トウモロコシは彼にとって実験材料にすぎなかったが、一方イーストはトウモロコシの改良自体に関心をもちつづけた。

イーストはまた自殖性植物のタバコを材料として品種間および種間の効果を研究した。一九一二年にイーストとヘイズは、米国農務省報告の中で、他殖性植物の自殖によって生じる活性の低下と、自殖性植物の交雑によって生じる活性の増大は同じ現象の表裏にすぎないと述べた。彼らはその報告の中で、トウモロコシの一代雑種が両親に比べて、いかに強勢になるかを示した写真をはじめて掲げた。イーストはこれがコーンベルト地域の圃場で栽培されたらセンセーションを巻き起こすにちがいないと語った。確かに報告を読んだ人たちは興奮した。しかしそれ以上のことは起こらなかった。

一九〇九年に、イーストとヘイズがシャルと近交系間交雑つまり単交雑に認められるヘテロシスをトウモロコシ育種に利用できるかどうかを議論したとき、理論としては優れているが、実用化は難しいと結論せざるをえなかった。米国東部に適応した近交系間の一代雑種は、西部では成績があがらず、農家に認められずに終わった。さらに当時の手持ちの近交系は草丈が低くひ弱で、近交系間交雑をしてもその雌穂につく一代雑種種子は小さく、形が異常で播種機《はしゅき》にかからず、さらにせっかくまいても良い苗が育たなかった。単交雑は、わずかにスイートコーンでだけ用いられた。トウモロコシの種子生産は、ビールの時代に逆戻りして品種間交雑で行なわれた。

ジョーンズによる複交雑とその米国農業への影響

米国のトウモロコシ栽培で雑種種子の利用が広まったのは、コネチカット農業試験場のD・F・ジョーンズ（一八九〇〜一九六三）（図6・3）のおかげである。ジョーンズははじめアリゾナ試験場で牧草のアルファルファの仕事をしていたが、イーストとヘイズの共著論文に惹かれて一九一三年にイーストにトウモロコシの遺伝学を指導してくれるように頼んだ。シラキューズ大学で二年間園芸学と遺伝学を教えたのち、ミネソタ大学へ転じたヘイズの後任としてコネチカット試験場の主任遺伝学者に任命された。

彼は一九一七年に四品種からなる二組の単交雑間の交雑、つまり複交雑（ダブル・クロス）の育種方式を提案した。彼ははじめ二品種を結合させる単交雑が親よりも優れているならば、四品種を一緒にすればもっと優れた種子が得られるのではないかと単純に考えた。しかし実際には、近交系の世代から二回の交雑を経ると、その分だけヘテロシスの発現が単交雑よりも弱くなった。一方では貧弱な近交系を親とする単交雑に比べて、複交雑ではヘテロシスを発現した単交雑を両親とするので、雑種種子が大量にとれるという利点があった。その後複交雑でも単交雑と劣らぬ収量があげられ、十分にヘテロシス利用が可能であることが実証された。一九二一年に最初の複交雑品種 Burr-Leaming がコネチカット試験場で育成された。

複交雑になっても雑種トウモロコシがすぐに農家に受け入れられたわけではなかった。それまで農家がトウモロコシ栽培に際して種子を買うのはたまの更新のときだけで、通常は前年作の種子を保存しておいたものを用いた。雑種種子は毎年購入しなければならず、おまけに放任受粉種子の倍の値段がした。雑種個体の栽培には農薬の使用が必要で、その散布用の農業機械の購入も負担であった。さらに収量が増加しても利益をもたらすとは限らず、市場でトウモロコシがだぶついて、農家はせっかくの収穫物が売れずに畑で燃やすしかない場合もあった。農家が雑種トウモロコシに乗り換えて、その種子を買うようになったのは、一九三〇年代半ばに干ばつが襲い、従来の放任受粉品種がみな不作になってからである。

一九二六年にウォーレスが雑種トウモロコシの種子生産と販売のためにハイブレッド・コーン社を設立した。のちの世界最大の種苗会社パイオニア・ハイブレッド社である。当時はまだどこの種苗会社も優れた近交系をもっていなかった。また毎年種子を買わなければならない新しい生産体系を農家が納得してくれるためには、根気のいる教育と宣伝が必要であった。しかし、彼は雑種トウモロコシによる超多収穫が近いうちに米国農業を刷新し、国政にも影響を与えるであろうと確信していた。彼は一九二三年に、East Leamingを母親、中国から導入された品種の近交系Bloody Butcherを父親として単交雑Copper Crossを育成したが、会社設立とともにまずはこれをコーンベルト地帯で唯一の雑種種子として売り出した。種子の値段は一ポンド（約四百五十三グラム）あたり一ドルであった。これは、米国最初の単交雑品種であったが、その後の米国のトウモロコシ生産は、まずは複交雑品種を中心に発展した。

図6·3　D. F. ジョーンズ

複交雑品種の栽培は、一九三四年には〇・四パーセントにすぎなかったが、一九四四年には五十九パーセント、一九五六年には九十パーセントに

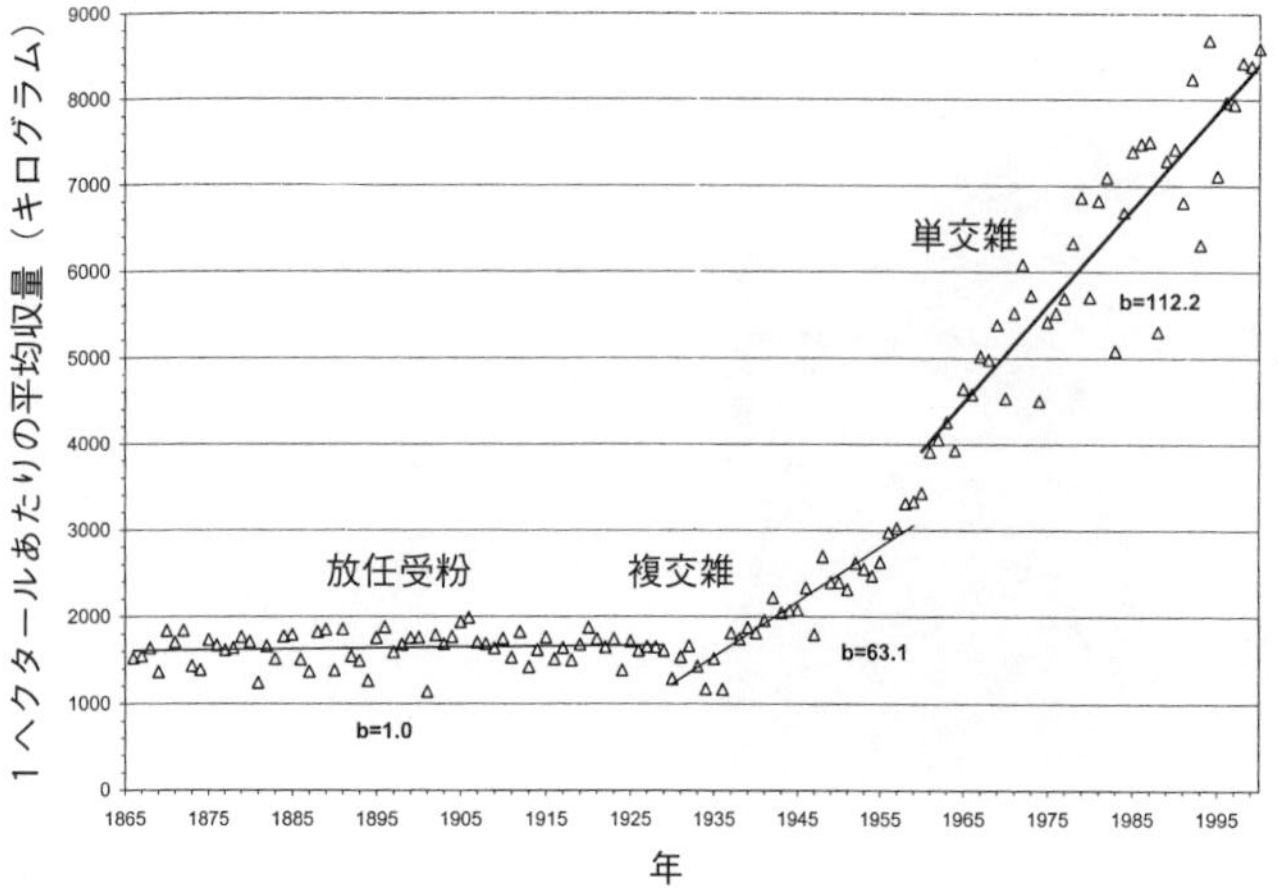

図 6·4　米国におけるトウモロコシの収量変化
b は回帰係数を示す。

急上昇した。一八六五年の南北戦争終結以来ずっとヘクタールあたり一・六トン程度に低迷していた収量は、一九三〇年からの三十年間で倍増して三トンを超えるようになった（図6・4）。複交雑品種は多収であるだけでなく、干害や病虫害に強く、また形質が均質であることから機械栽培に適していた。採種業者にとっては、単交雑の二系統に代わって複交雑種子では四系統の親を隔離栽培しておかなければならず面倒であったが、採種量の多さはその労を十分補って余りあった。

一九四二〜一九四四年の三年間は、米国農業は第二次大戦への参戦による労働力不足と悪天候に悩まされたが、雑種トウモロコシの急速な普及に伴う収量の増加で補われ、深刻な食糧不足に陥らずに済んだ。

米国の農業を変えた雑種トウモロコシは、海を越えて大きな変革を及ぼした。ヨーロッパ南部や東欧の国では、米国産の雑種トウモロコシの種子の輸入で、生産が増大した。イタリアでは一九四九年に十六品種からなる二千トンの雑種トウモロコシの種子が六万ヘクタールにまかれ栽培された。雑種トウモロコシはイタリアの風土によく適応し、在来の優良品種よりも二十五〜三十パーセント収量が高かった。メキシコはトウモロコシが主食とされているが、メキシコ政府とロックフェラー財団の協力で、ウエルハンゼンとL・M・ロバーツにより一九四三年から実行されたメキシコ雑種トウモロコシ計画により、七年間でトウモロコシ生産が劇的に増加し、一九一二年以来はじめてトウモロコシを輸入する必要がなくなった。[10]

単交雑による雑種トウモロコシの普及

米国の放任受粉品種は一九一〇年代までには早生で耐干性の品種などが育成され品種数は千に達していた。一九二〇年代になると、これらの品種のほとんどすべてで自殖による有用な近交系の作出が試みられるようになった。一九六〇年までに、最良の近交系を選んでそれらを交雑し、その集団から新しい近交系を育成するというリサイクルの方法によって単交雑の親として使えるほど収量が高く安定した近交系が開発された。また種子生産に雄性不稔《ゆうせいふねん》が利用されるようになり、交雑の労力が軽減されるようになった。そのため複交雑よりも三系交雑や単交雑が見直されるようになった。当初は北部地域では単交雑品種の能力が複交雑品種に及ばなかったため、単交雑を種子親に近交系を花粉親とする三系交雑品種が用いられたが、やがて収量や均質性に優れた単交雑品種が全地域で主流となった。米国のトウモロコシの平均収量は飛躍的に伸び、一九九〇年代には一ヘクタールあたり八トンを超えるようになった。

種子生産における細胞質雄性不稔利用とごま葉枯れ病の大発生

雑種トウモロコシの種子生産には、自家受粉が混じらないようにすることが必要である。そのため種子親と花粉親の列を交互に栽培して、開花期前に種子親の雌穂を人手で一本ずつとり除くことが行われた。それには高校生などがアルバイトとして駆り出されたが、広い圃場に植わったすべての種子親個体の雄穂を除去する作業はきつかった。

そこで考案されたのが、遺伝学的方策としての雄性不稔の利用である。花粉が遺伝的に形成されない系統を種子親に用いれば、雌穂除去の作業はまったく不要となる。雄性不稔には核内遺伝子に支配される核遺伝子型雄性不稔と、核外の細胞質による細胞質雄性不稔とがある。前者の場合では百パーセント雄性不稔個体からなる種子親の集団をつくることがむずかしい。後者では雄性不稔細胞質（cms）をもつ個体はすべて雄性不稔となり、その形質は母性遺伝する。この細胞質雄性不稔は、稔性回復遺伝子（*R*）という核内遺伝子が存在すると不稔が解消される。そこでこの仕組みを利用して、cmsをもつ系統を種子親にして、*R*をホモ接合でもつ花粉親（*RR*）の花粉をかけると、雌穂にcms細胞質と*Rr*遺伝子型をもつ種子が稔ることになる。*R*は優性遺伝子なので、ヘテロ接合でも稔性回復作用を表す。採種された種子はそれにより農家の畑で稔性のあるトウモロコシとして成長する。

トウモロコシの雄性不稔は第二次世界大戦後まもなく発見され[11]、その後多くの研究が行なわれた。核遺伝子型雄性不稔の遺伝子は多数発見されたが、細胞質雄性不稔の種類は限られていた。選ばれたのはテキサス細胞質、略してT細胞質とよばれた種類であった。一九六〇年代末までに八割以上の雑種トウモロコ

シにこのT細胞質が含まれ、千八百万ヘクタールに栽培されていた。一九七〇年にごま葉枯れ病が発生したとき、はじめてT細胞質がその病害に弱いことがわかった。ごま葉枯れ病菌は子嚢菌類《しのうきんるい》に属し、菌糸や胞子は土や植物残滓《ざんし》中で越冬する。胞子は風で飛ばされてあるいは水滴とともに葉表面に付着し、発芽して気孔から葉中に侵入する。菌は植物体のミトコンドリアを攻撃し、エネルギー代謝を妨げる。葉には無数の暗赤色の病斑《びょうはん》が生じる。雄穂も雌穂もおかされ、収量は激減する。栽培されているすべての品種がある特定の病害に弱い遺伝形質をもっている場合に、その病害の蔓延《まんえん》ははなはだしい。一九七〇年二月にフロリダ南部からはじまった被害は、五月にはアラバマ州やミシシッピー州に移り、さらに野火のように隣接の州へと広がった。災いは八年前から予想されていたが、適切な処置がなおざりにされていた。遺伝的脆弱性の典型のような被害拡大により、トウモロコシ収穫の十五パーセントが失われた。株相場はパニックとなり、時の大統領ニクソンはその鎮静化に努めた。

米国において単交雑品種が主流となるにともない、トウモロコシ生産の年あたりの増加率は複交雑時代からさらに倍加された。ヘテロシスの育種的利用は、作物では米国のトウモロコシが最初といわれる。それはまた米国農業において、科学技術が経済効果をもたらした最初でもある。また農業機械、農薬、化学肥料の使用とあいまって、農業体系の近代化に貢献した

トウモロコシ育種の担い手は、当初の大学や研究所からやがて企業に移った。とくに大学の研究がバイオテクノロジーに集中するようになり、大学は育種家の卵を育てるという社会の要請に応えられなくなり、育種家としての教育訓練も企業が担うようになっていった。

日本の育種における一代雑種品種の利用

(一) 世界に先駆けたカイコの一代雑種

ヘテロシスの育種的利用として、動植物界を通じて世界的に最も古いのは、実はトウモロコシではなく日本におけるカイコである。天保年間に中山が一代雑種を養蚕家に供給したという。一八九四年に神奈川の橘川が日本種と支那種の一代雑種の利用を勧めた。本格的な利用は、外山亀太郎が一九〇六年に一代雑種利用を奨励したことからはじまった。一代雑種は幼虫が発育旺盛で飼いやすく、収繭量《しゅうけんりょう》も多い。一九一三年から農商務省産業試験場で外山の指導で一代雑種の研究が行なわれ、一九一七年に発表された。一九一五年には「国蚕日一号」×「国蚕支四号」などの試験場改良種が登録された。一九一七年から養蚕《ようさん》農家で実際に一代雑種が飼育されるようになり、急速に普及が進み、春蚕は一九二五年ごろ、夏秋蚕では一九三〇年ころまでにほとんどすべての実用品種が一代雑種となった。その普及は米国におけるトウモロコシの複交雑品種の場合より二十年以上も早かった。

(二) 野菜および花卉の一代雑種育種

植物における一代雑種の最初の市販品種は、一九一〇年にドイツの種苗会社 Ernst Benary のカタログに載っているベゴニアであるという。[12] しかし宇都宮大学の斎藤清によれば、一八九四年にすでにドイツの商会がベゴニアで作出した例がある。[13]

野菜の一代雑種の利用研究は、東京帝国大学を卒業して農商務省園芸試験場興津《おきつ》試験地（静岡県）に入った永井計三が一九一四～一九一九年にナスについて実験したのが最初であるという。[14] なお工芸作物であるが、一九二三年に寺尾博が農事試験場太田煙草試験地（茨城県久慈郡）でタバコについて、また同年アヘン材料としてのケシで一代雑種の試験を行なっている。

一九二四年に埼玉県農事試験場の柿崎洋一がナスの一代雑種品種「浦和交配一号」および「同二号」を発表し、種子を農家に配布した。これらは、それぞれ「巾着《きんちゃく》」×「真黒《しんくろ》」、「白茄」×「真黒」の交雑組合せによるもので、のちに「埼交茄」、「玉交茄」とよばれた。これが日本だけでなく、世界初の野菜の一代雑種品種となった。二番手は神奈川県農事試験場の竹内鼎により「橘田」×「真黒」の組合せとして育成された品種「橘真《きつしん》」である。これがきっかけとなって、ナスの一代雑種品種が各地で育成されるようになった。なお柿崎は一九二八年に「茄子の雑種勢力」と題する総説を『農業及園芸』誌第三巻に発表している。野菜類の一代雑種品種は日本で、とくに果菜類を中心に発展した。すなわち、ナスにはじまり、スイカ、キュウリ、トマトとつづいた。

奈良県農事試験場では一九二四年ころからスイカの品種改良をはじめ、まず奈良県在来の大和種の中から選抜した固定種「大和一号」以下同系の四品種を発表した。つぎに品種間のさまざまな組合せで交雑し、一代雑種の栽培特性などを検討した。その結果、「大和三号」×「甘露《かんろ》」の組合せが草勢旺盛《そうせい》で栽培しやすく、品質も優れていたので、一九二八年に「新大和」と命名して発表した。なお「大和三号」は、一九二六年に導入品種「アイスクリーム」と在来品種との自然交雑によって生じた三品種のうちの一つである。「甘露」はもともと米国からの導入品種とされているが、奈良県で発見され、その名称は天理教の甘露台に因む。「新大和」の発表以来、スイカ育種は一九三八年ごろまで第一期一代雑種時代がつづいた。しかし、採種体系が確立されていなかったため、数年で混乱が生じた。[15] 奈良県農事試験場では、「大和三号」×

「甘露」の交雑後代から純系分離によって固定品種の育成も行なわれ、一九三三年から一九三五年にかけて「新大和一～三号」、「旭大和」が育成された。第二次大戦直後は、戦前に発表された一代雑種品種の「富研」、「新都」、「新旭」、「旭都《きょくと》」などが一九五〇年から一九五一年に再発表されたが、やがて第二期の一代雑種品種の時代に入り、優良品種はすべて一代雑種品種となった。一九五〇年代の重要品種の大部分は「旭」、「都」、「富民」の血を引いていた。

大阪府農事試験場でも、一九二五年からナスとキュウリの一代雑種の研究が着手されていた。品種改良部には一九二七年から東京帝国大学農学科卒の江口庸夫《つねお》が赴任した。彼が岐阜高等農林学校教授として転出したあと、一九三〇年五月に熊澤三郎が着任した。熊澤は、江口の一代雑種の仕事を引き継ぎ、翌年から試験を開始した。一九三二年に「大仙節成《だいせんふしなり》二号」と「大仙毛馬《だいせんけま》一号」の組合せによる一代雑種が優れていることがわかり、「大仙毛馬節成」として発表した。ナス、スイカについで野菜として三番目の一代雑種の実用化であった。熊澤はまた大阪府立農事試験場で一九二〇年以来十四年にわたり代々の担当者が調査してきたネギの近交弱勢の結果をまとめて『農業及園芸』誌に発表した[16]。

熊澤が一九三三年五月に台湾の台北州農事試験場に新設された蔬菜《そさい》部に部長として転出したとき、後任となったのが伊藤庄次郎であった。伊藤はトマトの一代雑種品種の育成を行ない、一九三八年に「福寿一号」を、一九四〇年に「同二号」を世に出した。伊藤はその後、タキイ種苗に移った。一九三〇年ごろに安田貞雄が自家不和合性であるキャベツでも蕾《つぼみ》のうちに受粉をすると自株の花粉でも受精し種子ができることを発見した。伊藤はそれをキャベツとハクサイの一代雑種種子の生産に応用して、自家不和合性を利用した採種体系をつくり、一九四九年に「長岡交配ハクサイ一号」、一九五〇年に「長岡交配キャベツ一号」を育成した。後者は世界的な品評会のオール・アメリカ・セレクションズ（AAS）で銅賞を獲得した。

野菜類の一代雑種品種は、第二次大戦後急速に発展して、一九五一〜一九六〇年に発表された野菜の一代雑種品種は七種百九十八品種に達した。その九割をキュウリ、スイカ、ナス、トマトが占めた。

一代雑種品種は花卉でも利用された。坂田種苗では、一代雑種の大輪の百パーセント八重咲きペチュニア品種を一九三〇年から発売し、一九三四年にオールダブル（完全八重咲き）の品種「ビクトリア・ミックス」がＡＡＳ銀賞を受けた。ペチュニアで百パーセント八重咲き品種の種子を得る遺伝的方法は農林省農事試験場にいた禹長春《うながはる》が寺尾博の示唆で開発したもので、それを創業者の坂田武雄が企業化した。[17]

（三）トウモロコシ育種でのヘテロシス利用

昭和初期ごろまでに海外から日本に入ったトウモロコシには、二種類ある。一つは古く天正年間（一五七三〜一五九一）にポルトガル人により九州・四国方面に持ち込まれたフリント種であり、その後に関東周辺まで東進した。これはコロンブスがカリブ海地方からヨーロッパに持ち帰ったものに由来する。もう一つは、一八七〇年代に明治政府の北海道開拓史により導入された北米由来のフリント種とデント種である。前者は北海道に、後者は東北および関東地方に入った。トウモロコシは日本各地に適応し、在来品種が形成された。呼び名も地方によってさまざまで、農林省統計調査部がまとめた一九五一年の資料によれば、百二十六もあった。

日本ではトウモロコシ育種でのヘテロシス利用は遅かった。東京帝国大学の宗正雄《そうまさお》は一九二六年発行の『品種改良法』の「初代雑種の利用法」の節でトウモロコシの品種間交雑による一代雑種についてふれているが、紹介程度である。[18]

昭和に入り、飼料としてのトウモロコシの需要が高まり、それにともない輸入量が急増した。これに対処するため一九三七年に北海道、長野、熊本にトウモロコシ育種の指定試験地がおかれた。そこでは、米国での研究成果をみて一代雑種品種の育成が目標とされた。長野県農事試験場桔梗ケ原分場主任の山崎義人による一九三八年の育種計画書には、（一）国内外の材料の適応性評価、（二）一穂一列《いっすいいちれつ》法による優良な放任受粉品種の育成、（三）在来フリント種と米国デント種との交雑、（四）優れた品種間交雑の両親品種から選抜された自殖系統の利用による単交雑品種の育成などが提案されているという。[19]一代雑種の形をとった品種としては、一九四一年に「真交一三号」、一九四五年に「北交一三〇号」が発表されたが、農林登録されなかった。日本のトウモロコシ生産は明治末から第二次世界大戦直後の昭和二十四年まで、一アールあたり十五キログラムの収量レベルで停滞したままであった。とくに一九三五年以降は下降気味でさえあった。[20]

登録品種としての最初の雑種品種は、一九五一年に長野県農事試験場で育成された「長交一六一号」（在来品種×Reid's Early Yellow）と「長交二〇二号」（Wisconsin690×「愛媛大玉蜀黍一号」）である。これらは品種間交雑によるものであった。長野県では、この二品種および一九五四年の「交二号」、一九五七年の早生密植型の「交三号」などの普及により、トウモロコシの単位面積あたりの収量が急速に向上し、一九六〇年代には全国平均の二倍（一アールあたり約四十五キログラム）に達した。

一九五二年には北海道向けとしてトップ交雑による「北交一号」、「北交二号」、および複交雑による「複交一号」、「同二号」、「同三号」が登録された。単交雑の例は比較的少なく、北海道向けに育成された一九五七年の「ゴールデン・クロスバンタム」や一九六三年の「ゴールデン・ビューティ」が初期の品種である。

日本のトウモロコシ育種は、北海道方式と長野方式に代表される。前者では、米国などから導入されたデント種の自殖系統と、明治期に入り順化した米国由来のフリント種の放任受粉品種から選抜された自殖系統とを用いた複交雑品種が多く育成された。後者では、天正年間に渡来したカリビア型のフリント種と米国から導入したデント種を用いて、品種間交雑による一代雑種品種の作出が目標とされた。

米国から一九五二年に導入された細胞質雄性不稔系統 Wisconsin 690-290 ms を用いて、それに「愛媛大玉蜀黍《とうもろこし》一号」を組み合わせた一代雑種品種「交五号」が一九五九年に登録された。その後、「ジャイアンツ」、「交七号」なども育成されたが、日本でもごま葉枯れ病菌Tレースによる被害は甚大であった。

米国タマネギにおける一代雑種種子の生産

米国の野菜育種では、とくにタマネギで一代雑種育種が進展した。それに貢献したのはH・A・ジョーンズ（一八八九〜一九八一）である。[21] 彼はイリノイ州のディーア・パークに生まれ、十二歳のときに家族とともにネブラスカに移った。少年時代から父の農園で野菜の栽培や収穫の手伝いをさせられ、小学校教育も十分に受けられなかった。十六歳で父が亡くなり、長男として母を助けて農園を切り盛りした。洪水で野菜畑が流失したとき、知識の重要さを悟り、二十歳のときネブラスカ大学農学部付属の農業訓練校に入った。ここは中学レベルの学校であった。ネブラスカ大学を経てシカゴ大学で一九一八年に植物生理学で学位を得た。農務省臨時職員、ウエストヴァージニア大学準教授、メリーランド大学教授などを経て、カリフォルニア大学に移り、十四年間野菜園芸学を教えた。一九三二年には米国園芸学会会長となった。大学では彼の研究にあまり協力が得られなかったため、一九三六年に農務省に移り、そこで国のタマネギおよびジャガイモの育種計画を大きく発展させた。一九五七年六十八歳のとき種苗会社の研究所長になり、さらに九十歳まで二十二年間働いた。一九六三年にマンと著した *Onions and Their Allies* はネギ属栽培種についての古典となった。

一九二五年にジョーンズはデーヴィスにあるカリフォルニア大学のタマネギの圃場で市販品種 Italian Red の集団中に一本の変わりものを発見した。この株は、自殖では一粒も種子が得られなかったが、他の個体と交配するとたくさんついた。これは細胞質因子と劣性の核遺伝子に支配される雄性不稔であった。細胞質因子は不稔状態をS、正常状態をNと名づけられた。核遺伝子については不稔性ホモ接合を *ms/ms*, 正常を *Ms/*—と記号化された。この系統の発見が、タマネギの採種方式を一変させ、一代雑種育種が発展するきっかけとなった。ジョーンズはその後に雄性不稔の維持系統も発見し、米国では一九五二年から実用的な一代雑種品種が市販されるようになった。[22]

中国の稲作を変革したハイブリッド・ライス

トウモロコシのような他殖性作物だけでなく、イネやコムギなどの自殖性作物でもヘテロシスの現象が認められることは、早くから報告されていた。東京帝国大学農科大学教授の玉利喜造が早くも一八九一年に、「ゴールデンメロン」×在来無芒種の交雑で雑種第一代に雑種強勢が現れることを認め、これを育種に利用することを指摘している。トウモロコシでの成果に触発されて、一九五〇年代の後半から日本、米国、国際稲研究所の研究者が一代雑種イネの研究を進めてきたが、実用化には至らなかった。

イネにおけるヘテロシス利用育種は遅れてはじめた中国で大きく発展した。その功績は袁隆平《ゆあんろんぴん》（一九三〇～）（図6・5）に帰せられる。袁は、中国の北京で生まれ、一九五三年四川省《しせん》重慶《じゅうけい》にある西南農学院を卒業した。その後、湖南《こなん》省安江農学校で植物遺伝育種の教師として勤務した。一九八四年から雑種水稲品種の開発の総責任者として湖南雑交水稲研究中心主任（所長）に就任した。二十一世紀には人口が十六億人に達すると予想される中国にとって、一代雑種品種の普及による食料増産の成功は国家的な功績であり、彼は一九八一年に「国家発明特等賞」、二〇〇一年に「国家最高科学技術賞」を受けた。また国際的にも評価され国連世界知的所有機関（WIPO）の金賞を授与された。中国では「雑交水稲の父」とよばれている。

中国では一九五九年から一九六一年にかけて全土が干ばつと洪水に見舞われ、それに毛沢東の指令による大躍進運動の失敗という国内事情も加わり、農村は疲弊しきり、二千万人以上が餓死したと伝えられている。[23]袁の勤務していた農学校のある湖南省も例外ではなかった。干ばつに苦しむ農民の惨状を見て、彼は多収のイネ品種の開発を志し、一九六四年から農学校で一代雑種のイネ、すなわちハイブリッド・ライスの研究をはじめた。しかし、当時の中国ではミチューリン・ルイセンコ派の説が流行していたソ連の文献しか入手できなかった。また、イネは自殖性作物で雑種強勢がほとんどないと信じられていたため、誰もが彼の研究を無駄なことだと嗤った。ト

図6·5　袁隆平

ウモロコシと違って、花が小さくおしべとめしべが同じ花に共存し（両性花）、自家受粉するイネでは、農家に渡すべき大量の一代雑種の種子をどうやって生産するかという大きな問題があった。

しかし彼は細胞質雄性不稔を利用すれば、イネでも実用にかなう一代雑種品種を開発できると信じていた。イネにおける細胞質雄性不稔は、東北大学の勝尾清《かつおきよし》と水島宇三郎《うさぶろう》が野生イネのオリザ・ペレニスに日本の品種「藤坂五号」を戻し交雑した結果、一九五八年に最初に発見した。さらに一九六六年に琉球大学の新城長有《しんじょうちょうゆう》が、インド品種Chinsurah Boroと台湾品種「台中六五号」の交雑によって、細胞質雄性不稔系統、稔性を正常に戻す回復系統、雄性不稔を再生させる維持系統の三系統のセットの育成に成功した。

日本ではこれらの報告はあまり注目されなかったが、袁はこれに刺激されて、必死に中国国内で細胞質雄性不稔系統の探索をつづけた結果、ついに一九七〇年に中国南部の海南島の水たまりで彼の助手である李必湖が発見した。

この系統は、稈が匍匐《ほふく》性で、しなびた葯と不完全な花粉をもつ野生種（オリザ・スポンタネア）であった。花粉敗育型（雄性不稔）の野生稲の意味で「野敗」とよばれた。人工交配したところ数粒の種子がついた。一九七一年にこの発見が中国農業部に注目された。「野敗」の細胞質を栽培種に取り込むために、野生種を母親、優れた栽培品種「二九南一号」などを父親として交雑し、その後雑種個体を母親に栽培品種を父親としてくり返し戻し交雑が行なわれ、「野敗」の細胞質をもち核内遺伝子は栽培品種型に近い系統が育成された。戻し交雑世代を急いで進めるために、海南島や温室内での世代促進栽培が利用された。

一九七二年に湖南省萍郷農業科学研究所は最初の雄性不稔系統と維持系統を発表した。

さらにこれらの系統を母親として、中国国内の品種だけでなく、東南アジア、アフリカ、米国、ヨーロッパから導入された莫大な数の品種と交雑され、稔性回復力をもち雑種強勢が顕著に現れる組合せが求められた。その結果ついに雄性不稔細胞質をもつ「二九南一号」と国際稲研究所で育成されたIR24とを交雑すると安定した多収の一代雑種が得られることがわかり、一九七三年に一代雑種品種「南優二号」として発表された。一九七六年に大面積の栽培で二割の増収が確認された。これが、雄性不稔系統、稔性回復系統、維持系統から構成されるいわゆる三系法の普及のはじまりとなった。

一九七三年に湖北省で石明松《しーみんそん》が日本型水稲の「農墾五八号」の採種圃から雄性不稔の自然突然変異体を発見した。この個体は、二次枝梗《しこう》分化から花粉母細胞形成までの生育段階の日長が十四時間以上では雄性不稔となるが、十三時間四十五分以下になると正常な花粉が付くという特異な性質をもち、「湖北光感核不稔水稲」と名づけられた。このような環境によって稔性が正常になる環境感応性遺伝子雄性不稔の系統を利用すると、三系法で用いられるような維持系統や稔性回復遺伝子が不要となる。この新しい一代雑種イネの育成法は二系法とよばれた。

一代雑種品種の栽培はその後急速に広まり、一九九八年現在で千七百六十四万ヘクタール（中国におけるイネの全栽培面積の五十四パーセント）におよび、全収穫量の六十三パーセントを生産している。平均収穫高は一ヘクタールあたり六・六トンで、年間生産高は一・一億トンに達する。中国では二〇〇二年に二系法による最初の品種である「両優培九」が江蘇《こうそ》省農業科学院で育成された。一代雑種品種は中国のほかベトナム、インド、フィリピンなど、労賃が低くてしかも水田比率が高い国で奨励されている。

第七章

遠縁交雑による新作物の創出

分類学上の種や属が異なる植物間で交雑することを、遠縁交雑とか種間交雑という。遠縁交雑が行なわれるのは、次の二つの場合である。

一つは、近縁野生種から栽培種へ有用な遺伝子を導入したい場合である。通常の交雑育種では、たいてい両親は同じ種内の品種から選ぶ。しかし、改良したい形質によっては、目的の遺伝子をもつ品種が見つからない場合がある。そのようなときには、栽培品種だけでなく近縁野生種にまで対象を広げて、有用遺伝子を探索する。目的の遺伝子をもつ近縁野生種が見つかったら、栽培品種に何回も戻し交雑をしてその遺伝子を栽培品種に導入する。

もう一つは、新しい作物の創生である。遠縁交雑によって、両親とは異なる染色体構成をもつ、新しい種の植物を作出できることがある。この場合には、両親は、たがいに種は異なっても、ともに栽培種であることが多い。

種内の品種間で交雑する場合とは異なり、遠縁交雑では、受精が妨げられたり、受精しても幼胚が致死となったり、せっかく得られた雑種個体が不稔になったり、予期しない異常個体が分離したりする。遠縁交雑では、首尾よく品種が育成されるまでの道は平坦ではない。

十八〜十九世紀における遠縁交雑

(一) 初期の遠縁交雑

植物改良に遠縁交雑を利用した歴史は古く、十八世紀にさかのぼる。英国のケンブリッジ大学の教授であったT・フェアチャイルドが、一七一九年にアメリカナデシコ(*Dianthus barbatus*)にカーネーションの花粉を受粉して雑種を得たのが、記録に残る最初の試みである。しかし、当時は一六九四年のカメラリウスによる植物の性の存在についての報告に植物学者の関心が集中していた時代であったため、フェアチャイルドの成果は植物学者よりも園芸家の注目を引いた。バラ、チューリップ、ダリア、グラジオラス、アイリスなどの花卉を中心に無数のアマチュアによる交雑が家の裏庭などで行なわれ、数千もの品種が生み出された。これらの交雑には、遠縁交雑も多く含まれていたと考えられるが、残念ながら記録は残されていない。

(二) リンネ

「生物分類学の父」として知られるリンネ(一七〇七〜一七七八)は、遠縁交雑の先駆者でもある。彼はスウェーデン南部のスモランドの村ロシュルトで生まれた。ルーテル派牧師の父は熱心な園芸家でもあった。彼は幼時から父を通して植物に親しみ、「小さな植物学者」といわれた。牧師になる気のない彼は、一七二七年にルンド大学医学部に入った。当時は医学の教科に植物学も含まれていたからである。さらに高度な教育を求めて一七二八年秋にウプサラ大学に移ったが、当時、国の最高学府であったにもかかわらず、医学設備は粗末であった。彼は大学では、植物の収集と研究に集中してすごした。一七二九年にはウプサラ科学アカデミーによるラップランド地方への植物探検に加わった。

一七三五年からオランダに留学し、ハーデルウイーク大学から医学の学位を得たのち、ライデン大学へ移った。その年に故国から持ってきていた原稿をまとめて *Systema Naturae*（『自然の体系』）として刊行した。この書は、地球上の動物、植物、鉱物の三界についての整然とした階層的体系化を試みたもので、人為的であったがそれまでの分類よりも簡便で実用的であったため、社会に広く受け入れられた。初版から第十二版まで刊行され、第十版は動物の命名法の基準となった。一七三八年に帰国してストックホルムで医者を開業した。一七四一年ウプサラ大学に招かれて医学部教授となり、翌年、植物学教授および大学付属植物園の園長となり、亡くなるまで務めた。亜寒帯針葉樹林気候にあるウプサラは植生の貧しい土地であったが、彼の学生はニュージーランド、オーストラリア、南北アメリカ大陸、中国、日本、アラビア、アフリカなど、世界各地に渡って未知の植物を求めた。

彼は、一七五三年に *Species Plantarum*（『植物の種』初版）を発表し、雌雄ずい分類法を提唱した。これは花のおしべとめしべの数、およびおしべの状態で植物を分類したものであり、地球上の全生物について属名と種小名という二つのラテン語からなる名称をつける二名法がここに確立された。この書は一九五四年の *Genera Plantarum*（『植物の属』第五版）とともに、植物の学名命名の基準とされている。

彼は一七五七年にキク科バラモンジン属（*Tragopogon*）の *T. pratense* が開花したときに、早朝に花粉をこすりとり八時ごろに *T. porrifolius* の花粉をかけ、目印に萼《がく》として糸をつけておいた。秋になって種子がとれたので、別の場所でまいたところ発芽した。彼はこの雑種を *T. hybrida* と名づけた。一七五九年にこの雑種は基部が黄色で紫色の花弁をもつ花を咲かせた。彼は、その種子をとって、交雑の経過の記録とともに帝国科学アカデミーに報告した。

彼はこの種間交雑の成功に関連して、異種間交雑によって新しい野菜をつくることができるであろうと記している。また同じ属内の異なる種は、最初は種間交雑から生じた一個体に由来すると考えた。台所でみるブラシカやレタスの品種も同じように種間雑種で生まれたのであろうと述べている。彼は多くの品種が栽培地の土壌の違いで成立したという当時の考えには納得できなかった。また種は単なる分類単位でなく実在のものであり、また固定不変のものであると信じていた。しかし種間交雑によって新種のような植物が得られることを認めてから、種は不変という考えを捨て、種や属のあるものは天地創造の後で交雑によって生じたと考えるようになった。しかし、彼は終生、基本となる最初の種は神の創造になると信じていた。

(三) ケルロイター

ケルロイターは、セントペテルスブルクにいた一七六〇年に、タバコ属のパニキュラータ種とルスティカ種のあいだで交雑をし、七十八個体の雑種を得た[1]。交雑は正逆両方向で行なわれた。これが遺伝実験として作出された最初の種間雑種である。そのうち二十個体が屋内で開花した。これらの雑種の形質は両親の中間を示し、稔性は低かった。雑種個体の花粉が不稔になることが両親間で種が異なることの証拠とみなされるようになり、この識別法は「ケルロイター法」とよばれた。彼が次に行なったタバコ属のトランシルヴァニカ種とグルチノザ種との交雑では、一代雑種が著しく強勢となり、ヘテロシス現象を示した古典的例となった。彼はまた正逆交雑で雑種の形質が異なる例をジギタリスで発見した。またモウズイカ属で自家不稔の現象を認めた。彼はオシロイバナ、ダイアンサス、タバコ、モウズイカ属など十三属五十四種を含む交雑を行ない、計二百八十三もの種間雑種の作出に成功した。彼は交雑にあたって顕微鏡を用い、花粉の構造や形態の研究にも取り組んだ。ただし当時の顕微鏡は解像度が低かったため、花粉管を発見できず、受精現象についても誤った結論しか得られなかった。なお彼は、リンネの作成したバラモンジン属の雑種は、稔性が低くないことから判断して両親が分類学上近縁であったと考え、真の意味の種間雑種ではないと主張した。彼は「史上最初の遺伝学者」といわれる。

(四) ゲルトナー

ゲルトナー（一七七二〜一八五〇）（図7・1）は、ドイツ南西部ヴュルテンベルクのカロ村で生まれた。カロはケルロイターが働いた土地でもあった。かれの父ヨセフ・ゲルトナーはチュービンゲンおよびセントペテルスブルク大学の教授で、千以上の植物種の種子や果実の図譜をだした著名な植物学者であった。ゲルトナーは、イエナおよびゲッチンゲン大学の医学部で学び、一七九六年に学位を得たのち、故郷のカロ村で内科医となった。彼は人類生理学と植物生理学に興味をもち、とくに植物の性の問題を二十四年間研究した。一八四九年に出版した著書『植物界における雑種作出についての研究と観察』で、種間交雑を扱っている。彼は八十属七百種にわたる約一万種類もの交雑を行ない、三百五十の雑種植物を得ることに成功した。主な属にはタバコ属、ナデシコ属、マツヨイグサ属、バーバスカム属、ジギタリス属、シヨウセンアサガオ属などが含まれていた。彼は、当時まだ多くの植物学者が信じていなかった植物の性の存在を証明した。また、すでに先駆者によって明らかにされていた現象であるが、種間雑種における不稔、交雑におけるヘテロシス、自家不和合性、正逆交雑における稔性の差異などを確認し、植物の形態や行動について詳細な記録を後世に残した。

(五) ヘルベルト

ヘルベルト(一七七八〜一八四七)は、英国のカーナヴォン伯爵の息子として生まれた。彼はイートンおよびオックスフォードに学び、弁護士を目指したが、やがてそれを捨てて牧師の道を選び、マンチェスターの祭司長となった。

彼はスポーツを好み、文才もあったが、同時に植物に熱中し、花卉の改良のためにさまざまな種間雑種を作出した。彼は、雑種の稔性は、両親間の植物学的親和性よりも、気候や土壌などの環境条件によって異なると考えた。また、種間の区別はそもそも人為的で無意味なものであり、異種間の雑種といわれる植物が高い稔性をもつ場合には、むしろその両親が同じ種に属することを示していると指摘した。彼はケルロイターの業績を紹介した最初の英国人である。

図7·1　ゲルトナー

(六) 日本における遠縁交雑のはじまり

一八八九年には東京大学農科大学の玉利喜造が陸地

棉と在来棉のあいだで交雑を行ない早生化を計る実験に着手している。また、一八九二年にコムギとライムギおよびオオムギとライムギの属間交雑を行ない後代を得ている。一九一五年ごろから滋賀県農業試験場でアブラナ科の西洋ナタネと和種ナタネとの種間交雑が行なわれた。庄内地方の民間育種家であった工藤吉郎兵衛《きちろうべい》は、一九二四年にイネとエンバク、イネとパールミレットの交雑を行なった。当然ながらこの異属間交雑は不成功に終った。遠縁交雑に関する論文としては、池野成一郎（一九一八）によるヤナギ属の研究や木原均《ひとし》（一九一九）のコムギとライムギの属間雑種の研究がある。

遠縁交雑における形質の遺伝

遠縁交雑は、十九世紀後半から二十世紀にかけてますます多くの植物で試みられた。二十世紀初頭には、メンデルの法則の再発見がきっかけとなり、遠縁交雑よりも種内の品種や系統間の交雑を行ない、形質の遺伝様式を解析することが多くなったが、それらが一段落ついた一九一〇年代半ばごろから再び種間雑種の研究が盛んに行なわれるようになった。

当初メンデルの法則は品種間の交雑でだけ成り立つもので、種属間の雑種では異なる遺伝様式を示し、雑種はしばしば固定すると考えられた。しかし、両親の染色体数が同じで、雑種第一代の稔性が正常な場合には、種属間雑種における形質の分離もほとんどの場合に品種間交雑と同様になることが認められるようになった。

たとえばモールは、スペルトコムギとパンコムギの雑種第二代では、スペルト型と非スペルト型の穂形をもつ個体が三対一または一対二対一の比で分離することを認めた。イーストは一九一六年にタバコ属で黄色花粉をもつアラタ種と青色花粉のラングスドルフィ種を交雑し、雑種第一代個体の花粉は青色で、第二代では青色花粉の個体と黄色花粉の個体が三対一で分離すると報告した。ドイツの育種家バウルは、一九二二年にキンギョソウ属の種間交雑を行ない、メンデルの法則どおりの分離をする遺伝子を四十個報告している。その際、劣性遺伝子のほとんどは野生種よりも栽培種のほうに含まれていることを示した。

一方では、全体的あるいは器官の形態について雑種第一代と両親とを比較する研究もつづけられた。その歴史はレンナー（一九二九）のレビューに詳しい。[2] 一九二一年のイーストによるタバコ属における草姿と花形、一九二七年のナワシンによるクレピス属の莢形、および東北帝国大学の田原正人《まさと》と下斗米直昌《しもとまいなおまさ》によるキクの葉形などについて、種間雑種と両親の違いが図示されている。

遠縁交雑における細胞遺伝学研究のはじまり

一九三〇年代に入ると、栽培植物の近縁種についての細胞遺伝学的研究が盛んになり、種の体細胞での染色体数や減数分裂期での染色体対合、種間雑種の後代での染色体の伝達様式などが調べられた。

とくに一九三五年の木原均による「ゲノム分析」の原理の発表によって、異なる種間の進化上の類縁関係をゲノム分析法によって解析する研究がなされるようになった。育種の世界でも、類縁関係を調べることは交雑の難易や遺伝資源の利用上重要であり、コムギ、ジャガイモ、アブラナ、トマト、タバコ、イネなどで研究がはじまった。

コムギでは坂村徹によりマカロニコムギ×パンコムギなどの四組合せの種間雑種がつくられ、その仕事を引き継いだ木原均により染色体の伝達様式が調べられた。イネでは盛永俊太郎がオリザ節に属する多くの種間で雑種をつくり、A、B、C、Dゲノムを識別した。[3]

以下に日本で展開されたアブラナ属の話に絞って述べる。アブラナ科における種間交雑の研究は、栽培種間の交雑からはじまった点で、主として栽培種と近縁野生種との交雑が行なわれたイネやコムギなどの場合と異なる。

(一) 盛永俊太郎《もりながとしたろう》によるアブラナ属の研究

日本におけるアブラナ属の研究は盛永俊太郎(一八九五〜一九八〇)(図7・2)にはじまる。盛永俊太郎は、富山県魚津市上野方村に生まれ、魚津中学(現在の魚津高校)および第四高等学校を卒業したのち、東京帝国大学農科大学農学科に入った。駒場の農学科から文京区小石川にあった植物学科の藤井健次郎の教室に行き、染色体の研究で理学博士を与えられた。一九二一年十二月に同大学院を満了し、ただちに九州帝国大学助教授となった。作物の生理および育種研究のため米国、英国およびドイツへ二年間留学し、さらに一年間私費で滞在した。一九二五年十二月に帰朝後、翌年一月に教授となり、農学部農学第一講座を担任し、育種学と作物学を講じた。当時の大学教授には、学内会議や書類作製に忙殺されることなく、研究に専念できる環境があった。盛永は朝早くから夜遅くまで研究室にこもって顕微鏡観察をつづけた。やがてそこからイネ属とアブラナ属の細胞遺伝学的研究の大きな成果が生まれた。教室には、助手の福島栄二、雇員の栗山英雄、学生の山崎義人などがいた。

第二次世界大戦後、農業を研究面から支え発展させるにふさわしい人材として農林省に請われて寺尾博の後を継ぎ、一九四六年四月に第五代農事試験場長に就任した。大学教授のままの兼任であった。当時そこは諸官庁の中でも最も急進的な思想の持ち主が多かった。彼は研究者の自主性を発揮させるために、従来の部長の直接指揮下で研究を進める大部制を改めて研究室制度を定めたり、企画室を設けるなど、組織を刷新した。大部制のもとでは、部長以外の研究者は独自のアイデアがあってもそれを実験できず、すべての成果は部長名で発表されて終わることが多かった。産業省の研究所では、論文などによる研究発表よりも成果の社会的波及効果が重視され、研究成果は個人ではなく組織の業績であると評価された。優れた部長が指導すれば、部全体が一枚岩となって大規模な研究を遂行できる利点はあったが、一方では「一将功成り万骨《ばんこつ》枯る」の感は否めなかった。「農民から信頼され、世界の農学者に尊敬されるようにならなければならない」というのが、盛永が就任直後に所員に示した指針であった。

図 7·2　盛永俊太郎

盛永は一九四六年から三年間茶業試験場長を兼任した。一九五〇年に進駐軍の指導による全国の農業機関の機構改革が行なわれ、それにより農業技術研究所生理遺伝部長となった。一九五一年三月に九州大学教授を退職し、一九五四年七月に農業技術研究所長となり、一九六一年まで務めた。所の研究は活性化し、各部に対応した八シリーズの研究報告が出版されるようになった。また一九五一年に発足した日本育種学会の初代会長として、学会の発展に尽力した。専門とする遺伝学および育種学だけでなく、稲作の歴史、地理、文化に広い関心をもちつづけ、民俗学者の柳田国男らとともに稲作史研究会を創設し、その成果を『稲の日本史』（一九五六、一九五七）としてまとめた。

盛永は一九二五年から、アブラナ属の種間交雑を行ない、雑種第一代の減数分裂期における染色体の対合を観察して、種の類縁関係を調べた。洋種ナタネまたは朝鮮種ナタネの *Brassica Napella*（のちのナプス *B. napus*）は当初カルペンチェンコにより $n=18$ とされ、欧州の研究者はこれを支持していたが、$n=19$ が正しいことが盛永により確認された。

ナプスと $n=10$ であるハクサイ、時無カブ、白茎タイサイ、ミズナとの雑種第一代では、十個の二価染色体と九個の一価染色体が観察された。これを普通記号で $10_{II}+9_{I}$ と表す。二価染色体はナプスからの十本と、$n=10$ の植物からの十本の染色体とからなり、一価染色体は残りのナプス染色体に由来することが推定された。つまりナプスの染色体中の十本は $n=10$ の植物のもつ十本の染色体と相同であることがわかった。同様に、$n=18$ のカラシナ（*B. cerna*）と $n=10$ の植物とを交配した雑種第一代では、十個の二価染色体と八個の一価染色体が観察された。さらにナプスとカラシナとの雑種第一代では、減数分裂期に十個の二価染色体（対合している染色体）と十七個の一価染色体（対合しない染色体）が観察された。これは記号で $10_{II}+17_{I}$ と書く。十個の二価染色体がみられることは、ナプスとカラシナはともに $n=10$ の植物と相同の染色体を十本もつことを示し、一価染色体は、残りの十七本の染色体がたがいにゲノムが異なることを表す。

以上の結果から、アブラナ属にはA、B、Cの三種のゲノムがあり、それぞれ十、八、九本の染色体からなると推測された。盛永は、アブラナ属には AA、BB、CC の単ゲノムをもつ三つの二倍性種と、これらの種間の交雑から生じた $AABB$、$BBCC$、$AACC$ の二つのゲノムセットをもつ三種類の複二倍体が存在すると考えた。ただし、$n=17$の植物のゲノムについては証拠を欠く推測にとどまった。また$n=8$および$n=9$の単ゲノム種と、二ゲノム種との関係もまだ明らかではなかった。

(二) アブラナ属種間の類縁関係と禹の三角形

盛永の考えが正しいことをより詳細な実験で証明したのが、禹長春《うながはる》（一八九八～一九五九）である。禹は、日本に亡命した旧韓国軍人の父と日本人母との長男として、東京の本郷に生まれた。一家は小学校入学までに広島県に移った。彼が五歳のとき父が暗殺された。そのいきさつは角田房子《つのだふさこ》の書に詳しい。[4] 一九一六年に県立呉中学を卒業したとき、数学が得意であった彼は、京都帝国大学工学部を目指し高等学校進学を希望した。しかし、学費を受けていた朝鮮総督府《そうとくふ》の指示で、一九一六年に東京帝国大学農科大学実科に入った。

一九一九年に卒業後、東京都北区にあった農商務省西ケ原農事試験場に雇《やとい》として就職し、翌年には技手となった。遺伝の実験材料として当時よく使われていたアサガオを研究し、二十四歳のとき第一報を遺伝学雑誌に発表した。

一九二六年に新設された寺尾博を主任とする農事試験場鴻巣《こうのす》試験地に転勤した。百パーセントの個体が八重咲きとなるペチュニア系統の作出に成功し、結果を一九三〇年に博士論文にまとめたが、提出を明日に控えて漏電による本館の火災で資料とともに焼失してしまった。鴻巣でナタネ研究室長となった彼は、ナタネの品種改良とアブラナ属の野菜の遺伝学的および細胞遺伝学的研究に取り組んだ。それには当時室員であった永松土巳《つつみ》と水島宇三郎の多大な協力があった。その結果、早生少収で病害に弱い和種ナタネと多収ながら晩生の洋種ナタネを交雑し、ナタネ「農林一号」が育成された。また研究成果を一九三五年秋に「種の合成」と題する博士論文にまとめた。

一九三七年三十九歳でタキイ種苗株式会社に移り、京都府乙訓《おとくに》郡にある長岡試験農場の初代場長となった。そこでは野菜の採種上で重要な不和合性の研究をつづけた。終戦直後の一九四五年九月にタキイ種苗を辞し、一九五〇年三月に韓国に渡り、韓国農業科学研究所（のちの中央園芸技術院）の所長として、ハクサイ、ダイコンなどの野菜の改良に力を尽くした。

禹の実験では、$n=8$のクロガラシ（*B. nigra*）、$n=9$のキャベツ類（*B. oleracea*, 三変種）、$n=10$の和種ナタネ（*B. campestris*, 十一品種）とタイサイ（*B. chinensis*, 一品種）、$n=17$のアビシニアカラシ（*B. carinata*, 二変種）、$n=18$のタカナ（*B. juncea*, 一品種）、$n=19$のナプス（七品種）が材料として揃えられてから実験が開始された[5]。七種類の種間交雑が一九二九年から五年間鴻巣試験地で精力的に行なわれた。

その結果を総合して、禹はアブラナ属の種の類縁関係を要約した図を提示した。それはその後、「禹の三角形」とよばれた。

近縁野生種の評価と探索収集

コムギとライムギの交雑や、アブラナ属の種間交雑のように、栽培種間の交雑は十九世紀終りからすでに試みられていたが、交雑育種において野生種を交雑親にも用いて野生種のもつ有用遺伝子を栽培種に取り込もうとする考えは、必ずしも早くから広い賛同を得ていたわけではない。米国のH・V・ハーランは二十世紀前半に活躍したオオムギの育種家であるが、彼は「なぜ野生種を育種に用いないのか？」と問われて、「野生種を使わなければいけないというのなら、育種家を猿と交配したまえ。交配をするのに四本の手が使える便利な育種家ができるだろう」と言い返した。人類は数千年を費やして野生種からいま見る栽培種を選抜してきた。なぜいまさら太古の昔に戻って、栽培種というすでに得られた宝を失うのか？本当になぜなのか。H・V・ハーランのこのような考えは、当時は例外ではなかった。

しかし一方では、二十世紀初頭に野生種が病害抵抗性をはじめ種々の有用な遺伝子をもつことが知られるようになり、それをどうにかして栽培種に導入して、品種改良に役立てたいとする育種家の願いも強くなってきた。遠縁交雑が主要な改良手法として用いられた最初の作物の一つはジャガイモである。とくに一八四五年にアイルランドで起こったジャガイモ疫病による大飢饉は、抵抗性遺伝子を近縁種に求めるきっかけとなった。ソ連では全ソ植物生産研究所の学術探検隊のブカソフらが中南米で収集した野生種を用いて、広く種間雑種がジャガイモ農業研究所で開始され、一九三三年に栽培種（*Solanum tuberosum*）と野生種（*S. demissum*）の交雑から疫病抵抗性品種が育成された。そのほか、トマトでは一九一五年にクレインにより栽培種（*Lycopersicon esculentum*）と野生種（*L. peruvianum*）の交雑が、また一九三三年にアフィフィにより栽培種と野生種の *L. pimpinellifolium* の交雑が行なわれた。牧草では一九三〇年にニルソンによりウシノケグサ属（*Festuca*）とドクムギ属（*Lolium*）の属間雑種についての細胞遺伝学的研究がはじまり、やがて育種的利用に目的が移っていった。

戻し交雑による異種遺伝子の導入

同種内の品種間雑種の作出に比べればずっと困難ではあるが、比較的近縁の種間では、交雑と選抜という通常の育種操作だけで近縁野生種のもつ遺伝子を栽培種に移すことができる。選抜の過程で野生種のもつ有用形質に関与する遺伝子以外は栽培種に入れないようにするため、雑種個体に何代も栽培種を連続して戻し交雑して、選抜系統の目的遺伝子以外の遺伝的背景を栽培種にできるだけ近づけることが行なわれる。その際、有用形質の選抜が容易に行なわれるためには、それが優性形質であることが望ましい。

マックファーデンは、一九一六年に栽培エンマーコムギ（*Triticum dicoccum*）の系統 Yaroskav を母親として、硬質赤コムギの品種 Marquis の花粉をかけて、一個体だけ雑種第一代を得ることができた。これは生育旺盛で無芒であること以外は母親に似ていた。この交配はもともと、野生種間の交雑から栽培種が生まれたという考えを実証するための実験の一環として行なわれたものであった。次代は約百個体得られた。第四代では四千~五千個体となった。一九二一年に六系統が選抜され、そのうちの一系統がのちに、栽培エンマーコムギの黒さび病抵抗性が導入されたコムギ品種 Hope となった。[6]

通常のタバコの栽培種（$2n = 48$）は、タバコモザイク・ウイルス（TMV）に対してクロロシス（白化）を示すのに対して、グルチノザ種（$2n = 24$）はネクロシス（壊疽《えそ》）という過敏反応を表すことにより抵抗性をもつことが一九一〇年代から知られていた。米国ロックフェラー医学研究所のホルムズは、そのネクロシス反応の遺伝を調べるために栽培種とグルチノザ種の雑種第一代を作成した。[7] しかし、三年にわたり温室や圃場で栽培したが、雑種個体は自殖でも交配しても種子がつかなかった。そこでカリフォルニア大学のクラウゼンに頼んで、彼らが作成した複二倍体（*Nicotiana digluta*）を譲ってもらった。この複二倍体に栽培種を交雑した雑種第一代に、さらに栽培種を四回連続して戻し交雑し、ネクロシス反応による抵抗性の分離を調べた結果、優性の単一遺伝子（*N*）に支配されることがわかった。彼は、複二倍体にタバコ品種 Samsoun を戻し交雑して、さらに自殖した第三代で抵抗性の品種 Holmes Samsoun を育成した。ホルムズの実験に触発されて、タバコでは野生種のもつ病害抵抗性などの有用形質を栽培種に導入する育種が大規模にはじめられた。

イネでは、育種に用いられた種間交雑の例は多くない。インドで収集されたニヴァラ種（$2n=24, AA$）の一系統がグラッシー・スタント・ウイルスに強い抵抗性を示すので、国際稲研究所では IR8, IR20, IR24 などの品種をニヴァラ種に数回戻し交雑し、多くの抵抗性品種が一九七四年以降に育成された。イネ属には栽培種と自由に交雑する近縁種が多いが、栽培種（$2n=24, AA$）の A ゲノムを含む自然の複二倍体は知られていない。

農林省農業技術研究所（平塚）の渡辺好郎は、栽培種の A ゲノムと近縁野生種のゲノムをあわせもつ新しい種類のイネをつくるために、四倍性または六倍性の複二倍体を多種類作出したが、それらはすべて完全不稔であった。

イネでは栽培種の中にインディカ（インド型）とジャポニカ（日本型）という亜種が存在する。インディカのもつ病虫害抵抗性などの有用形質を日本のジャポニカ品種に導入するために、亜種間交雑が育種でしばしば行なわれる。日本で積極的にインディカを交雑親に使うようになったのは、一九四〇〜一九四四年のことであり、中国の「荔支江（れいしこう）」や「杜稲（とうとう）」、フィリピンの Tadukan, インドの Tetep などが利用された。

シアーズによる染色体転座利用の異種遺伝子の導入

栽培種と近縁野生種とのあいだに雑種がつくれても、野生種の有用遺伝子を栽培種に簡単に移せるわけではない。種間のゲノムの違いが大きいほど、減数分裂期における染色体の対合《たいごう》が起こりにくく、染色体乗換えによって野生種の遺伝子が栽培種に導入されることは期待できなくなる。そこで染色体工学的な手法が必要となった。その一つの手法として、まず異種の染色体を添加した個体を作出して、その植物体、花粉、種子にX線などの電離放射線を照射することにより、染色体に転座を起こさせ、目的の染色体部分を栽培種のゲノムに移行させることが行なわれた。このような染色体添加系統は、一九五〇年代半ばまでにコムギ属やタバコ属で作成が成功していた。

地中海起源の雑草であるエジロプス（*Aegilops umbellulata*, CuCu）は、コムギの近縁種で、七対の染色体をもつ。外観はコムギとは似ていないが、コムギをおかす赤さび病に抵抗性をもっている。しかしこの性質をコムギに導入したいと考えても、両者はたやすく交雑しない。そこで米国ミズーリ大学のシアーズは、まず四倍性の野生エンマーコムギ（*Triticum dicoccoids*, $2n = 28$, AABB）とエジロプスの交雑に由来する赤さび病抵抗性の複二倍体（$2n = 42$, AACCCuCu）を作成し、これを橋渡しの植物として、これにコムギの品種 Chinese Spring を交雑した。その雑種代一代から稔性の高い個体を選んで、さらにもう一回 Chinese Spring に交雑したうえで、赤さび病菌のレース9とレース15を混合接種して、抵抗性個体を得た[9]。

エジロプスの染色体はコムギ由来の染色体と識別できたので、染色体構成にもとづいた選抜が行なわれた。これらの個体の細胞では、エジロプス染色体が二本から最大九本まで混在していた。そこで二本のエジロプス染色体と一本のD染色体をもつ個体（20ⅱ＋3ⅰ）を選んで、パンコムギを母親にして戻し交雑した結果、抵抗性をもつ個体が五つ得られた。これらは減数分裂期の対合が20ⅱ＋3ⅰ、20ⅱ＋2ⅰ、または21ⅱ＋1ⅰで、いずれもエジロプス由来の一価染色体を一本以上もっていた。抵抗性遺伝子をもつある特定のエジロプス染色体が必ず含まれていることが推測された。この染色体があると、さび病抵抗性だけでなく早生にもなった。しかし稈や穂が短く、稔性も低くなるという悪影響も避けられなかった。そのためエジロプスの染色体が一本まるごとコムギ染色体に共存していたのでは、品種になる望みはなかった。有用遺伝子が乗っている染色体部分だけを栽培種の染色体に取り込むことが必要であった。それには染色体の転座（染色体部分が他の染色体に移ること）という現象を人為的に起させるのが有効である。もしさび病抵抗性が単一の遺伝子か密に連鎖した少数の遺伝子によって支配されていて、しかも染色体の末端にあるならば、エジロプスの染色体とコムギ染色体とのあいだの一回の相互転座だけで、前者の必要な部分だけをコムギ染色体に取り込むことができる。しかし遺伝子が動原体の近くにある場合には、目的部分だけ移すのには二回の切断が必要な介在型の転座でなければならない。この場合には、転座部分が大きいものを淘汰することが必要である。なおコムギは六倍性植物であるので、染色体の一部が転座によって失われても影響が少ない。

そこでコムギの染色体を全部もち、21ⅱ＋1ⅰの個体を選び、自殖で増殖して子の百十九個体に赤さび病菌の二レースを接種したところ、三十個体が抵抗性であった。とくに一個体はエジロプス染色体の長腕を動原体の両側にもつ等腕染色体を含んでいたので、これを選んで減数分裂期直前に十二・五グレイから三十一・二五グレイのX線を照射した。処理後にその花粉をChinese Springに授粉した。処理個体を花粉親としたのは、それにより転座部分が大きく遺伝的に障害のある花粉は受精競争に負けて次代に伝達されにくいと考えたためである。得られた雑種個体にレース9を接種して六千九十一個体中、百三十二個体の抵抗性個体を得た。そのうち四十個体がエジロプス染色体をもたず、転座により抵抗性遺伝子がコムギのゲノムに移ったと考えられた。介在型の染色体転座をホモ接合でもち、赤さび病に高度の抵抗性を示す個体が見いだされ、のちにTransferと名づけられた。

交雑障壁克服のための培養法の発展

植物での組織培養の技術が進歩すると、困難の多い遠縁交雑に応用して雑種を得ようとする試みがいろいろとなされるようになった。種子親から花器官の組織を切除して花粉管が胚のうに達するようにする操作を試験管内受精という。柱頭中に花粉管が侵入しないか、侵入しても花柱内で花粉管の伸長が抑えられる場合に、その交雑障壁を回避する方法として試験管内受精を利用できる。試験管内受精では、胚珠を受精から種子の完熟まで無菌的に培養しなければならない。インドのカンタとマヘシュワリはケシ科植物とタバコ属で、未受精子房から胎座をつけたまま胚珠を切り出してニッチの培地上に置き、それに花粉をふりかけると十五分で発芽して、花粉管が珠孔《しゅこう》から胚珠に直接入って受精が行なわれることを示した。この結果は、受精には必ずしも柱頭が必要でないことを示した[10]。

植物では受精後に胚珠が成長して胚を経て種子となる。受精後交雑障壁としては雑種胚の発育停止が最も多い。胚の発育停止は種間の近縁度に応じて種々の発育段階で起こる。受精後の交雑障壁によって、通常では種子にまでならない胚を種子から切り取って人工培地上に置き、培養によって発育を助けて雑種個体を得ることを胚救助という。胚救助には、交雑障壁が胚の生育のどの段階で発動するかに応じて、子房培養、胚珠培養、胚培養などの方法が用いられる。はじめて成功したのは、一九二五年のライバッハ[11]によるアマ属での実験である。

遠縁交雑による複二倍体の作出実験

コムギ属の種は、配偶子の染色体数（n）で分けると、七、十四、二十一の三種類がある。同様にバラでは七、十四、二十一、二十八の四種類、キクでは九、十八、二十七、三十六、四十五の五種類に分けられる。もし、染色体の増加が倍加だけで行なわれるとすれば、染色体数の系列は幾何級数的になるはずであるが、実際には算術級数的である。これは染色体数の異なる種間でまず雑種ができてから、つぎに染色体の倍加が生じるためとされる。たとえば体細胞染色体数が$2n_1$の種と$2n_2$の種との交雑で、まず染色体数が（n_1+n_2）の雑種ができ、その染色体倍加により$2(n_1+n_2)$の新しい安定した種が生まれると考えられる。ここで$n_1=7, n_2=14$とすれば、新しい種は$2(n_1+n_2)=42$の体細胞染色体数をもつことになる。これは倍加だけでは得られない染色体数である。

遠縁交雑の雑種第一代植物では、両親の染色体間で相同性が低いため減数分裂期に安定した対合が生じにくいが、その雑種第一代の染色体を倍加すると、倍加された染色体間で対合が生じるため、稔性のある植物が得られる。自然界ではこのようにして安定な倍数性種が誕生したと考えられる。この考えは一九一七年にデンマークのウインゲにより提示され「ウインゲの仮説」といわれる。当時は第一次世界大戦の中で海外からの科学的情報も途絶えていたため、ウインゲ自身はそのような植物の例をあげることはできなかった。

しかし、ロンドンのキュー植物園で長いあいだ栽培されてきた不稔の種間雑種サクラソウ属の *Primula kewensis*（$2n=18$）から、ある年突然に稔性のある枝変わりを生じた。その枝から得られた子孫を調べると、染色体数はまさに $2n=36$ の倍数体であった。また一九二五年にカリフォルニア大学のクラウゼンとグッドスピードは、ウインゲの仮説を実証するために、タバコ属でグルチノザ種と栽培種との交雑を行ない二個体の雑種を得た。これは草丈が低く、葉は小さく、分枝は少なく、ひ弱であった。稔性も非常に低かった。しかし、それを自殖して得られた六十五個体の雑種第二代は、均一で稔性が高かった。[12]

スウェーデンのミュンツィングはチシマオドリコ属（*Galeopsis*）の *G. pubescens*（$n=8$）× *G. speciosa*（$n=8$）の交雑から、雑種第二代で $2n=24$ の三倍体植物を一個体得た。この雑種個体に *G. pubescens* の花粉をかけて戻し交雑したところ、次代で $2n=32$ の四倍体が得られた。この個体は、稔性が高く、減数分裂も正常であった。四倍体は自然にある四倍性種の *G. tetrahit* と形質がよく似ていただけでなく、容易に交雑した。[13] これは自然にあるリンネ種が人為交雑と染色体倍加によって合成された最初の例とされている。

一九三七年に染色体倍加剤としてのコルヒチンがブレイクスリーらにより発見されたことから（第八章参照）、人為的に倍数体を容易に作出できるようになった。ウインゲの仮説にもとづいて新しい種を作出する道が開かれた。両親の明らかな異質倍数体を複二倍体といい、コルヒチンを用いて遠縁交雑の雑種第一代を倍加して新しい種を作出する育種法として、amphidiploid breeding（複二倍体育種）という語も使われるようになった。一九三六年ごろには約四十例しか知られていなかった複二倍体は、五年後にはすでに百種類が作出された。

人間がつくった新作物ライコムギ

コムギ、エンバク、タバコなど、自然界では種間交雑によって生まれた植物で作物として利用されているものが少なくない。そこで品種改良事業の一環として、人為的な種間雑種により、新作物を作出しようとする試みがなされるようになった。とくにコルヒチンの発見をきっかけに、複二倍体の作出が急速に広まり、一九五〇年代には三十五属で二百五十種類以上の複二倍体が報告された。しかし当初期待されたほど実用に耐えるような新作物は作出されず、その例は多くはない。現在までに、主なものとして、ライコムギ、飼料ナタネCO、ハクラン、雑種ライグラスなどが知られている。今後は、飼料作物、薬用植物、園芸植物の改良に有効であると期待される。ここでは、ライコムギについてのべる。

ライコムギは人間がつくった最初の新作物である。その研究の歴史は十九世紀にまでさかのぼる。一八七五年にスコットランドのアマチュア植物学者A・S・ウイルソンが自家の温室でパンコムギのめしべにライムギの花粉をかけてみたところ、種子が稔り、それをまくと二個体の雑種が得られた。彼はこのことを、エジンバラで開かれた植物学会で植物の穂を示しながら報告した。その結果は *Trans. Proc. Bot. Soc. Edinburgh* 誌に翌年掲載された。ただし作出されたライコムギの図はなかった。それに彼の雑種個体は種子を一粒もつけなかったので、一代で絶えてしまった。

米国のカルマンは新聞 Rural New Yorker の編集長であったが、同時に育種家でもあり、ジャガイモやコムギの品種改良を行なった。コムギについては、最初は純系分離、つぎに春まき性から秋まき性への改良、交雑育種、最後にライムギとの遠縁交雑を試みた。一八八四年八月三十日の自社の新聞に、編集長自

図 7·3　カルマンの作出したライコムギの穂

らが作出したコムギ・ライムギ雑種の図が掲載された（図7・3）。交配は一八八三年に行なわれた。コムギの品種 Armstrong の穂が止葉《とめば》から顔を出した日におしべを取り去り、それから何日もくり返し同じ穂にライムギの花粉をかけつづけた。そして十粒の不完全な種子が実った。彼はこれを増殖して系統として、名前をつけて興味をもつ人々に配った。ただし、真正の雑種はそのうちの一系統だけであった。種子は当時の遺伝資源として保存もされた[14]。

一八八八年にドイツのシュランシュテッドにいた育種家リムパウは、部分的に稔性のあるライコムギを自然交雑で一個体得た。

日本でも一八九三年に玉利喜造がコムギ在来品種「白笑出《しろえみだし》」を母親として、これにライムギの花粉を受粉し、結実させることに成功した。彼は一八九五年四月の農学会大会でこれを報告した。この遠縁交雑はその後もつづけられ、穂はライムギより短いがコムギより長く、やや晩生で発育よく稔性の高い個体を得て、これをライ雑種とよんだ。

不思議なことに莫大な数の花に交配をしても、コムギとライムギの雑種はめったに得られなかったのに、自然交雑で生じた雑種の例が報告された。一九一四年に米国農務省のアーリントン実験農場で、中国から導入されたコムギの畑でライムギとの自然交雑による雑種が三個体も発見された。

もっと劇的なことが一九一三年にソ連南東部に設立されたサラトフ農業試験場で起こった。一九一八年にコムギの秋まき性品種の圃場で数千個体ものコムギとライムギの雑種個体が発見された。これはコムギの試験区間を区切るために境界に植えられていたライムギの花粉が、早生のコムギの穂にかかり自然交雑して生まれたものであった。雑種は雄性不稔で自殖はできなかったが、自然交雑で種子がついた。それらの種子は、コムギかライムギの花粉がかかった自然の戻し交雑によって得られたものであった。所長マイスターは、雑種の重要性にすぐ気がついて、所をあげてその研究に取り組んだ。これがライコムギの科学的研究のはじまりであった。やがて両親の中間の形態をもちながら自殖が可能で稔性が高い植物が得られた。これらはレヴィツキーとベネツカヤの細胞学的調査から染色体数が五十六の八倍体で、そのゲノム構成はAABBDDRRで表される。この複二倍体をコムギの属名*Triticum*とライムギの属名*Secale*を合わせてTriticale（トリティカーレ）とよんではどうかとチェルマクが提案し、一九三五年から論文で使われるようになった。日本ではライコムギとよばれた。

ウイルソンやカルマンが人工交雑しても容易には成功しなかったコムギとライムギの交雑が、自然に、しかも大量に起こったのはなぜかという疑問は、一九一六年にライムギと容易に交雑できる品種Chinese Springの発見で解明されることとなった。パンコムギおよびマカロニコムギのほとんどの品種は、ライムギとの交雑を妨げる二つの優性遺伝子5B染色体上のKr_1と5A染色体上のKr_2をもつが、Chinese Springのように両遺伝子について劣性ホモ接合の品種はライムギと自由に交雑することがわかった。

ライコムギの育種的改良はスウェーデンの遺伝学者により一九三二年から着手された。細胞遺伝学的調査は、主にスウェーデンとドイツで行なわれた。日本では、香川冬夫がクラブコムギ（*Triticum compactum*, AABBDD）とライムギの雑種第一代にクラブコムギを戻し交雑し、以後自殖してライコムギを得たことを一九三九年に報告している。

一九三七年にコルヒチンが発見されたことがきっかけとなり、ソ連、スイス、フランス、ブルガリアなどでも研究が展開された。コルヒチンを使えば、不稔のコムギ×ライムギ雑種の染色体を倍加して、減数分裂での染色体対合を正常化させ、稔性のある植物を得ることができる。もう稔性個体が自然に出現するのを待つ必要はなくなった。ミュンツイングは早速一九三八年にコルヒチンを自分が交配してつくった雑種に処理して、稔性をもつライコムギを得ることに成功した。それは遠見にはコムギに似ていたが、近くでみると種子の下に毛があり、穂は長く垂れ、芒が長く、コムギに少なくライムギによくある特徴をもっていた。コムギともライムギとも異なる新しい作物であった。なおライムギは他殖性であるが、ライコムギはコムギと同じ自殖性であった。

八倍性ライコムギは、耐寒性があり、痩せた土地でもよく育ち、早熟であった。種子は大きく、タンパク質含量が高く、製パン性も優れていた。欠点は、部分不稔があること、種子にしわが生じること、成熟時に種子が穂の上で発芽してしまうことであった。品種改良によってこれらの欠点はしだいに軽減され、一九五〇年までにはパンコムギの収量の九割に達する多収のライコムギが作出された。しかし、品種にまではならなかった。

唯一農家の栽培に供されたのは中国で、一九七三年から南西部にある標高千八百～二千六百メートルの雲貴高原《ユンコイ》で栽培されるようになった。この地は寒く、無霜期間が短く、雨が少なく、アルカリ土壌で、以前はソバやエンバクが細々とつくられていた。中国農林科学院の指導で十系統の八倍性ライコムギを試作したところ、八系統が優れ、ある系統ではコムギより六割、ライムギより二割も高い収穫が上がった。

そののち、パンコムギではなく四倍性コムギをライムギと交雑すると、母親の四組のゲノムと父親の二組のゲノムをもつ六倍性ライコムギ（AABBRR）が得られることがわかった。四倍性コムギとライムギの雑種第一代は、すでに一九一三年にジェセンコにより野生型二粒コムギとライムギの交雑で得られていた。また最初の複二倍体は一九三八年にデルザヴィンにより、マカロニコムギ（*Triticum durum*）とライムギの祖先種（*Secale montanum*）との交雑からつくられた。しかし育種上重要な出発点となったのは、一九四八年に米国のミズーリ大学にいて、のちにアイオワ大学に移ったオマラによるマカロニコムギとライムギとの交雑、および一九五〇年の群馬大学の中島吾一によるツルギヅム種（*T. turgidum*）とライムギの交雑によって作出された六倍性ライコムギである。またスペインのサンシェ・モンジェらは一九五四年頃から六倍性ライコムギの育種を精力的に推進した。スペインや日本の材料は、スウェーデンのルンドの遺伝学研究所に集められ、栽培試験がなされたが、穀粒が貧弱であったため、六倍性ライコムギは八倍性ライコムギに及ばないと判断されてしまった。

一九五四年にカナダのマニトバ大学のシェベスキとジェンキンスにより、ライコムギの組織的な育種が開始された。サンシェ・モンジの作出した系統をはじめ多数の系統が集められ相互に交雑された。秋まき性ライコムギはカナダの厳しい冬には耐えられなかったので、春まき性品種の育成に絞られた。交雑親のコムギには半矮性品種が用いられた。改良の結果、さび病に強くコムギに近い収量をもつ系統が得られるようになり、一九六九年に四系統の六倍性ライコムギの相互交配から品種 Rosner が育成された。

同年にヨーロッパではサンシェ・モンジェが品種 Calchirulo を育成した。またハンガリーではキスが育成したライコムギが四万ヘクタールにわたり栽培されていた。

一九五八年にボーローグは、マニトバ大学ではじめてライコムギを見た。それはなお改良すべき点を多くもっていた。種子粒はやせて発芽率が低く、分けつが少なく、草丈が高すぎて風で倒れやすく、雨の多い場所では穂の上で種子が発芽してしまい、黄さび病に弱かった。夏の日長が長いカナダで選抜されたために、緯度の低い地域では成熟が遅くなった。コムギよりタンパク質やリジンは多く栄養価は高かったが、グルテンが少ないためパンを焼いたときにふんわりとはならなかった。これではとうてい農民にも消費者にも受け入れられなかった。しかしボーローグは年に二回収穫する世代促進法で改良すれば、食糧不足に悩む地域に役立つ作物になるのではないかと直感した。そこで一九六四年にメキシコにある国際とうもろこし・小麦改良センターとマニトバ大学の共同プロジェクトとして、ライコムギの研究を取り上げた。資金はロックフェラー財団が出した。指揮は当初ボーローグが、一九六八年からはジリンスキーがとった。交雑後の雑種集団は、冬は北緯二十八度のソノラ州ヤキの平地で、夏は北緯十八・五度で標高二千六百メートルのメキシコのトルカで選抜された。一九六九年から適応性試験が開始され、一九七三〜一九七四年度には、世界の三十一か国が協力して四十二か所で栽培試験が行なわれた。

一九六八年に稔性の高いライコムギの選抜が行なわれた。その際に六倍性ライコムギ間の交雑の第四代でいくつかの高稔性個体が見つかった。この後代は、アルマジロ（Armadillo）系統とよばれ、稔性が高いだけでなく、多収で、日長に不感応で、矮性遺伝子をもち、栄養価も高かった。これらの特徴は遺伝的で容易に伝達されるうえに、アルマジロはパンコムギ、マカロニコムギ、ライムギのどれとも従来の系統より高い交雑親和性を示したので、一九七〇年までには国際とうもろこし・小麦改良センターではすべてのライコムギ系統がアルマジロを交雑親として育成されるようになった。その後の調査で、アルマジロは、六倍性ライコムギと「農林一〇号」由来の矮性遺伝子をもつメキシココムギとが自然交雑して生まれたことが判明した。

六倍性ライコムギは、コムギの高いタンパク質含量と、ライムギの高いリジン含量をあわせ、またコムギの多収性とライムギの不良環境適応性や病害抵抗性をもつ。ライコムギはエチオピアの高原地帯、さび病の被害が著しいケニヤ、霜害の大きいインド北部などで、好成績を収めた。また家畜の飼料として、ポーランド、フランス、ロシア、オーストラリア、米国などで栽培されている。

第八章　遺伝子の乗る染色体を操作する

フレミングと染色体の発見

十九世紀後半のヨーロッパ社会では、コレラ、チフス、マラリア、結核などの伝染病が猛威を振るい、その原因の究明と治療薬の開発が急務となった。病による多くの犠牲者がでている切迫した状況の中で、多くの伝染病が微生物によって生じることが発見された。病理診断で微生物の存在を確認するには、微生物と細胞内小器官とを識別できるような染色技術の開発が必要であった。微生物の染色剤の工夫がやがて高等動植物の染色体の発見につながった。

英国の王立化学大学の実験助手であった十八歳のパーキンは、マラリアの薬であるキニンをコールタールの副産物でキニンと化学式がよく似た物質から合成できるかもしれない、と教授から示唆を受けた。彼は大学だけでなく自宅にも実験室を設けて熱心に研究をつづけた。キニンはできなかったが、代わりにアニリンとクロム酸カリウムを材料として鮮明な紫色の染料モーヴェインが得られることを偶然に発見した。染料の名はフランス語の mauve（葵）に由来する。一八五六年の復活祭休暇のときであった。これは世界で最初の合成染料となった。

一八七〇年ドイツの解剖学者でキール大学教授のフレミング（一八四三〜一九〇五）は、パーキンのこの染料を用いてサンショウウオの胚を染めて、顕微鏡下で観察した。細胞中には染料でくっきりと染まった糸状物質が数多く観察された。彼はこれを nucleus chromatin（核染色質）と名づけた。さらに分裂組織の切片を染めて観察した結果、種々の分裂段階にある細胞が認められた。これらを順番に並べることにより、細胞分裂の全過程の様相が明らかになった。その結果は一八七九年に発表された。核染色質は分裂中に数が倍になり、半分は細胞の一極に、残りの半分は反対の極に引っぱられていくことが観察された。分裂中に核染色質は糸のように見えたので、彼は一八八二年に分裂過程を mitosis（ミトーシス）とよぶことにした。これはギリシャ語の糸に由来する。なお彼は同じ年に、核染色質の一部が糸状に突出するランプブラシ染色体を発見している。細胞分裂中に観察される糸状物質は、ワルデイアーにより一八八八年に染料で染まる物質という意味で chromosome（染色体）と名づけられた。

同じ一八七九年に植物でもドイツのボン大学植物学研究所のストラスブルガーが、ムラサキツユクサのおしべ毛を材料として細胞分裂段階を表す図を提示した。彼は一八八二年に cytoplasm（細胞質）と nucleoplasm（核質）の語を提唱した。また一八八四年に細胞分裂の段階に対して順に prophase（前期）、metaphase（中期）、anaphase（後期）と名づけた。

一八八七年にベルギーのファン・ベネデン（一八四五〜一九一〇）は、生物体のすべての細胞はすべて同数の染色体をもつこと、ただし精子と卵細胞は半数の染色体をもち、受精によってもとの数に戻ることを発見した。彼はさらに、染色体数は生物種によって異なることを認めた。

同じ一八八七年に、ドイツの生物学者ワイズマンは、減数分裂が動物界および植物界のすべての有性生物で普遍的に認められる現象であろうと予測した。彼は体細胞と生殖細胞を峻別して、生殖質は世代から世代へと伝達されると唱えた。

ボヴェリによる染色体セットの発見

染色体の数や行動に規則性があると認められたことから、一八八〇年代の前半には、染色体が遺伝現象に関連していると考えられるようになった。ただ難点は、染色体が細胞分裂の間期で見えなくなることであった。しかしラーブル、ファン・ベネデン、ボヴェリらの研究によって、染色体が前の細胞分裂終期から次の前期まで連続して存在することが理解されるようになった。また、精子と卵細胞が同数の染色体を胚に与えることが証明された。

ボヴェリ（一八六二～一九一五）は、内科医の息子としてドイツのハンブルクで生まれた。ミュンヘン大学の解剖学部で組織学を専攻し、神経線維の構造を研究した。一八八五年に学位を得て、五年間の奨学金を受けた。そのころ動物学研究所長として赴任してきたハートヴィッヒに惹かれて、その研究所に移った。ハートヴィッヒに細胞の研究こそ将来性があると勧められて細胞学に興味をもつようになった。彼は一八九三年三十歳のときにヴュルツブルクの研究所長となった[1]。

当時、個々の染色体が遺伝因子のすべてを担って次代に伝達するのか、遺伝因子がいくつかに分割されて個々の染色体で運ばれるのか、どちらが本当か議論されていた。ボヴェリは、一九〇二年にウニ卵の受精を調べていて、卵が一個ではなく二個の精子で受精され、その結果として種々の染色体数をもつ胚が生じることを見いだした。その中で正常な発育をする胚は十一パーセントにすぎず、それらはすべて三十六本の染色体をセットでもつことを発見した。それより正常な発育には、特別な組合せの染色体セットが必要であると考えた。彼は、染色体には個別性があり、メンデルの法則における形質の分離と組合せは、メンデルが仮定した遺伝因子をになう個々の染色体の分離と組合せによると唱えた。

サットンによる染色体と遺伝因子の関連づけ

染色体と遺伝因子の関係をさらに明確にしたのはサットン（一八七七〜一九一六）である。サットンは、米国ニューヨーク市に生まれ、十歳のとき両親に連れられてカンザスの農場に移った。技術学校を経て、一九〇一年にコロンビア大学に行き、F・B・ウイルソンのもとで細胞学を研究した。一九〇七年に医学校を卒業後、ニューヨーク市やカンザス市で医師として勤めた。三十九歳のとき盲腸炎がこじれ、手術の甲斐なく亡くなった。

サットンはウイルソンに感化されて、メンデルの法則と染色体の行動との関連づけに興味をもち、バッタの精母細胞の減数分裂を研究課題とした。材料としたのは、北米南西部からメキシコに生息する翅が短く大型のバッタ *Brachystola magna* であった。幸運なことにそのバッタのもつ十一本の染色体はそれぞれ長さが違っていて顕微鏡下で識別しやすかった。研究に取りかかってからまもなくの、一九〇二〜一九〇三年に彼は重要な結果を発表した。[2] まだ二十六歳の学生であった。彼はまず、つぎの五項目を提示した。(一) 細胞がもつ染色体群は二組の同等な染色体系列で構成され、片方は母親、他方は父親に由来する。(二) 染色体の対合(シナプシス)は、母親と父親に由来する染色体系列にそれぞれ由来する相同な(大きさが同じ)染色体間で行なわれる。(三) 第一分裂は均等分裂である。(四) 第二分裂は染色体数が半分になる分裂つまり還元分裂である。(五) 各染色体は、細胞分裂をとおして形態的に一定した個別性をもつ(ただし現在、多くの生物では、第一分裂が還元分裂で、第二分裂が均等分裂であることが知られている)。彼はさらに進んで、配偶子の染色体は両親の染色体組と同じではないこと、還元分裂での相同染色体の両極への分配は偶然によって決められ、染色体対のあいだで独立であり、また母親と父親のどちらから由来したかにも関係しないことを示した。また還元分裂で一セットとなって行動する染色体群も、発生においては染色体が個々別々の役割をもつのではないかと考えた。また染色体数に対して生物がもつ形質の数はずっと多いので、染色体全体が一つの遺伝単位なのではなく、一本の染色体は個々の形質と関連する多数のさまざまな遺伝因子をもつこと、同じ染色体に関する形質でも優性と劣性の両方がありうること、一つの染色体に表現されるすべての対立形質は一緒に遺伝することなどを推測した。最後のことは、二年後の一九〇五年にベーツソンらによって見いだされた連鎖の現象を予測したものといえる。

遺伝学を発展させたモーガンのハエ部屋

染色体研究のさらに革新的な展開が、一九〇七年、米国コロンビア大学の実験動物学教授モーガン(一八六六～一九四五）（図８・１）の小さな研究室ではじまった。実験材料は、野菜市場やごみ捨て場など果物があるところならどこにでもいる体長三ミリほどのキイロショウジョウバエ（*Drosophila malanogaster*）であった。ハエを用いたのはマウスなどの哺乳類を飼うほどの研究費がなかったためといわれる。飼育には大学の食堂から借りてきた牛乳びんが、餌には発酵したバナナが用いられた。[3] ショウジョウバエは世代が短く一週間あまりで次代が得られるうえに、一回の交配で数百の子バエが生まれた。遺伝実験はごく短い期間で結果が得られ、また解析の対象形質となる自然突然変異をもつ個体がいくつも発見できた。染色体数が性染色体を含めて四対八本しかないことも有利であった。ハエ部屋（fly room）とよばれたモーガンの研究室の住人は、誰も彼もなりふり構わず働いた。「あそこに集まっている連中は、みな鉄道工夫のようなかっこうをしている」と評された。このハエ部屋で遂行された数多くの実験から、遺伝の染色体説が確立された。

図8·1　モーガン

一九一〇年五月にモーガンの学部学生であったブリッジスが、エーテルで麻酔したハエの群れを実体顕微鏡でのぞいていたとき、一匹の変わりものを見つけた。これこそがモーガンが探し求めていた自然突然変異体の最初の例であった。それは通常の赤眼ではなく白眼をもっていた。朴訥《ぼくとつ》で仕事中は無駄口をたたかないボスのモーガンも「今日はビッグ・デイだ」と言って喜んだ。そのハエを正常のハエと交配した結果、次代は千二百三十七匹中三匹を除いてすべてが赤眼であった。二代目では赤眼三千四百七十に対して白眼七百八十二の比となった。この比はメンデルの優性形質をもつ個体と劣性形質をもつ個体を交配した雑種第二代での分離比に適合していた。メンデルの分離の法則が植物だけでなく動物でも成立することは、すでに日本の外山亀太郎によってカイコで証明されていたが、それに新たな例が加えられた。

しかし、ショウジョウバエの交配実験はさらに新奇な現象をもたらした。分離した白眼のハエはすべて雄であった。白眼の雄を赤眼の雌と交配すると、子はすべて赤眼となった。逆に赤眼の雄を白眼の雌と交配すると、子の半数が白眼となり、それらはすべて雄であった。分離が性によって異なることを、モーガンは眼色の因子が性決定の因子と結合しているためと考えた。伴性《はんせい》遺伝の発見である。この結合現象に対して、彼は linkage（連鎖）と名づけた。彼は当初、遺伝因子が染色体上にあるということを認めたがらなかったが、同じような分離を示す変異形質がさらに発見されて、これを染色体上の現象と結びつけて考えるようになった。

さらに多くの自然突然変異個体の遺伝を調べていくうちに、ショウジョウバエのすべての形質が染色体数と同じ四つのグループのどれかに分類され、同じグループ内の形質は連鎖していることが示された。ただし、同じ染色体上にあると思われる因子が、必ずしも常に相伴って遺伝するとは限らなかった。モーガンはこれを染色体の部分的交換が起こるためと考え、その交換を crossing over（乗換えまたは交叉《こうさ》）とよんだ。さらに乗換えの起こりやすさのちがいは染色体上での因子間の距離を反映していると推測した。一九〇九年にベルギーの細胞学者ヤンセンスによって提唱された、染色体は対合のあいだにふし状に見える部分で切れて再結合するという「キアズマ型説」が念頭にあった。

学部学生であったスタートヴァントは、一九一一年に教授のモーガンと話をしていて連鎖の強さが遺伝因子の組合せにより異なるということを聞いた。抜群の記憶力をもち、いつでも利用できるように頭の引き出しに多くのデータを整理していると評されていた彼は、連鎖の強さにもとづいて因子相互の順序と位置を推定できるのではないかと気づいた。そこで、すぐに交配実験における分離データを整理し直して計算したところ、X染色体上にある黄体色 y、白眼 w、赤眼 v、小型翅 m、退化翅 r の五因子についての地図ができあがった。それは世界最初の連鎖地図で、一九一三年に発表された。英国の遺伝学者ホールデンは、染色体上の乗換えの単位として morgan（モーガン）を提案した。一モーガンは、染色分体あたり一回の乗換えが期待される遺伝的距離である。現在DNAマーカーを用いて多くの生物で進められている連鎖地図作製のはじまりである。

一九二八年にモーガンはハエ部屋のスタートヴァントやブリッジスら実験チームを引き連れてパサデナにあるカリフォルニア工科大学（通称カルテック）に移り、新設の生物学部の部長となった。そこに遺伝学者ドブジャンスキーが夫妻で加わり、ショウジョウバエの集団遺伝学的研究を行なった。ドブジャンスキーはソ連から奨励研究員としてきていたが、ルイセンコイズムにより遺伝学が迫害される祖国にはついに帰らなかった。なおモーガン研究室には日本から駒井卓《こまいたく》、今井喜孝《よしたか》などが留学している。

栽培植物を中心とする染色体研究の発展

（一）栽培植物の染色体数の決定

十九世紀末から二十世紀初頭にかけて、栽培植物でも染色体数についてつぎつぎと報告された。これには日本人研究者の功績が大きい。一八九七年に東京帝国大学農科大学教授の石川千代松がネギの染色体数（$2n=18$）を決定した。また東京帝国大学から京都大学に行った桑田義備《よしなり》がイネの体細胞の染色体数（$2n$）が二十四本であることを示した。[4] 一九一一年に仲尾政太郎によりオオムギが、一九一五年に桑田義備によりトウモロコシが、それぞれ $n=7$ および $n=10$ であることが示された。エンバク属については、コムギ属と同様に、$n=7$ を基本とする二倍性、四倍性、六倍性群が存在することが木原均によって報告された。

（二）藤井健次郎と日本最初の遺伝学講座

日本の細胞学は藤井健次郎によって礎石が据えられた。藤井は加賀藩士の家に生まれたが幼時に両親を失った。東京帝国大学理科大学植物学科を卒業後、一九〇一年に欧州に留学して植物の細胞学、形態学、解剖学、化石学などを学んだ。細胞学の師はドイツのストラスブルガーであった。帰朝後の一九〇五年に助教授として東京帝国大学理学部植物学第三講座（形態学）の担任となった。さらに彼は一九一八年に日本最初の遺伝学講座の担任となった。これは大阪の実業家の野村徳七兄弟の寄付をもとにしてできた講座で、藤井により「細胞学を基礎とする遺伝学講座」と名づけられ、小石川の植物園の中におかれた。また藤井は多忙を覚悟して国際細胞学雑誌である *Cytologia*（キトロギア）の編集主幹を引き受けた。この雑誌は和田文吾《ぶんご》の父である実業家の和田豊治を顕彰する会の援助によって一九二七年に創刊された。

実験担当副手を務めたのは東京女子高等師範学校（現在のお茶の水女子大学）の助教授で、米国留学から帰った保井《やすい》コノであった。彼女はのちに日本最初の女性博士となった。初年度の学生は篠遠喜人《しのとおよしお》だけであった。藤井はさまざまな研究を行なったが、それらの結果は短い講演要旨として残るだけで、論文に発表されることは少なかった。門下の者はこれを藤井の「不出版癖」と称した。藤井の教室からは、染色体らせん構造を研究した桑田義備、キク属の田原正人、ハスの大賀一郎などが輩出した。栽培植物の細胞学を中心としたのが特色であった。後述の坂村徹や木原均もこの講座で研修生として指導を受けている。当時、世界の細胞学の中心は二つあり、一つは東京、もう一つはウプサラといわれた。

(三) 坂村徹によるコムギ染色体の研究

世界の穀類の細胞学は、坂村徹の研究からはじまった。一九一八年に東北帝国大学農科大学（現在の北海道大学農学部）の大学院を修了した坂村は、翌月から母校でムギ類の種に関する調査を嘱託された。彼は、コムギ属の栽培種および近縁野生種の根端細胞を固定して染色体数を調べた。これらの材料は、北海道農業の発展のために適作物を探していた当時札幌農学校の第二期生で、のちに北海道帝国大学第二代総長となった南鷹次郎によって海外から収集されたもので、札幌農学校が東北帝国大学農科大学になった際に引き継がれていた。

調査の結果、コムギ属には体細胞の染色体数（$2n$）が十四、二十八、四十二の三種類の染色体数をもつ種が含まれていて、七を基本数とする、二倍性、四倍性、六倍性の倍数性シリーズがあることが判明した（図8・2）。シュルツは一九一三年に苞頴《ほうえい》の形、小穂の形、小花の数、茎の中空、穂の折れ方、頴による粒の包まれ方などにもとづいて、コムギの種を一粒系、二粒系、普通系の三群に分類した。坂村が示した倍数性は、この分類と完全に一致していた。それまでパンコムギの染色体数は、一八九三年のオヴァートンの観察以来、五人もの研究者がみな一様に花粉では $n=8$（体細胞では $2n=16$）であると報告していたので、彼の結果は世界のコムギ研究者を驚かせた。コムギ属について最初の英語の専門書を著した英国リーディング大学のパーシヴァルでさえ急には信じなかった。坂村は同年、$n=6$とされていたライムギについても、実は$n=7$であることを示した。

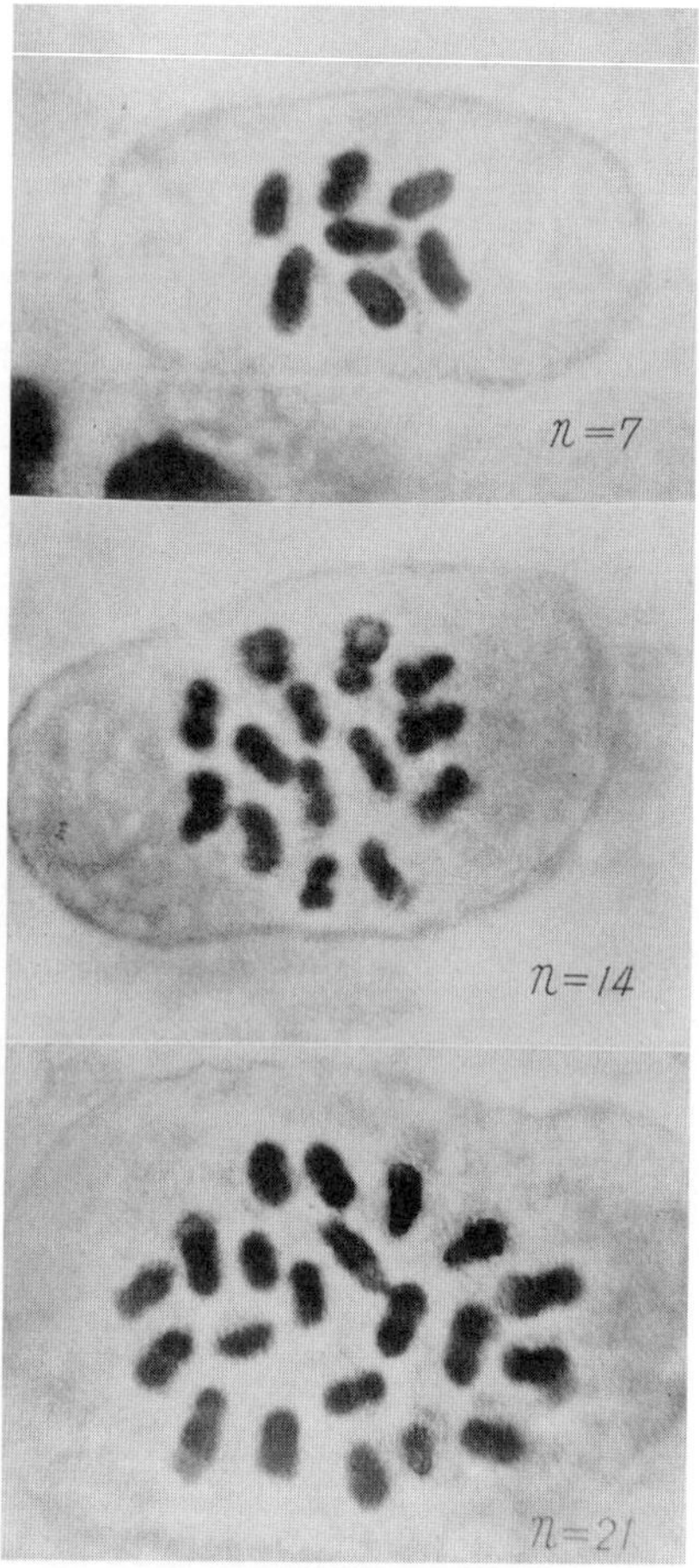

図8·2　花粉母細胞で観察されたコムギ属の3種の染色体数

(四) 木原均による染色体伝達の解析

坂村は染色体数が異なるコムギ種間で交雑したときに、子孫で染色体がどのように伝わるかを調べるため、四倍性の二粒系コムギを母に、六倍性の普通系パンコムギを父として、四種類の組合せの雑種を作出した。それまで、形質の遺伝についてはさまざまな生物で報告されていたが、世代間での染色体の伝達について観察した例はなく、細胞遺伝学の誕生のきっかけとなった画期的なアイデアであった。コムギという倍数性の異なるシリーズを材料とした強みでもあった。しかし坂村は、一九一八年十一月に助教授に昇進したのち、翌月から米国ハーヴァード大学およびスイスのベルン大学に二年間の留学に行くこととなり、研究は中断せざるをえなくなった。出発に際して坂村は、雑種第一代の種子を木原均と並河功にゆだねた。

木原均（一八九三～一九八六）は、東京に生まれ、生物学を志し東北帝国大学農科大学に進んだ。学部では植物生理学を選び、植物学教室で郡場《こおりば》寛教授の指導を受けた。一九一八年に提出した卒論の題は、「花粉に及ぼす低温の影響」であった。同年春に、郡場が海外留学し、帰朝後、京都帝国大学に転任となった。木原は大学院に進み、宮部金吾《きんご》教授のもとで植物生理学を専攻し、花粉の発芽生理をテーマにしていた。

並河が予科教授で多忙であったため、雑種種子の研究は木原一人で進められた。彼は雑種種子を大学の圃場内の十平方メートルばかりの土地にまき、一九一八年夏に雑種第一代植物の減数分裂第一中期にある染色体をヘマトキシリンとライトグリーンで二重染色をした。できあがった大判のプレパラートを、出発前の坂村に見せた。

そこには三十五本の染色体が観察された。母の二粒系から十四本、父の普通系から二十一本が由来した五倍性雑種であった。三十五本中、二粒系由来の十四本は普通系由来の十四本と対合して二価染色体を形成し、残りの普通系由来の七本は対合相手がない一価染色体となっていた。また二価染色体は分裂後期で正常に細胞の両極へ分かれ、一価染色体のほうは縦列をすることがわかった。結果は、札幌博物学会例会で「小麦の細胞学的新研究」と題して発表された。木原は次第に植物生理学よりも遺伝学に惹かれていった。とくにそのきっかけとなったのは、同大学での田中義麿《よしまろ》による実験遺伝学の講義と、寄宿舎で開かれた坂村による講演であった。[6]

雑種第二代では、二十八本から四十二本まで個体によって染色体数はさまざまに異なっていた。さらに第三代、第四代と系譜を追って染色体数を調べると、興味深いことがわかった。雑種第一代のような両親の中間の三十五本を示す個体が急減して、染色体数は多いか少ないかに分かれていった。雑種第二代で三十三本以下であった個体の子孫は二十八本または二十九本となり、三十五本以上の個体の子孫は逆に三十九本から四十二本に増えた。つまり染色体数は、母親の四倍性か父親の六倍性またはそれに近い染色体数に落ち着いた。種子稔性（結実率）や生育は、雑種第一代では著しく悪かったが、子孫では回復していき、とくに染色体数が両親型に近くなるほどよくなった。

木原は、一九二〇年十月に京都帝国大学理学部植物学教室に郡場教授の助手として転任した。京都でのコムギ栽培のむずかしさから、一時スイバやギシギシなどの植物に研究材料を替えようとしたこともあったが、結局コムギを研究の対象とした。一九二三年まで栽培は北海道帝国大学でつづけられた。木原は一九二四年に新設された農学部に助教授として移り、一九二七年に教授となり実験遺伝学を講じた。

種間雑種の子孫における世代から世代への染色体の伝わり方は、形質の場合とまったく異なっていた。木原は考察の結果、コムギは一セット七本の染色体が全部揃ったときに最も安定で、生育や稔性が最良になると解釈した。つまり、生物が正常な生活機能をもつために必要な最小単位の染色体セットが存在すると考えた。彼は当初これを染色体組（Chromosomensatz）とよんでいたが、ドイツの植物学者ウインクラーにならってゲノム（Genom）と名づけた。ゲノム説の誕生である。この考えは、キトロギア第一巻の巻頭論文で明らかにされた。ゲノムの新しい定義にもとづき、生物種がもつゲノムの関係を解明する細胞遺伝学的方法が考案され、ゲノム分析と名づけられた。その成果は「小麦及びエギロプスのゲノム分析」と題して、一九三〇年の第一報から一九五一年の第十報まで発表された。木原はその後、パンコムギのDゲノムの祖先種がタルホコムギであることを発見した。また国立遺伝学研究所長や木原生物学研究所長を歴任した。

染色体の構造変異の発見

染色体の構造は不変のものではなく、さまざまな構造上の変異を受ける。このような変異には、ある染色体の一部分がそれと非相同の染色体に移る転座、染色体部分が切断されて逆向きに挿入される逆位、染色体の中間部や末端が切れて失われる欠失、染色体の同じ部分が複数個生じる重複、などがある。

(一) 転座

染色体の転座についての研究は、バーンハムの総説に詳しい[7]。一九〇八年にゲイツがド・フリースの発見したマツヨイグサ属の「新種」で環状になった染色体を顕微鏡下で見つけた。一九一二年にディグビーが、サクラソウ属のプリムラ・キューエンシスで環状染色体は二対の染色体が結合してできることを示した。

ベリングは、米国南部で栽培されるフロリダ・ヴェルヴェット・ビーンの品種改良をしていたとき、ある品種間交雑の次代に不稔個体が生じることを見いだした。これらの個体では、花粉や胚珠で不稔のものの割合がほぼ五十パーセントであったので、この不稔現象を semisterility（半不稔）と名づけた。半不稔の個体を自殖した次代では、半不稔と正常個体が約一対一の比で生じた。それ以降の世代でも、半不稔個体の次代では半不稔個体が半数生まれ、正常個体の次代では正常個体だけが生じた。半不稔の遺伝様式はわかったが、その原因は不明であった。なおベリングは半不稔が形質と連鎖を示すことも見いだした。[8] また細胞学技術としてアセトカーミン染色と押しつぶし法を開発した。

一九一七〜一九一八年の冬にモーガンのハエ部屋にいたブリッジスが薄い赤眼のショウジョウバエを見つけた。ペイルとよばれたその変異体は、致死性も示し、その因子は第二染色体上にあることがわかった。奇妙なことに、同時に第三染色体上にも致死因子があり、それは第二染色体上の致死因子の作用を抑える働きももっていた。また、第二染色体上の致死因子は、第三染色体上の致死因子の作用を抑えた。この発見がブリッジスとスタートヴァントのサインつきのハガキでライス研究所のアルテンブルクとマラーに知らされた。アルテンブルクはこれを見てすぐに、「なーんだ、染色体の一部が切れて、相同でない別の染色体にくっついたのだ。転移したのだ！」と叫んだ。アルテンブルクは、この現象にtranspositionという語を提案したが、ブリッジスによりtranslocation（転座）と名づけられた。その後の研究で、ペイルには三つの切断点をもつ転座が含まれていることがわかった。ベリングも一九二五年になって、彼が見つけた半不稔も非相同染色体間の部分的な交換によって生じると説明した。

スターンは一九二六年にショウジョウバエでY染色体の一部分がX染色体にくっついた像を顕微鏡下で見いだした。これが転座を細胞学的に実証した最初である。米国のマクリントックは、トウモロコシの減数分裂期前期のパキテン期にある染色体を観察し、カメラルシダを使ってその像を詳しく写しとり、染色体が転座したときに生じた切断点の位置を測った。この報告がきっかけになり、トウモロコシで染色体の構造変異を用いた細胞遺伝学的研究が盛んになった。

(二) 逆　位

染色体の逆位も、ショウジョウバエで最初に発見された。一九一六年にスタートヴァントは、赤眼を桃色眼に交雑したときに、子バエでは両遺伝子のあいだの組換えがほとんど起こらなかった。そこで赤眼のハエは染色体の乗換えの頻度を下げる因子をもつと考えた。しかしその因子がホモ接合のときには、組換え頻度は正常であった。同様な例がほかの系統間交配でも見つかった。モーガンは、これらの組換えの抑制は染色体部分が逆向きになったことによるのではないかと示唆した。一九二一年になって実際に連鎖地図を作成してみると三つの遺伝子の配列が逆向きになっていることがわかった。

植物では、米国のマクリントックがその卓越したプレパラート作成技術を駆使して、トウモロコシの減数分裂期染色体で逆位を解析した。彼女が一九三二年の国際遺伝学会で示した染色体像は、あまりに見事で会場中の大きな注目を引いた。

(三) 欠失と重複

染色体の deletion（欠失）は、一九一四年にブリッジスによってショウジョウバエで発見された。染色体の duplication（重複）も一九一九年にブリッジスにより名づけられた。彼はハエ部屋の研究者の中で、ハエの変異体を見つける能力が最も優れていた。彼はショウジョウバエの染色体地図を改訂するために、欠失と重複の研究をつづけ、一九三五年に四本の染色体すべての完全な染色体地図を発表した。

ブリッジスは二歳のとき孤児になり、祖母に育てられた。初等教育を十分受けられなかったため、大学入学資格を得たのは二十歳になってからであった。奨学金の不足を補うため、家庭教師や百科事典の販売をして生活費を得た。モーガン学派中で彼だけは職業的な研究職につけず、常に薄給であったが、研究への志を失わなかった。ダンスや水泳が達者で、愛《あい》嬌《きょう》者であったが、実験室では寡黙で注意深く、天才的な観察力を発揮した。惜しくも四十九歳のとき、過労による心臓麻痺で亡くなった。

図 8·3　ハーグベリー

(四) 栽培植物における染色体の構造変異の作出

植物では、オオムギ、トウモロコシ、イネなどをはじめ、さまざまな作物で多数の相互転座系統が作出され研究された。なかでも米国のカリフォルニア工科大学のアンダーソンはトウモロコシで、またミネソタ大学のバーンハムはトウモロコシやオオムギで一九三〇年代から数百の転座系統を選抜した。またスウェーデン種子協会のハーグベリー（図8・3）は、一九五〇年ころから放射線や化学薬品処理によって誘発された多数の転座系統を選抜し、その切断点を細胞遺伝学的に決定した。一九八六年にはその数は六百五十八系統に達した。

栽培植物で多数の転座系統が選抜収集されたのは、連鎖地図作製や種々の細胞遺伝学的研究の材料として利用できることからであった。とくに一時期は、マツヨイグサ属で観察される多重転座による減数分裂期の巨大環状染色体形成は、ゲノム全体の完全ホモ接合性の作出に利用できると期待され、「エノテラ法」とよばれて、イネやオオムギなどで試みられた。

さまざまな異数体の発見

体細胞染色体数が、通常より一ないし数本多いか少ない生物を異数体という。植物における異数体発見の歴史は、国際稲研究所育種部長のクッシュによる著書（一九七三）に概観されている。[9] エンバクのファチュオイド突然変異やヒトにおける蒙古《もうこ》症など、異数性による変異は十九世紀半ばから知られていた。しかし、それらが染色体の数の異常によることが証明されたのは、二十世紀に入ってからであった。

一九〇九年にルッツは、正常なゲノムの染色体数から一ないし数本の染色体が増減した異数体を植物ではじめて発見した。彼女はマツヨイグサ属のある種間交雑で得た植物が、正常の十四本より一本多い十五本の染色体をもつことを見つけた。ゲイツも同じ組合せで、異数体を発見した。

種々の異数体の発見は、薬用植物のシロバナヨウシュチョウセンアサガオ *Datura stramonium* でなされた。この植物は交雑実験に適した花の構造をもつことが知られていた。一九一五年に外観からグローブとよばれた突然変異体が、コネチカット農科大学のブレイクスリーの助手アヴェリによって発見された。この突然変異形質は、その後の調査でメンデルの法則に従わない遺伝を示すことがわかった。そこでブレイクスリーは細胞学者のベリングを呼んで、突然変異体を調べてもらった。その結果、染色体が一本余分に多いことがわかった。チョウセンアサガオは半数染色体数が十二であるので、このような染色体が一本多い系統はグローブを含めぜんぶで十二種類存在した。グッドスピードとアヴェリ（一九三九）により、それらはトリソミック（三染色体）と名づけられた。

染色体が一本欠けた異数体もそれとほぼ同年代に発見された。一九二一年にブリッジスはキイロショウジョウバエで第四染色体が一本欠けた個体を見いだした。現在のモノソミック（一染色体）と名づけたのは、タバコの栽培種で同様な異数体を発見したクラウゼンとグウドスピードである。クラウゼンは一九四一年に異数体のシリーズを用いれば、遺伝子がどの染色体に乗っているかを決定できることを指摘した。

相同染色体が二本とも欠けた異数体は、一九二四年に木原均とウインゲによって独立にコムギで報告された。[11,12] これをナリソミック（零染色体）と名づけたのはシアーズである。

異数体シリーズの作出と遺伝学への利用

トリソミックやモノソミックなどの異数体では、過剰なまたは欠失した染色体に乗っている遺伝子座に支配される形質は、通常のメンデル遺伝とは異なる遺伝様式を示す。これを逆に利用すれば、形質に関与する遺伝子座と染色体とを関連づけることができる。そのためには、すべての染色体についての異数体を作出してシリーズを完成しなければならない。その仕事には長い年月を必要とする。最初のトリソミック・シリーズは、レズリーによってトマトでつくりだされた。[14] 異数体シリーズの作出では、とくに米国のシアーズによるコムギ属での業績がよく知られている。

シアーズ（一九一〇〜一九九一）（図８・４）は、米国オレゴン州西部のウイラメット・ヴァリで生まれた。通ったのは授業室が一つしかないごく小さな高等学校であった。四Ｈクラブを通してオレゴン州立大学を知ったのがきっかけで農学部に進み、ブレスマンによる植物育種のコースを選んだ。当時は米国経済が金融大恐慌のどん底で、修士号を得ても就職のあてはなかった。ブレスマンに勧められてハーヴァードのビュッセイ応用生物学研究所に行き、イーストの指導を受けた。そこでは集団遺伝学のパイオニアであるキャッスルやコムギ細胞遺伝学のザックスなどと知り合いになった。一九三六年に博士号を得てコロンビアのミズーリ大学に移った。そこでスタッドラーのもとに入り、米国農務省のプロジェクト研究に加わった。同僚にオマラやL・H・スミスがいた。以後五十年にわたり彼はその地でコムギとその近縁種の細胞遺伝学的研究に集中した。

図8·4　シアーズ

シアーズは植物の植つけ、潅水《かんすい》、交配、収穫、保存、染色体観察用のプレパラート作製など多くのことを、助手の手を借りずにほとんど自分で行なった。マクリントックと同様であった。それは、助手を信用しないのではなく、実験材料を自分でよく観察して理解し、例外的事象に出会ったときにすぐ気づくことができるためであった。シアーズは健康に恵まれ、膨大な研究の合間に、テニスやバドミントンを楽しみ、庭園や芝生の手入れを怠らなかった。また、頼まれるといやといえない性格で、多くの雑事を引き受け、また世界中から審査を依頼される論文原稿をいつも丹念に添削していた。

シアーズの最初の研究は、一九三九年にはじまった。それは前年にコムギ圃場で偶然に見つかった、二つの半数体間の交配から得られた十三個体を用いて異数体をつくる仕事であった。五年後の一九四四年には早くも十七のモノソミック系統が作出された。ナリソミックス系統の分離も観察された。さらに十年たったとき、モノソミック、ナリソミック、トリソミック、テトラソミック（四染色体）のすべてのシリーズが完成し、ミズーリ試験場報告に発表された。[15] 材料に選ばれたのは、Chinese Spring である。この品種は中国の四川省で生まれ、英国のケンブリッジを経て、ノースダコタおよびカナダのサスカツーンに入り、それからミズーリに導入された品種で、ライムギとの交雑しやすい特徴から他の研究によく使われていた。欠失した一対の染色体と過剰な一対の染色体をもつナリソミック―テトラソミック補完系統も認められた。また第三染色体を欠くナリソミックⅢは、減数分裂期の染色体対合の頻度が高く、子孫に種々の染色体のモノソミックを分離するという特徴が見られた。

ナリソミックを利用することにより、各染色体の遺伝効果が解析できるようになった。片方の腕だけからなり、動原体が末端にあるテロセントリックを利用して、遺伝子が染色体のどちらの腕にあるかが解析でき、また動原体と遺伝子座とのあいだの距離を決めることができた。

またナリソミック―テトラソミック補完系統にもとづき、二十一種の染色体が七種の同祖群に分けられることが判明した。同じ同祖群に属する三本の染色体は、それぞれがコムギの二倍性祖先種に由来することと、また各祖先種から由来した染色体は進化の過程でもよく保存されてきたこと、が示唆された。倍数体としてのコムギ染色体の遺伝的構成がしだいに明らかになり、二十一種の染色体は、A、B、Dの三ゲノムと一から七の番号でよばれるようになった。

一九五八年、シアーズの研究室に日本の京都大学から来ていた岡本正介《まさすけ》が、5B染色体が染色体対合に関連することを発見した。これは英国のライレイの発見と同時期であった。やがて同室のフェルドマンにより、５Ｂ染色体上に遺伝子*Ph*が存在し、その働きにより同祖染色体間の対合が完全に抑制されていることが示された。シアーズは、Ｘ線照射した花粉を５Ｂ染色体のモノソミック個体に授粉した。千二百七十八個体が得られた。ナリソミック個体などを除いた残りの四百三十八個体について、減数分裂期での対合頻度を調べた結果、*Ph*座を欠く突然変異体ph1bが一個体得られた。彼の研究室には、日本から岡本のほかに京都大学の常脇《つねわき》恒一郎《つねいちろう》や村松幹夫が留学している。

半数体の発見と作出

ある植物種の半数のゲノム、つまり半数の染色体をもつ植物体を、もとの植物種の半数体（haploid）という。haploidの語はストラスブルガーによる。なお二倍体から生じる半数体を単数性半数体、倍数体から生じる半数体を倍数性半数体という。定義したのは日本の片山義勇（一九三五）である。

半数体は一九二一年にベルグナーによりチョウセンアサガオではじめて発見された。穀類ではコムギ属を中心とした研究で半数体がよく観察された。半数体は種子が小さく、また植物体も小さく細いので、多くの場合、外観からたやすく見分けられる。ゲインズとアースがコムギ属の*Triticum compactum*（n＝21）に近縁種の*Aegilops cylindrica*（n＝14）を交配したときに次代に半数体を得た[16]。片山義勇は一九三二年に袋かけした一粒コムギの穂から得た千二百四十三粒の種子中に六粒（〇・四八パーセント）の半数性種子を発見した。ヨハンセンはオオムギで市販品種の種子をまいたとき十パーセントもの高頻度で半数性の幼苗が出現することを認めた[17]。

イネでは一九三一年に九州帝国大学付属農場で副手の泉有平《いずみゆうへい》（のちの琉球政府副主席）により偶然に穂、籾《もみ》、葉身のすべてが小さい個体が発見され、福島栄二がその根端細胞を観察したところ半数体であることが確認され、盛永俊太郎らにより結果が報告された[18]。

半数体自身は生活力も低いうえに完全不稔で、育種的な価値はまったくない。しかし、品種間交雑の雑種第一代について半数体を作出できれば、それを倍数化することにより、ただちに完全ホモ接合系統（純系）が得られる。そのアイデアは一九二四年に米国のブレイクスリーとベリングによってだされた。これより、半数体を確実に作出するための方法が盛んに研究された。

一九三二年には片山により一粒コムギを材料としてX線照射による半数体の作出が行なわれた[19]。前述のように無照射でも〇・四八パーセントの頻度で半数体が得られたが、減数分裂期の穂に照射すると、種子中の半数体頻度は五・二六パーセントに増加した。成熟期の花粉をもつ穂に照射して、その花粉を不照射の個体に受粉すると、頻度はさらに十七・五八パーセントに高まった。

半数体作出の真の成功は、さらに三十年たって植物の細胞培養技術の進歩により、葯培養が可能となってからであった（第十章参照）。

コルヒチンの発見と倍数性育種の誕生

（一）倍数体の定義

細胞が三ゲノム以上の染色体をもつ状態を倍数性といい、倍数性の細胞からなる個体を倍数体

(polyploid) とよぶ。polyploid の語は一九一〇年にストラスブルガーによって定義された。ゲノムの数が三、四、五、六の場合をそれぞれ三倍体、四倍体、五倍体、六倍体という。重複したすべての染色体がたがいに相同で、完全に対合する倍数体を同質倍数体、非相同の染色体が含まれる倍数体を異質倍数体という。この分類は木原均と小野知夫《ともお》により提唱された[20]。ただし、同質倍数体と異質倍数体とのあいだには、さまざまな程度の中間的な倍数体が存在することが、その後になって知られるようになった。

(二) 自然倍数体の発見

倍数性の植物種は自然界に広く存在していて、染色体数の同定の研究が進められるにつれて多くの例が見いだされるようになった。一九〇三年にローゼンベルクがモウセンゴケ属で $n=10$ と $n=20$ の倍数性の異なる種があることを報告した。これが植物における倍数性研究のはじまりとされている。クワの品種、とくに東北地方で栽培されてきた品種中に三倍性品種 ($2n=42$) が存在することが、一九一六年大澤一衛により報告されている。前述の坂村徹によるコムギ属における倍数性シリーズの発見は、単子葉植物における最初の例である。

二倍性の植物から偶然生じた四倍体の報告もしだいに増えていった。一九〇七年にルッツによりマツヨイグサ属の突然変異体とみられていた種ギガスがじつは四倍体であることが判明した。一九一六年にブレイクスリーとアヴェリによって、チョウセンアサガオの四倍体が提示された。三倍体については、ベリングによるカンナやヒヤシンスでの報告がある。

当時は染色体の倍数化がどのようにして細胞内で起こるのかは不明であった。一九一七年にウインゲは、両親からの染色体が非常に異なるときには対合ができずに接合体が致死となるが、そのような接合体で染色体が縦に分裂してそれぞれが対合できるようになり、倍数体が生まれると説明した。英国のバックストンとダーリントンは、一九三一年に倍数化は還元分裂が行なわれなかったために生じたと主張した。

(三) 倍数体作出の試み

栽培植物の中に多くの異質倍数性のものがあることが知られるようになり、二倍性植物の染色体を倍加するか、種間交配の雑種一代個体の染色体を倍加すれば育種的に有用な品種となるのではないかという期待が広がった。

抱水クロラールなど麻酔剤を処理すると植物の根の細胞で染色体が倍加されることが一九〇四年から知られていた。しかしその方法は茎では有効でなかった。一九一六年にドイツのハンブルク大学の植物学者ウィンクラーは、ナス科植物で接木雑種の研究をしていて、二倍性種 *Solanum nigrum* の茎の切断面に生じた腫瘍組織から再生した植物が四倍体であることを発見し、それを polyploid とよんだ。これが人為的に倍数体を得た最初である。それ以降、有効な倍数化の方法を求めてさまざまな実験が試みられたが、効果的な方法は見つからなかった。ブレイクスリーはチョウセンアサガオの胚珠に抱水クロラールを注射してみたが、突然変異や染色体欠失が得られても、染色体の倍数化は起こらなかった。チョウセンアサガオでは自然にも比較的多くの四倍体が実験圃で見つかるが、年により結果はまったく異なり、環境要因が働いていることが示唆された。一九三二年になってランドルフがトウモロコシで受精直後の胚に高温を加えた結果、最高五パーセントという比較的高い頻度で四倍体を得ることができた。これに刺激されて他の多くの植物でも追試が行なわれた。しかしトウモロコシ以外ではコムギ、オオムギ、ライムギでしか有効な結果が得られなかった。

（四）染色体倍加剤コルヒチンの発見

一九〇六年にディクソンらが、動物の血液細胞や骨髄細胞を用いてコルヒチンの影響をはじめて調べた。コルヒチンはユリ科のコルチカム *Colchicum autumnale*（別名イヌサフラン）の球根に含まれるアルカロイドである。モルヒネやコデインと化学構造が似ていて、麻酔作用がある。一九三四年にベルギーのブラッセルのダスティン教授の研究室にいた学生のリッツが動物組織でコルヒチンの細胞に対する作用を研究していた。それを見てダスティンがマウスの肉腫を用いてコルヒチンの作用を調べた結果、コルヒチンが発がん剤として使えるかもしれないことが示された。米国のイエール医科大学のアレンが一九三六年にコルヒチンが動物組織における細胞分裂活性に影響を与え、細胞分裂頻度を決める道具として利用できると紹介した。このようにコルヒチンの研究は動物細胞ではじまった。しかし、動物細胞ではコルヒチン処理をすると、多くの場合に細胞分裂が中期で抑止されて、それ以上に進展せず、やがて核が凝縮し退化してしまった。

コルヒチンが細胞分裂に影響を与えることは、じつはイタリアの植物学者ペルニスが一八八九年にすでに発見していたが、五十年近くもその意義が理解されずにいた。一九三七年二月にダスティンの助言を受けてハヴァスがコルヒチンの生物効果を植物と動物で比べるために、コムギの幼苗を使って実験した。その結果コルヒチンが細胞分裂を抑制することが見いだされた。フランスのガヴォダンらも同じ年に植物の根を用いてコルヒチンの作用を調べた。

ブレイクスリーの助手のエイグスティは植物細胞に対するコルヒチンの作用に関心をもち、一九三七年二月から実験をはじめた。彼はコルヒチンで処理した植物の根端細胞で染色体が倍加しているのを認めた。

図8·5　ブレイクスリー

これをヒントにしてブレイクスリー（一八七四〜一九五四）（図８・５）は、共同研究者アヴェリとともにコルヒチンを含めていくつかの化学物質を種子に処理する実験を六月に開始した。コルヒチン以外はすべて無効であった。十日間コルヒチンの水溶液に浸して処理した種子からは、発芽とともに膨れあがった子葉が現れた。彼らは四倍体をたくさん得る方法がついに見つかったとすぐに気づいた。自然の四倍体の観察で見慣れていた粗いごわごわした感じの本葉が出てきたときには、確信はさらに深まった。花粉の大きさ、染色体数、次代での四倍体の出現によって、最終的な証明が得られた。[21] 濃度は〇・〇〇三一二五パーセントから一・六パーセントまでの十段階が試験されたが、有効なのは〇・一パーセント以上であった。四倍体の出現頻度は最高八十七パーセントにも達した。さらに種子処理だけでなく、枝をコルヒチン溶液に浸す浸漬法、成長点をコルヒチンの入った寒天で覆う寒天法、キャピラリをとおして溶液を蕾に与える方法、寒天の代わりにラノリンを用いる方法、溶液を蕾に連続して滴下する方法、植物体に溶液を噴霧する方法など、いくつもの方法が試みられ、いずれも有効であることを示した。結果は八月に開かれた米国遺伝学会の講演会で発表され、コンテ・ランデュ、サイエンス、*J. Heredity* 誌などに掲載された。[22,23]

アレンの結果を知ったコネチカット農業試験場のD・F・ジョーンズからコルヒチンにより倍数化が可

能かもしれないと示唆されたネーベルはブレイクスリーらとは独立にコルヒチンの植物細胞に及ぼす影響を調べていたが、一年遅れて一九三八年にその結果を発表した。同じ年にコルヒチンによる染色体の倍加作用が動物でも確認された。

(五) 染色体倍加は育種上の期待にこたえたか?

ブレイクスリーとアヴェリは、コルヒチンにより染色体の倍加が可能になったことの最大の利用法は、種間交雑で生じる不稔の雑種第一代個体を倍数化して倍加二倍体 (double diploid) をつくることにあり、それにより雑種強勢をもつ純系や倍数性の利点をもつ品種を得ることができると述べている。倍数化にともなう果実や花などの器官の巨大化、あるいは、不稔から稔性へ、雌雄異株から雌雄同株へ、一年生から多年生への変化なども生じるかもしれないと期待の夢を膨らましている。

多くの植物でコルヒチンによる倍数化が確実に認められたので、「植物改造の魔法の杖」とよばれ、倍数性育種はこれをきっかけに大きく発展すると予想された。人為倍数体の作出の研究はソ連、インドをはじめ多くの国で行なわれ、コルヒチンの有効性が認められた植物は百五十属以上に達した。人為突然変異の発見よりもコルヒチンによる倍数化の発見のほうが九年も遅かったにもかかわらず、後者のほうが育種への取り込まれ方が早かった。突然変異育種が多くの国で注目されるようになるのは第二次世界大戦後である。

日本でも倍数性育種による品種育成法が早くから紹介された。東京大学農学部の野口弥吉《やきち》は、早くも一九四一年に『非メンデル式作物育種法』を著し、倍数性育種を主題として詳細に論じている。[24] また農林省では育種の基礎研究を行なうために農事試験場鴻巣《こうのす》試験地に一九四七年に設立された遺伝生理部(のちの生理遺伝部）で、真島勇雄を室長とする研究室が染色体変異に関する研究および四倍体植物の不稔に関する研究を開始した。

しかし、倍数体が容易につくれることと、できた倍数体が品種改良に役立つこととは別であった。とくに同質倍数体は、一般に不稔や生育遅延をともなうため、そのままでは品種になる望みは少なかった。同質倍数体利用の育種を重要な手段とみる育種家は少なくなった。

レヴァンは同質倍数体を利用した品種改良が成功するには、改良の対象とする栽培植物について、もとの植物の染色体数が小さいこと、他殖性種であること、栽培の目的が栄養器官の生産であること、の三条件が必要であるとしている。[25] 言い換えれば、もともと倍数性であるジャガイモ、ワタ、アルファルファなどは、染色体を倍加してもそれ以上よくならない。種子を食用とする穀類では、倍数体にともなう稔性の低下は大きな欠点となる。

同質倍数性利用による育種は、穀類、野菜、果樹などでは不成功であったが、永年生牧草や花卉では成功した。日本でもイタリアンライグラスの「ヒタチアオバ」、ペレニアルライグラスの「ヤツガネ」が一九七二年に四倍体の合成品種として登録されている。花卉ではヒヤシンス、カンナ、チューリップ、スイセンなど球根性のものに三倍体が、種子繁殖性のペチュニア、キンギョソウ、キバナコスモスなどでは四倍体に優れたものが多い。なお欧米ではブドウの倍数性育種は期待が薄いが、日本では「巨峰」や「ピオーネ」をはじめとする四倍性品種の栽培が普及している。これは、前者では主な消費用途がワインなど加工用であるのに対して、日本では生食用であるという事情による。

異なるゲノムをもつ種間の雑種は一般に不稔性が高いが、その染色体を倍加すると稔性が回復し、新しい作物ができあがることが期待される。不稔性などの交雑障壁にはばまれて、人工の新作物を育成しようとする大望は、容易には果たせなかったが、長い選抜実験の積み重ねの末にいくつかの種が作出された。最も顕著な成功例は、コムギとライムギの交配と染色体倍加によって生みだされたライコムギである（第七章参照）。

倍数性育種の研究の最盛期はきわめて短かった。スウェーデン、ドイツをはじめとする欧州の各国では倍数性から突然変異の研究へと転向する研究者が多かった。日本でも東京大学農学部および農林省の真島研究室は、一九五〇年代には倍数性育種から突然変異育種の研究に移った。

コルヒチンは現在でも同質倍数体の作出や、種間雑種の倍数化、さらに半数体の倍加による純系の作出に利用されている。その意味では人為倍数化は通常的な育種の手段として定着したといえる。しかし、倍数体における染色体の行動、不稔の発生、ゲノム間の遺伝的分化などについて、まだ十分な解明がないまま将来に残されていると思われる。

第九章

突然変異を人為的に誘発する

X線と放射性物質の発見

人がある生物の品種を改良できるのは、その生物の集団中に遺伝的変異があるからであり、遺伝的変異はもともと自然突然変異に由来する。それならば、なんらかの人為的処理で突然変異を誘発できれば、生物をもっと効率よく改良できるであろうと考えるのは当然である。しかし、期待は大きくても突然変異を高頻度で起こす方法はなかなか見つからなかった。それがかなったのは、十九世紀末のX線と放射性物質の発見による。

ガラス管に電極を封じ込み、電極に数千ボルトの高電圧をかけ、中の空気を抜いていくと、大気中では生じない放電が生じる。一八九五年十一月ドイツのヴュルツブルグ大学の物理学教授レントゲン（一八四五－一九二三）は、この真空放電の実験を行なっているとき、真空度の高い管球の陽極から写真乾板を感光させ、蛍光剤を光らせる作用をもつふしぎな線が出ているのを見つけた。この線は物質中の透過性が高く、彼が手をかざしたとき骨の形がすけて見えた。そこで夫人の手を借りて、最初のX線撮影をした。この線は、よくわからない新種の光線という意味でX-Strahlen（X光線）と名づけられた。十九世紀中ごろに発見された陰極線についで二番目の放射線である。十二月二十八日に手書きの結果がヴュルツブルグの物理医学会に送られた。この放射線の発見は物理学会よりも医学会に大きな反響を呼んだ。人体が透けて見えることは、医療の診断にとって大きな朗報で、発表から数か月もたたないうちに欧州各国でX線検査がはじまった。

翌一八九六年の春にパリ工科大学の物理学教授のベクレル（一八五二〜一九〇八）は、前の週に机の引き出しにしまっておいた写真乾板を現像したところ、そこに十字架の像が写っているのを見つけた。それは写真乾板とウラン化合物のあいだに偶然置かれた十字架型の文鎮の像であった。これよりウラン化合物からX線と同じように写真作用や蛍光作用をもつ線が出ていることがわかり、ベクレル線と名づけて発表された。ベクレルの論文に興味をもったマリー・キュリーと夫ピエール・キュリーは、ベクレル線を出す物質を分離するためピッチブレンド（ウラン鉱残さ）を化学処理して、二種類の物質を選別することに成功し、これらにポロニウムおよびラジウムと名づけた。前者は当時世界地図上になかったマリー・キュリーの祖国ポーランドのラテン名ポロニアから、後者は放射を意味するラテン語radiusにちなむ。マリー・キュリーは感光作用、蛍光作用および電離作用を示す能力をRadioactivite（放射能）、放射能をもつ線を放射線とはじめて名づけた。さらに一八九八年から一九〇二年にかけて数トンものピッチブレンドから○・一グラムの塩化ラジウムを精製した。

ニュージーランド生まれの物理学者ラザフォードにより、ラジウムから放出される放射線にアルファ線、ベータ線、ガンマ線と名づけた三種類の放射線が含まれていることが報告された。これらはその後それぞれヘリウムの原子核、電子、電磁波であることが明らかにされた。一九三二年にチャドウイックによりベリリウムから出る放射線が電気的に中性な中性子であること報告された。一九三四年には、ジョリオ・キュリー夫妻がはじめて人工放射性元素をつくることに成功した。

放射線の生物効果の研究

二十世紀に入ると、X線が生物に対して大きな効果を与えることが実験により知られるようになった。パリのベルゴニエとトリボンドは、一九〇六年に細胞の放射線に対する感受性はその増殖能力が高いほど大きく、分化の程度が高いほど低いという有名な法則を示した。

ニューヨークのユニオンカレッジにいたメイヴァーは、一九二〇年にジェネラル・エレクトリック会社の実験室でショウジョウバエにX線を照射して、伴性形質の遺伝様式が変化することを見いだした。結果は一九二一年にサイエンス誌に発表された。ただしその結果は突然変異ではなく性染色体の非分離によることがまもなく判明した[1]。彼はまたX線照射により染色体の乗換え頻度が減少することも報告している。

メイヴァーの報告は多くの研究者に刺激を与え、一九二五年にマラーはショウジョウバエで、一九二八年にスタッドラーはトウモロコシでX線の乗換えにおよぼす影響を調べた。

日本では、一九二五年に勝木喜薫がカイコのX線照射により照射当代の卵数やその孵化《ふか》割合が変化することを報告している。

マラー以前の人為突然変異の研究

オランダのド・フリースは、著書 ***Mutationstheorie I***（一九〇一～一九〇三）の中で、「突然変異過程の背後にある法則を知ればやがて突然変異を計画的に人為誘発でき、それにより動植物で新しい形質を生じさせることができるであろう。そしてわれわれが遺伝的に改良された、多収で優れた選抜系統を生み出すことができるのと同様に、突然変異を制御することにより動植物のよりよい種をつくることができるであろう」と記している。彼はまた米国での講演で、「遺伝的粒子」を変化させる手段としてX線とキュリー夫妻による放射線（ガンマ線）の利用を勧めている。

ソ連のレニングラードのレントゲン線学研究所にいたナドソンとフィリッポフは、一九二五年に酵母のX線照射で遺伝的な変化が生じることを発見した。これこそが世界最初の人為突然変異の誘発である。結果はソ連とフランスの雑誌に掲載された。しかしそれがロシア語であったため、残念ながら世界的には注目されずに終わった。科学における非英語圏の不利性がここにも表れている。

マラーと人為突然変異の誘発の成功

米国の遺伝学者マラー（一八九〇～一九六七）は、マンハッタンに生まれた。[2] 彼は遺伝の本体を染色体レベルで研究することを志し、コロンビア大学のモーガンの研究室に出入りした。そこではモーガンのもとでブリッジスやスタートバンドが大量のショウジョウバエを相手に乗換えと連鎖の遺伝実験に取り組んでいた。しかしマラー自身には実験の場が与えられなかった。当時はまだ草原の中の小さな町であったヒューストンにライス研究所が開設されると、一九一五年に生物部門のハックスリーにスタッフとして招かれた。そこでは午前中に一般生物学を教え、午後は自由に研究ができた。

彼はモーガンの染色体説によって遺伝様式の研究は終わったと考え、遺伝子自体の解明、とくに突然変異の研究に関心を移した。突然変異はショウジョウバエ研究者にとっても、モーガンがオランダのアムステルダムにあるド・フリースの研究室を一九〇〇年ごろに訪れたとき以来の重大な関心事であった。

米国の第一次世界大戦への参戦を機に研究所の環境も悪化したので、一九一八年にコロンビア大学の講師に転任した。さらに一九二〇年テキサス大学に移り動物学部長となった。しかし、心労、離婚、周囲との思想的軋轢《あつれき》などから、米国をでることを願った。ソ連から奨励研究員としてきていたチモフェーフ・レソフスキーとの共同研究を望んで、一九三二年にベルリンのカイザー・ウイルヘルム研究所へ移った。そのころソ連の政治体制に憧れていた彼は、さらにヴァヴィロフの招待を受けてレニングラードの科学アカデミー付属遺伝学研究所に赴き、一般遺伝部部長として遺伝学者を指導した。しかし獲得形質の遺伝を唱え、メンデリズムを真っ向から否定するルイセンコと相容れず、一九三七年英国エジンバラ大学に難を逃れた。ここではアウエルバッハ、集団遺伝学のホールデン、細胞遺伝学のダーリントンなどと交流をもった。

スターリン治政下で遺伝学はすべての教科書から排除され、遺伝学書は絶版とされ、遺伝学者の名前は黒く塗りつぶされた。ヴァヴィロフは逮捕されたのち獄中で亡くなった（第三章）。チモフェーフ・レソフスキーは、ナチス・ドイツがソ連に宣戦布告したときに帰国できなくなった。彼は赤軍が来るのを待ちながらベルリンにとどまった。しかし、ナチの協力者として投獄され労働キャンプに送られ、二年後に発見されたときは失明と餓死の寸前であった。

第二次世界大戦勃発によりナチスが英国を侵略する恐れがでて、エジンバラにも安住できず、マラーは一九四〇年に米国に戻った。二番目の妻がドイツから逃れてきた女性であり、その安全のためであった。最初にアマスト大学に職を得たが、臨時教授で身分は不安定であった。一九四五年になってようやくインディアナ大学に動物学教授として迎えられた。一九四八年にストックホルムで開かれた第八回国際遺伝学会議では会長を務めたが、会長講演でソ連における遺伝学者への弾圧を激しく抗議する異例の演説を行なった。日本の原爆被害の研究推進にも力を尽くし、一九五一年に来日した。一九六四年に退職し、三年後に心臓発作で亡くなった。

マラーはコロンビア大学で講師をしていたときに、シーエルビー（*ClB*）系統と名づけた実験用系統を養成した。ここで *C* は染色体の乗換えの抑制を表す。つまりX染色体上に長い逆位があるため乗換えが妨げられ、X染色体上の遺伝子は毎世代セットになって組み換わることなく伝えられる。*l*（エル）は逆位をもつX染色体上にある既知の劣性致死遺伝子を示す。*B* はX染色体上にある優性の棒眼遺伝子を表す。これは *ClB* のX染色体をもつ個体を表現型から見分けるためのマーカーとして用いられた。ショウジョウバエの複眼はふつう八百ほどの小眼からなるのに対し、棒眼（bar）とよばれる突然変異体は小眼の数が正常の三分の一から二十分の一程度しかない。この *ClB* 系統を使うと突然変異で誘発された致死突然変異を正確に検出できた。

マラーはテキサス大学にいた一九二六年十一月三日、*ClB* 系統の雄をゼラチン製の管に入れて、十二、二十四、三十六、四十八分の四段階でX線を照射した。実験の結果は予想以上にすばらしかった。誘発された劣性致死が高頻度で検出され、しかも雄の照射では線量に反応して頻度が高まった。彼は劣性致死を示す瓶が見つかるたびに椅子から飛び上がり、窓を開けて階下にいた同僚のブッフホルツに「おーいジョン、また見つけたぞ！」と大声で叫んだ。彼は劣性致死のほかに十九の可視突然変異も発見した。それらのいくつかは、交配実験の結果、既存の自然突然変異と同じ遺伝子座の変異であった。一九一〇年から一九二六年までに蓄積されていた自然突然変異系統は二百に達していたが、X線照射実験ではわずか二か月間に百もの人為突然変異が得られた。

　正式発表はサイエンス誌の一九二七年七月二十二日号に載った四頁の論文で行なわれた[3]。「無処理区に比べて、一万五千パーセントの突然変異の増加がみられた」と記されている。ただしそこには、まだ方法も実験データも載っていない。詳細は八月にベルリンで開かれた第五回国際遺伝学会における二十頁の講演要旨「遺伝子改変の課題」の中で明らかにされた。彼は論文中で、X線による突然変異誘発は育種家にとっても役立つであろうと予測している。また連鎖地図上に並べるだけの十分な数の突然変異をつくりだすこともできるとのべている。

　マラーの報告は人為突然変異の誘発を実証した最初の例とよくいわれるが、実際にはソ連のナドソンとフィリッポフの実験のほうが先行している。しかし彼の結果は僥倖《ぎょうこう》によって得た単なる事例報告ではなかった。*CIB*系統という実験材料を自ら準備し、照射線量を何段階にも変え、実験を三回くり返して、ようやく得た結果である。劣性致死は、染色体異常などによる場合もあるので、最初の実験は人為突然変異の証しとしては弱い面があるが、彼はその後に優性致死や可視突然変異の誘発にも成功している。その結論は反論や疑問の余地を与えなかった。

　成功の知らせは世界に発信され、放射線による突然変異誘発の研究を進展させる起爆剤となった。彼はその後も一生を通じてショウジョウバエを材料とした放射線の生物作用の実験をつづけ、放射線遺伝学の創立者となった。また第二次世界大戦後はヒトに対する放射線被爆の危険性を説いてまわった。

スタッドラーと植物における人為突然変異の誘発

米国ミズーリ大学のスタッドラー（一八九六〜一九五四）（図9・1）はオオムギの発芽種子にX線およびラジウム・ガンマ線を照射したところ、二代目に突然変異が出現することを発見した。彼は結果を一九二七年十二月にナッシュヴィルで開かれた米国科学振興協会（AAAS）の講演会で報告し、翌年サイエンス誌に発表した[4]。彼の実験はマラーのショウジョウバエの実験とは独立に行なわれ、その開始時期はマラーの実験より早かった。イーストとの一年間の共同研究のために一九二五年にハーヴァード大学のビュッセイ研究所に来訪したときにはすでに、X線照射で得たトウモロコシの穂についた突然変異粒を持参していた[5]。しかし彼は論文の冒頭で、「実験は

図9·1　スタッドラー

マラーの実験ほど包括的で完全ではなかったが、独立でかつ同時に行なわれたものであり、マラーによるX線の突然変異誘発作用の発見を確認し、その植物への応用を示す」とのべている。その表現は、科学論文としては謙虚すぎる印象を与える。

X線照射には同じ大学の物理学部の装置を使わせてもらった。管電圧の低い軟X線であった。軟X線であるため、種子やその上にかけた湿ったろ紙によるX線の吸収を無視できない。ガンマ線照射には、コロンビア大学の五十ミリグラムのラジウムを借用した。照射された種子に由来する二十六個体の計七十七穂の照射次代系統から三種の葉緑色素突然変異、白子（アルビノ）、緑黄子（ヴィレセント）、黄子（キサンタ）が出現した。これら突然変異体の穂別系統内の分離頻度は四分の一から八分の一であった。同じ種子に由来する穂中で突然変異が出現するのは一本だけで、他の穂には出現しなかった。これは穂間のキメラの現象を示している。照射三代目の調査も行なわれ、突然変異体を分離した二代目系統内の外見は正常な個体のいくつかには、三代目で突然変異体が分離した。彼はさらにバリウム、鉛、ウラニウムなどの重金属塩溶液に種子を浸漬《しんせき》してからX線照射すると、照射効果が増大することを報告している。これは放射線の変更要因の実験として最初である。重金属を用いたのは、物質によるX線の吸収が原子番号の四乗に比例するという事実にもとづいたものであった。

彼はそののちにも、オオムギとトウモロコシのX線またはラジウム・ガンマ線の照射結果を報告した[67]。四年間でオオムギ種子に照射した次代の二千八百系統から五十三の突然変異を見いだした。その多くは幼苗で観察できる葉緑素突然変異であったが、それらを一般的な突然変異率の指標として使うことを提案している。その提案はその後の世界の突然変異育種研究に引き継がれた。葉緑素突然変異は指標としてショウジョウバエにおける致死突然変異に相当するといえる。なお倍数性のエンバクやコムギの種子照射も試みられたが、前者で一個体の突然変異体を得ただけであった。倍数体では遺伝子が重複しているため、突然変異が起きても分離してこないことによると彼は推測した。

彼の論文では、線量反応、穂間のキメラ、時期別照射、照射効果の変更要因（化学物質、照射後種子の貯蔵、種子の水分含量、照射中温度）、など、植物における放射線育種の基本的課題の多くがすでに扱われている。また突然変異体の選抜方式として、照射当代の穂別にとった種子を次代で系統に展開して突然変異体を選抜するという「穂別系統法」を開発した。植物における突然変異の育種的利用の方法は、彼によって基本的に確立されたといえる。

しかし彼自身はX線誘発の突然変異は進化の要因となるような真の突然変異とはいえないとして、晩年は自然突然変異や紫外線による突然変異の研究に移った。

スタッドラーとほぼ同時期に、ゲイガーとブレイクスリーがチョウセンアサガオで、グッドスピードがタバコ属で突然変異の誘発に成功した[89]。

アウエルバッハと化学変異原の発見

遺伝の単位としての遺伝子は一九四〇年当時確立していたが、その物質的基礎はまだ明らかでなかった。染色体のイメージはせいぜい紐を通したビーズのようなものでしかなく、遺伝子の本体はタンパク質か核酸かも知られていなかった。突然変異は自然に偶発するだけでなく人為的にも誘発できるので、突然変異は遺伝子の特性であることがわかった。したがって突然変異を解析すれば遺伝子の本性を解明できると期待されていた。一九三五年にチモフェーフ・レソフスキー、チンマー、デルブリュックにより、放射線の生物効果は、細胞内のある非常に小さな感受性部つまり標的（ターゲット）に電離という的中（ヒット）が起こることによるというターゲット説が提出された。この説に従えば放射線による突然変異誘発効果の実験から遺伝子の大きさが推定できると考えられた。しかしX線による人為突然変異はおもに遺伝子の不活性化か欠失にすぎず、推定は成功しなかった。マラーは化学変異原を用いれば、放射線の場合のようにランダムでなく方向性のある突然変異が得られ、遺伝子の本性もより明らかになると期待した。

化学変異原の処理により突然変異が生じることは、ドイツのバウルの学生であったヴォルフ（一九〇九）とシーマン（一九一二）によりそれぞれバクテリアと菌類で早くから見いだされていた。しかしショウジョウバエでは、モーガンによる一九一四年のアルコールとエーテルの処理による突然変異誘発の試みは失敗に終わった。最初の成功は、一九三二年ソ連のサッシャロウによる酸化ヨウ素の実験であるとされる。ただ突然変異率が低く安定した誘発方法とはいえなかった。

確実な化学変異原が発見されたのはずっと後の第二次世界大戦中で、それは英国スコットランドのマスタードガス（別名イペリット）とドイツのウレタンである。とくにマスタードガスは第一次世界大戦およびエチオピア戦争（一九三六）で化学兵器（毒ガス）として使われた。日本軍が中国山西省で、また最近ではイラクのフセイン政権がクルド人攻撃に使用した記録もある。マスタードガスは人体にやけどを起こさせ、それが癒えにくく、治ったとみえても数年後に再発するなど、薬理学的作用がX線によく似ていることが当時から知られていた。これを「放射線類似効果」という。現在では、マウスに吸入または静脈内投与することにより肺腫瘍を起こさせ、皮下注射で局所に肉腫を生じることが知られている。マスタードガスによる突然変異誘発はアウエルバッハによって発見された。

アウエルバッハ（一八九九〜一九九四）はドイツのライン河沿いのクレフェルトで生まれた。大学卒業後の数年間はベルリンで教師をしていたが、一九三三年のある朝、ドイツのすべての公立校でユダヤ人が教えることを禁ずる法律が通過したことを新聞で知り、学校へ自分の持ち物を取りにいくこともできなくなった。ナチ政権下で身に迫る死の恐怖から逃れるように英国にわたり、スコットランドのエジンバラ大学動物遺伝学研究所の研究員となった。ただし彼女の立場はきわめて弱く、給与も低く、大部分の時間は研究よりもマウスなど実験動物の世話に費やされた。唯一の慰めは、亡命者どうしで結成されたオーケストラでチェロを弾くことであった。

幸運にも研究所長クルーに招かれてマラーが一九三七年十一月にソ連から同大学に移ってきた。マラーは遺伝学の将来の発展はアウエルバッハが興味をもつ発育学ではなく突然変異の研究にあると考え、彼女にショウジョウバエを使って化学物質とくに癌原性物質による突然変異誘発の研究をはじめるよう勧めた。しかし三種のがん原性物質について行なった彼女の実験は不成功であった。そこで一九四〇年十一月にラットでマスタードガスの体細胞分裂への影響を研究していた薬学部のロブソンと共同して、*ClB* 系統を使ったマスタードガスの突然変異誘発実験をはじめた。危険なマスタードガスが選ばれたのは、第二次世界大戦での毒ガス兵器としての使用の可能性を考えていたA・J・クラークの発案による。

アウエルバッハらは、薬学部の屋根の上でふたのない容器に入れた液体のマスタードガスをブンゼンバーナで熱して、大きなチェンバーに入れたハエを処理した。実験はいまからみるととても乱暴なもので、彼女を含めて仕事にかかわった者全員が手にマスタードガスによるやけどを負った。X線と違ってマスタードガスは処理の強さを加減するのがむずかしかった。処理後のハエは三キロ離れた動物遺伝学研究所まで運ばれて、*ClB* ハエと交配された。マスタードガスの名を実験室内で口にすることはかたく禁じられ、物質Hとよばれていた。

一九四一年春になって彼女とロブソンはたくさんの致死突然変異を得ることに成功した。逆位や転座などの染色体異常も認められたが、X線の場合より少なかった。[10] 成果はすぐにアムハースト大学に移っていたマラーに手紙で知らされた。一九四二年三月にロンドンの供給省に結果が内部資料として提出された。またショウジョウバエ情報サービス誌やネイチャー誌にごくヒントだけが示され、一九四四年一月にロンドンで開かれた英国遺伝学会で口頭発表された。大戦中であったので結果は軍事機密とされ、戦後になってはじめてネイチャー誌などに問題の物質がマスタードガスであることが明かされ、詳細が発表された。[11][12] アウエルバッハはストックホルムでの第八回国際遺伝学会（一九四八）で「化学物質による突然変異の誘発」と題する講演を行なった。マスタードガスの突然変異誘発作用は、スウェーデンでオオムギを使った実験でもすぐに証明された。彼女は一九六九年にエジンバラ大学の名誉教授となったが、なおも突然変異の研究を指導した。世界的名声を得たころに、ドイツから相応の職をもって招待されたが、「ドイツで教授となるよりは、実験補助としてでもスコットランドで働きたい」と断った。

アウエルバッハの成果は、マラーが期待した遺伝子の本性を明らかにするには役立たなかったが、ほかの多くの化学変異原の発見につながった。ドイツのエールカーは一九四三年にウレタンがマツヨイグサで染色体異常と突然変異を生じさせることを認めた。一九四六年にはソ連のラポポルトがショウジョウバエの *ClB* 系統を用いてマスタードガス以外の化学変異原でも突然変異誘発作用が認められることを報告した。有効な変異原には、ホルムアルデヒド、エチレンオキサイド、ジエチルサルフェイト、エチレンイミン、ジアゾメタン、グリコールオキサイドなど、じつに多様な化学物質が含まれ、中にはマスタードガスよりも効果の高いものもあった。さらに彼は一九五七年にはニトロソ化合物がX線の数倍も突然変異を誘発することを発見した。しかしルイセンコの狂信的考えに強く反対したため、彼もまた研究を止められてしまった。

化学変異原による突然変異誘発作用を植物ではじめて組織的に検証したのは、次節でのべるスウェーデン学派である。しかし一九五〇年代後半にオオムギで試験された、マスタードガス、エチレンオキサイド、ホルムアルデヒド、ネビュラリン、8エトキシカフェイン、アクリジンなどはどれもX線よりも突然変異誘発効果が低かった。これは処理方法が最適でなかったため、化学物質の毒性による種子不稔の発生が著しく、濃度を高めたり処理時間を長くすることができなかったことによる。しかしエチレンオキサイドとエチレンイミンによる処理ではじめて、化学変異原の中にはX線より高い突然変異率を示すものがあることが見いだされた。また化学変異原としては、そのほかエチルメタンスルフォネイトが一九五三年ころからアカパンカビ、ショウジョウバエ、オオムギで有効性が認められるようになった。とくに栽培植物での有効性を確かめたのはフランスのヘスローである。また一九七三年に米国のナイランによりオオムギで呼吸阻害剤のソジウムアザイドが低pHの条件下において高頻度に突然変異を誘発することが報告された[13]。

突然変異育種はスウェーデンで開花した

スウェーデンの遺伝学者はマラーとスタッドラーによる人為突然変異誘発法の発見に触発された。とくにスワレフ（図9・2）にあるスウェーデン種子協会の会長でルンド大学遺伝学研究所長であったニルソン・エーレは、メンデルの法則が再発見された二十世紀のはじめから自然突然変異に興味をもっていたの

図9·2　スワレフにあるスウェーデン種子協会の研究所
突然変異育種のメッカであった。

で、ただちに人為突然変異の重要性を見抜き、それを進化の研究に使うだけでなく、植物育種に応用して遺伝的変異を高めたいと考えた。そこでスタッドラーの発表の翌年である一九二九〜一九三〇年に協力者とともに品種改良を目的とした突然変異の応用の研究を開始した。

突然変異育種の実質的な基礎を築いたのは、グスタフソン（一九〇八・四・八〜一九八八・一一・一四）（図9・3）である。彼は、ストックホルムに生まれ、南部のマルメの高校、ついでスウェーデン最古の大学であるルンド大学に入り、一九二八年にルンド大学遺伝学研究所の助手、一九三五年に遺伝学講師となった。一九四七年にストックホルムにある林科大学の林木遺伝学教授となり、森林学部長を経て、ウプサラにあるスウェーデン農科大学に遺伝学教授として移った。さらに一九六八年にルンド大学遺伝学教授および遺伝学研究所長を務め、一九七四年に退職した。[14]

ルンド大学の学生であったときグスタフソンは、

図9･3　農林省放射線育種場のガンマフィールドを見学するグスタフソン（矢印）。第七回ガンマフィールドシンポジウム（1968）に招かれて来日した。

人為突然変異の研究をやりたくて、一九二八年にニルソン・エーレに会い助手となった。彼は、自然が絶えず生物種にとって有用な突然変異体を生みだしているのなら、それを実験的につくりだすことも可能であろうと考え、スタッドラーの突然変異に対する悲観的見解を批判した。[15] 人為突然変異のほとんどは確かに有用なタイプではないが、千に一つでも有用なものが得られるならば、それを品種改良に使えるはずだと考え、それに賭けたのである。彼は、ニルソン・エーレの傘下で突然変異の育種的利用を目標としたおおがかりな研究を開始した。X線照射には大学の物理学研究所の協力を得た。まず解決すべき三つの基本的課題を掲げた。

一、人為突然変異は自然突然変異と異なるのか？
二、人為突然変異は既存の変異より優れた価値があるのか？
三、人為突然変異は労力に見合うだけの高頻度で出現するのか？

望んだ成果はすぐには現れなかったが、一九三四〜

一九三五年にニルソン・エーレによりオオムギで最初の生存可能な突然変異が得られた。それはグスタフソンによりエレクトイデスと名づけられた突然変異体で、穂の粒密度が高く稈が強く、収量ももとの品種に劣らなかった。スワレフでの実験により突然変異の有望性が確認されると、ニルソン・エーレの後継のアッカーマンの計らいで、一九四〇年一月に栽培植物における突然変異の誘発とその誘発機構の研究を課題とする大規模なプロジェクトが開始された。その資金は二つの製粉会社から提供された。その後もプロジェクトは拡充され、第二次世界大戦後の一九五三年にはグスタフソンを指導者として、「突然変異の理論的ならびに応用的研究のためのグループ」が結成された。またノルウェーの原子炉施設の利用により中性子が突然変異原に加わった。突然変異育種の対象とされた栽培植物は、オオムギ、コムギ、エンバク、エンドウ、ベッチ、ダイズ、ルーピン、アマ、油料カブ、ナタネ、白マスタード、テンサイ、ジャガイモ、ケンタッキーブルーグラス、オーチャードグラス、レッドフェスク、リンゴ、ナシ、アンズ、サクランボ、観賞植物、林木など実に広範囲に及んだ。スワレフは突然変異育種研究のメッカとなり、グスタフソンはのちに「突然変異育種の父」とよばれた。

スワレフでの突然変異の研究では、オオムギがモデル作物として選ばれ、突然変異形質別に担当が決められた。品種にはニルソン・エーレによって育成された多収の二条品種 Bonus が多く用いられた。グスタフソンは早熟性突然変異、パーソンとハーグベリはエレクトイデスを、ルンドクヴィストはエセリフェラム（葉や稈のロウ質欠）を、ハーグベリは染色体の相互転座を生涯にわたる研究対象とした。得られた突然変異の遺伝子座や転座切断点の決定、突然変異の生理学的および形態学的特性や農業上の有用性が詳しく調べあげられた。それにより突然変異研究におけるスウェーデン学派とよべるほどのまとまった知見が構築された。選抜された突然変異体はオオムギだけでも約九千に達し、その大部分はのちにノルディック・ジーンバンク（初代所長ブリクスト）に保存された。

スワレフで育成された初期の突然変異品種には、白マスタードのPrimex（一九五〇年）、油料ナタネのReginaII（一九五三年）がある。研究成果が実際の品種として実るのは、第二次世界大戦後である。X線照射によって得られたエレクトイデス突然変異体の一つが耐倒伏《とうふく》性の品種Pallasとして一九五八年に、また早熟性突然変異体から品種Mariが一九六二年に育成された。

一九五四年にマッケイが人為突然変異利用による品種改良法をmutation breeding（突然変異育種）とよぶと、その語が育種分野に広まった。グスタフソンは論文中で「有用突然変異の誘発は偶然のことではない。むしろ反対に明確な育種目的、適切な突然変異原、適切な選抜法による慎重な企画を必要とする植物育種法である」とのべている[16]。

スウェーデン以外での突然変異育種

スウェーデン以外の国でもヨーロッパでは早くから突然変異の育種的利用を図る研究が行なわれた。東西ドイツ、英国、フィンランド、ノルウェー、オランダ、フランスなどである。当時の突然変異原はすべてX線であった。

一九一九年にはオランダのド・モルがヒアシンスやチューリップの球根のX線照射をはじめた。東ドイツのガータースレーベンにある栽培植物研究所のバウアーやシュツッベはキンギョソウ、トマト、ダイズで、フライスレーベンとレインはオオムギで突然変異育種に期待をかけて実験を開始した。後者は、一九四二年にウドンコ病抵抗性の突然変異 *ml-O* の誘発に成功した。これは最初の病害抵抗性突然変異であるだけでなく、当時は既存品種にない遺伝子として注目された[17]。

ソ連では世界に先駆けて、放射線照射による品種改良に着目した。一九二八〜一九三〇年にはすでにサペヒンによりオデッサでX線照射が開始され、コムギなどの穀類での突然変異について報告された[18]。デロ一ネは一九二七年にディダスと共同でカルコフの育種場でコムギおよびオオムギの放射線照射を開始し、一九三八年までに数百の突然変異体を発表した。またミチューリンも人為突然変異に興味をもち、友人への手紙で一九三三年に実験をはじめたと書いている。一九三五年にアッセイエーヴァとブラゴヴィドーヴァがジャガイモのX線照射で突然変異が生じることを見いだした。しかし台頭してきたルイセンコによる研究の妨害により、ソ連における突然変異育種は芽生えの段階で摘み取られてしまった。再開されたのは一九五六年になってからである。

マラーやスタッドラーの研究により突然変異誘発法の発見で他国に一歩リードした米国は、突然変異の育種的利用についてはまったく出遅れた。これにはいくつかの理由がある。

一、当時米国では育種家の関心がもっぱら一代雑種トウモロコシの改良に集中していた。

二、スタッドラー自身が人為突然変異のほとんどすべてが有害な突然変異であり、またまれに得られる有用突然変異も他の有害突然変異が随伴《ずいはん》するので、品種改良に直接役立つことはほとんどないと強く考えていた。また、かつて自然に生じたことのない突然変異を実験的につくりだすことはまずできないであろうと考えた。彼は、突然変異が有用なのは特別な場合、つまり交雑がむずかしい作物、単一遺伝子の変化だけで大きな改良ができる場合、そして果樹のように交雑育種では育成に長期間を要する作物などに限られると考えた。他の米国人研究者も突然変異の育種的利用には懐疑的であった。

三、突然変異誘発に必要なX線照射機が育種の現場である農業試験場まで普及してなく、利用しにくかった。もっともこれは突然変異育種に懐疑的であったため、照射機の購入費が予算化されなかったのであろう。

米国では大戦後まで、突然変異育種の研究はほとんど行なわれなかった。状況が変わったのは、戦後になり米国を中心に原子力の平和利用が叫ばれるようになり、また放射性同位元素（ラジオアイソトープ）が大量に生産されるようになってからである。原子力の平和利用のためにいくつもの国立研究所が設立された。とくにニューヨーク州ブルックヘヴン国立研究所は原子力利用のためだけの研究所と位置づけられ、原子力委員会の予算で運営され、米国における放射線育種の大部分はここで行なわれた。ここに生育中植物に対するガンマ線照射のための施設としてガンマフィールドが一九四八年に付置された。

ブルックヘヴン以外では、ノースカロライナ州立大学のグレゴリがラッカセイで大規模な突然変異育種を開始した。彼はオークリッジ国立研究所で約五十キログラムのラッカセイ種子にX線を照射し、照射次代を二十五ヘクタールもの圃場に展開した。彼とその助手たちは、九十七万五千系統を調査してまわった。またミシガン大学のフライはエンバクのX線照射で早生および晩生の突然変異を得た。一九五六年ごろはまだ米国では放射線照射により有用な突然変異体が得られるという確信をもつ研究者は多くなかった。

アジアでは、インドネシアのトレナールがタバコの育種に突然変異を利用した。日本のことは後述する。世界で最初に登録された突然変異由来の品種は一九三四年のタバコの淡緑葉品種である。しかし、その後十年間は第二次世界大戦の時代であったため突然変異の研究も支障が多く品種数は伸びなかった。育種が軌道に乗るのは終戦後に再開された研究が実りだした一九五〇年代後半からである。

日本における戦前の照射実験と突然変異研究

田中義麿は一九二八年に鳥取農学会報に「将来の遺伝学」と題する寄稿の中で、「今日ノ学説ニ依レバ、生物ハ交雑ト突然変異トニヨル外、進化ノ方法ガナイ。然ルニ交雑ニヨル進化ハ限リアリ、無限ニヨキモノヲ得ルワケニハ行カナイ。更ニ改良セントスルニハ突然変異ニヨラネバナラヌ。」とのべている。この報告では、同年に発表されたマラーのX線による人為突然変異誘発法の発見にはふれていないが、突然変異の誘発原としてX線を有望とみている。

マラーの報告後最初の日本での実験は、一九三四年の台北帝国大学市島吉太郎によるイネ種子のX線照射である。[19] 彼は照射次代で、矮性《わいせい》、密穂《みっすい》、粗粒《そりゅう》などの突然変異を得た。今井喜孝は東京工業大学でイネ品種「無芒愛国」の減数分裂期および開花期の植物体にX線照射を行ない、照射次代で種々の程度の不稔《ふねん》稲《とう》や葉緑素突然変異が発生することを認めた。葉緑素突然変異の頻度は五千四百四十四系統中の六十二（一・一四パーセント）であった。[20] 彼は照射当代の種子不稔についても報告している。また京都大学の木原均はX線を一粒コムギの種子に照射して早生突然変異体を得た。彼は突然変異の育種利用について、「照射が畸形をしばしば伴なう理由でこの方法を排斥する人々がある。併し鉱石中に不必要な物質が多少混じってゐても冶金家は之を捨てる事はない」と論文の末尾でのべている。[21] なおカイコについては、蚕糸試験場で早くからX線照射実験が行なわれ、前述の三谷らや勝木の研究のほかに、有賀《あるが》久雄によるX線照射における突然変異の詳細な研究がある。

東京都文京区にあった財団法人理化学研究所で、一九三七年四月に原子核研究のための「小サイクロトロン」が建設された。仁科芳雄《にしなよしお》はすぐ村地孝一《むらちこういち》にマウスにサイクロトロンからの中性子とガンマ線の混合放射線を照射してその影響を調べるよう勧めた。結果はデンマークのコペンハーゲン大学の著名な物理学者ボーアに送られた。仁科芳雄とその共同研究者らは、引きつづいて一九三九年から一九四三年にかけて、ソバ、アサ、ソラマメ、アサ、林木などの種子に照射を行ない、おもに細胞学的効果について研究した。

日本における戦後の照射施設

前述のとおり、放射線生物学的研究や突然変異誘発のためのＸ線照射は日本でも戦前から行なわれていたが、照射にあたっては専用の照射装置をもたず、大学医学部などに依頼して医療用の照射装置を借用していた場合が多い。

第二次世界大戦後の日本では放射性同位元素の輸入が連合国軍総司令部（ＧＨＱ）により禁止された。六年がかりで建設された理化学研究所の大サイクロトロンも、米本国からの指令により一九四五年十一月に破壊され東京湾に投棄された。戦後すぐの時期には、Ｘ線が唯一の放射線源であった。たとえば農業技術研究所（平塚）では一九四六年に導入された機械整流による旧型のＸ線発生装置が使われていた。

仁科芳雄の米国への働きかけにより一九四九年十一月に禁止が解除され、オークリッジ国立研究所でつくられた放射性同位元素アンチモン１２５が政府貿易により一九五〇年四月十日に輸入された。一九五一年五月に日本放射性同位元素協会が設立され、十二月には民間貿易による放射性同位元素が米国からはじめて輸入された。これを皮切りに同年から順次ベータ線源としてのリン３２、イオウ３５やガンマ線源としてのコバルト60、セシウム137などの線源が輸入されるようになった。生物照射に利用できるような大量線源が輸入されるようになったのは、コバルト60は一九五三年九月から、セシウム137は一九五八年三月からである。

そのころ、原子力の利用をめぐる社会事情に大きな変化があった。一九五四年三月一日未明、米国が南太平洋のマーシャル諸島のビキニ環礁で、水爆「ブラボー」の実験を行なった。サンゴ礁の死の灰はランゲラップ島などの住民や、「危険水域」外で操業していたマグロはえなわ漁船第五福龍丸の船員に降り注いだ。無線長の久保山愛吉《あいきち》が半年後に被爆の犠牲となった。それを契機に原水爆禁止署名運動が展開され、署名は三千万人に達した。米国はこのような動きが反米に利用されるのを恐れ、一転して日本での原子力の非軍事的利用の推進を図り、原子力予算が計上され原子力発電計画が打ち上げられた。放射線育種もこのような状況の中で、急に「原子力平和利用」事業の一つとして注目を浴びることになった。

放射線の線源の輸入が本格化するに伴い、育種目的でも使われるようになった。照射施設としてコバルト60またはセシウム137を線源とするガンマルームが、国立遺伝学研究所（一九五六年）、蚕糸試験場（一九五六年）、農業技術研究所（一九五七年）、林業試験場、富山県農業試験場（一九五八年）などに相次いで設置された。農業技術研究所のガンマルームの線源は当初コバルト60の百キュリーであったが、一九六六年にセシウム137の二千キュリーとなった[22]。一キュリーは、一グラムのラジウムが壊変するときにもつ放射能を単位としたものである。また農業技術研究所では一九五八年から受託照射が開始された。

一九六〇年には茨城県那珂郡大宮町（現在の常陸大宮市）に農林省放射線育種場が設立され、翌年から野外照射施設であるガンマフィールドで果樹、林木、チャ、クワなど永年生木本植物を中心として、自然生育条件下での生体照射が始まった。ガンマフィールドについては国外も含めて後述する。一九六六年には温室内に放射線源を設備したガンマグリーンハウスが、放射線育種場、国立遺伝学研究所、九州大学農学部に設置された。

また農林省の農業技術研究所（平塚）では、一九四九年にリン32や一九五七年にイオウ35がベータ線内部照射のための線源として用いられた。

一九五七年八月には、茨城県東海村に設立された日本原子力研究所に日本最初の研究用原子炉（JPR－1）が設けられ、炉心《ろしん》に向けた照射孔での中性子による生物照射が可能となった。しかし、中性子照射に伴う混在ガンマ線の量が大きすぎて、照射結果が中性子とガンマ線のどちらの効果かがはっきりしなかった。一九六〇年に生物の中性子照射用装置が国立遺伝学研究所におかれた。さらに一九六三年には京都大学原子炉実験所が大阪府泉南《せんなん》郡熊取《くまとり》町に設置され、一九六五年から共同利用が開始された。原子炉は運転期間中、火曜から金曜まで五メガワットで運転された。ここでは重水設備を利用した混在ガンマ線の少ない熱中性子照射と、気送管による速中性子照射が可能であった。

米国と日本のガンマフィールドの設立

一九四九年、ニューヨーク州ロングアイランドのブルックヘヴン国立研究所にガンマフィールドが設置された。この研究所は米国原子力委員会の管理下にあり、九大学の援助を得ていた原子力総合研究所であった。ガンマフィールドは、約四ヘクタールの圃場の中心にコバルト60のガンマ線源が置かれ、線源から種々の距離だけ離れた同心円上に植物が植えられていた。線源の大きさは設立当初は十六キュリーであったが、一九五六年までに一挙に千八百キュリーに、さらに一九六〇年代には三千キュリーに増強された。線源は地下に格納されていて、照射時には地上約二メートルの点に保たれる。線源の駆動は正門入り口わきにある操作室での遠隔操作で行なわれた。照射は冬季を除き、毎日二十時間行なわれた。圃場は外門と内門の二重の金網で外部と隔離されていた。

当時の世界は米国を中心とする西側諸国とソ連を核とする東側諸国が対立する東西冷戦の時代であったので、来るかもしれない核戦争に備えて、ブルックヘヴンのガンマフィールドでは、スパローを中心に栽培植物を含む種々の植物のガンマ線に対する感受性を調査することが精力的に行なわれた[23]。これは原爆を投下した場合に、放射性降下物が植物生態系にどの程度影響するかを予測することが目的であった。研究の結果、半減線量で表した放射線感受性は染色体体積に反比例する、言い換えると大きな染色体をもつ植物種ほど放射線に弱い、という法則が見いだされた。米国ではさらに一九六一年に森林地帯にセシウム137の九千五百キュリーの大線源を備えたガンマフォレストを設け、林木などの植生に対するガンマ線照射の影響を調べた。また原野に裸の原子炉を置いて中性子照射をするニュートロン・フィールドや、種々の核種の崩壊定数にあわせて線量率を減少させていくフォールアウトディケイ・シミュレータなどによる研究も行なわれた。

一方では突然変異育種の研究もトウモロコシ、エンバク、オオムギなどを材料として行なわれた。しかし米国のガンマフィールドでの育種研究はしだいに先細り、一九七六年にスパローが亡くなった後は放射線感受性の研究もとだえた。

米国は自国だけでなく、世界におけるフォールアウトの影響を調べる目的でガンマフィールドの輸出を図り、イタリアのカサーキアの原子力研究センター植物遺伝学研究所、スペインのマドリッドの国立農業研究所、インドのニューデリーの農業研究所、コスタリカのツリアルバの農業科学研究所など多数の国に設置された。世界のガンマフィールドの数は最盛期の一九六〇年代後半には二十を超えた。

ガンマルームでは、大型の植物や大量の生物材料を持ち込めず、また室内での日照不足から生育中植物体を長く置いて処理できない。そのため照射材料は、種子、幼苗、接ぎ穂、挿し穂、花粉、胞子などに限られ、照射は長くても数日の短期間の照射（急照射）しか行なえない。また数日の短期間の照射（急照射）よりも生育中植物の長期にわたる照射（緩照射）のほうが、選抜された突然変異体に伴う放射線障害が少ないことが多いと予想された。そのような事情から、日本でも、果樹、クワ、チャ、林木などの大型の永年生木本作物の累年連続照射や、イネ、オオムギ、野菜類、イモ類など草本性作物の全成育期間照射が可能な施設としてのガンマフィールドの設置が一九五五年ころから検討されはじめていた。国立遺伝学研究所の松村清二は「ガンマー圃場のごときも、わが国で一つぐらいは設置されてよいであろう。（中略）それは放射線突然変異を品種改良に役立てるという夢を実現する施設となろう」と述べている。

たまたま一九五七年暮れに米国原子力委員会より日本原子力委員会に対し、もし日本がガンマフィールドを設置する意志があるならば、ブルックヘヴン型照射装置一式とコバルト六十線源二百キュリーを無償貸与してもよいという提案があった。これを受けて原子力委員会、科学技術庁、農林省で慎重に検討した結果、線源が小さすぎることと形状が長すぎて散乱線が制御しにくいことから、米国の申し出を断り、日本独自の照射装置を使った設置計画が促進されることになった。設計にあたって、建築研究所および理化学研究所の協力による理論計算や、日本放射線同位元素協会を通じた群馬県相馬原《そうまがはら》陸上自衛隊射撃演習場での大線源を用いた照射実験が行なわれた。

一九五九年から三年計画で建設され、一九六〇年に実施機関としての農林省放射線育種場が茨城県那珂

図9・4　日本のガンマフィールド

郡大宮町に設置され、ガンマフィールド（図9・4）では、一九六二年四月二日から一日二十時間の定時間照射がはじまった。照射圃場は直径二百メートルの円形で、その中心にある照射塔上にコバルト六十の二千キュリーの線源が置かれた。直射線や一次散乱線が圃場外部へ出ることを抑え、また照射中に誤って人が入るのを防ぐために、照射圃場の周囲に、高さ八メートルの土堤が設けられた。また照射圃場の一部は、東京大学放射線育種共同利用施設（初代委員長は東京大学松尾孝嶺）として全国の大学に開放された。日本のガンマフィールドは当初から農林省の所管で、放射線育種の基礎研究を目的とした。

日本における放射線育種の発展

照射施設の整備に伴って、突然変異育種の基礎的研究が開始された。文部省関係では、東京大学、京都大学、国立遺伝学研究所などが中心となった。農林省では一九四九年より農業技術研究所（平塚）の河合武によりイネ品種とくに「農林八号」を材料として研究が展開され、リン32、X線、イオウ35、原子炉中性子、セシウム137などが逐次線源として用いられた。[24]放射線育種場が設立されると、自然条件下で生育中の植物とくに永年生木本の果樹、林木、クワ、チャなどへの照射が行なわれるようになった。また草本植物もイネだけでなく、オオムギ、ダイズ、サツマイモ、トマト、イタリアンライグラスなど、広範囲な作物についての育種規模の実験が進められた。

第二次世界大戦のため、日本における突然変異育種の組織的研究の開始はスウェーデンなどヨーロッパ諸国に比べると二十年以上遅れた。大戦により欧米からの情報が遮断され、研究も中断されたことが大きく響いた。さらに一九五〇年代はじめまでは、人為突然変異を遺伝的に研究することはあっても、育種への利用については多くの研究者はまだ懐疑的であった。とくに交雑育種が進んだ水稲やムギ類では突然変異育種を導入してもそれ以上の改良はむずかしいとみていた。

しかし一九五三年に九州農業試験場で、翌年に青森県農業試験場の藤坂試験地（指定試験地）でイネの突然変異育種事業が開始されると、五年後の一九五八年には地方番号系統の「西海六四号《さいかい》」（九州）が、翌年に「ふ系五三号」（藤坂）、「ふ系五四号」、「西海六五号」が育成された。一九六一年には静岡県農業試験場の太田孝らにより「赤神力《あかしんりき》」のガンマ線照射によりハダカムギの早熟性品種「早神力《はやしんりき》」が育成された。一九六六年にはイネ品種「レイメイ」が藤坂で、またダイズの品種「ライデン」が東北農業試験場で育成された。これにより突然変異育種の有用性が確信されるようになった。

なお当時は人体に対する放射線の危険性があまり知られてなく、放射線防護も不十分で、研究者にも何人かの犠牲者がでた。立教大学教授の村地孝一が倒れた。国立遺伝学研究所変異遺伝部長の松村清二も一九六七年二月十九日に不帰の客となった。

ＩＡＥＡ（国際原子力機関）とＦＡＯがまとめた突然変異育種のデータベースによれば、二〇〇四年十一月現在で突然変異育種によって育成された世界の品種数は二千三百二十二に達している。以下では、日本での代表的な例を記す。

（一）水稲のレイメイ

青森県農業試験場の藤坂試験地では集団育種法により「ふ系四七号」（一九六〇年にフジミノリと命名）を育成中であったが、その現地検討会議で、試作した農家から「たいへんよい品種だが、稈が少し長すぎる」と言われた。そこで主任の鳥山国士は放射線照射による改良を考え、一九五九年に農業技術研究所（平塚）の河合武に依頼して、ガンマルームで「ふ系四七号」の乾燥種子にコバルト６０のガンマ線を照射してもらった。線量率は時間あたり四グレイで、「レイメイ」が得られた線量は二百グレイであった。返送されてきた種子は研究員の蓬原雄三《ふつはらゆうぞう》（のちの名古屋大学教授）に託された。種子はガラス室内にまかれ、苗が本田に移植され、千個体が一本植えで育てられた。収穫期に不稔個体を除く四百個体から穂別に採種された。翌一九六〇年に穂別の六百系統、計二万五千の照射次代個体が育てられ、短稈変異体だけを目標にしぼって選抜が行なわれた。その割合は約六パーセントであった。選抜された個体を株別に収穫して室内で種々の形質を調べ、最終的に十四系統十五個体が選ばれた。次の年の生産力検定予備試験を経て、短稈である以外は形質が原品種と変わらず、収量が優れた二系統が選ばれた。一九六二年には、さらにその中の一系統にしぼられ、「ふ系七〇号」という地方系統名がつけられた。一九六三年から三年間、青森県内外の数十か所に種子が配られて栽培試験をした結果、青森県および広島県高冷地で好成績を示した。

そこで一九六六年に「水稲農林一七七号」として品種登録され、「レイメイ」と命名された。

レイメイは日本における突然変異育種によるイネ品種の第一号であり、その名は突然変異育種の黎明つまり夜明けを意味する。原品種の「フジミノリ」は夏の気温が低い東北地方でも毎年安定して実るほどの優れた耐冷性をもっていた。しかし稈が長いため、農家が化学肥料を大量に使用するようになると成熟期に倒れやすいという致命的欠点を表した。それに対して「レイメイ」は原品種より稈長が十五センチほど短い。その特性は幼穂形成期以降の伸長が抑えられて成熟期に地際《じぎわ》近くの下位節間が著しく短くなることによる。短稈であるうえに稈壁が厚く、力学的に倒れにくい構造をもっている。施肥に対する反応もよく、チッソ肥料を標準の十アールあたり八キログラムから十二キログラムに増やしたとき、「フジミノリ」は〇・一パーセントしか収量が増えなかったが、「レイメイ」では七・三パーセントも高くなった。[25]

その後の研究で、「レイメイ」の短稈性は劣性の突然変異遺伝子 *sd1* によるものであることがわかった。この遺伝子は、米国カリフォルニアで育成された突然変異品種 Calrose76 や、日本の既存品種である「十石」、台湾の「低脚烏尖」(Dee-geo-woo-gen) なども共通してもつことがわかった。レイメイは最高時には十四万ヘクタールまで普及し、米作日本一の品種にも使われた。日本のコメが過剰生産となり食味《しょくみ》が重要視されるようになると、レイメイは食味不良ということで栽培が減った。しかしその後の水稲の交雑育種において貴重な交雑親として用いられ「アキヒカリ」など十品種が育成された。また中国でジャポニカ型一代雑種の最初の品種である「黎優五七」の雄性不稔維持系統としても利用された。

(二) ナシのゴールド二十世紀

放射線育種場の設立にあたっては、ガンマフィールドにおける果樹、林木、クワ、チャなどの永年生木本植物の照射により突然変異の新品種が得られると大きな期待がもたれていた。しかし、最初の二十年間はめぼしい成果がなく、一九八一年夏に開かれた創立二十周年のガンマフィールド・シンポジウムにおいて、総合討論の座長を務めた東京大学の松尾孝嶺《たかね》は、その原因を議論の中心課題とし、担当者一人ひとりにきつく意見を求めた。

まさにその年に、一九六二年にガンマフィールドに植え込まれて以来二十年近く照射されてきたナシ品種「二十世紀」の樹に、黒斑病抵抗性の突然変異が発見された。その年、果樹担当の研究者の交代があり、真田《さなだ》哲朗が七月に赴任したとき、前任者の転出から一か月たっていて、そのあいだナシ樹の薬剤散布も行なわれずにいた。これはナシの正常な栽培には致命的で一面の葉が病斑で黒ずんでいた。しかしその中に健全に見える葉をつけた枝が見つかった。これが抵抗性突然変異であった。この突然変異体は、その後増殖と病害抵抗性の詳細な検定を経て、一九九〇年に「ゴールド二十世紀」と命名され新品種登録された。その名は「金のように価値が高い二十世紀ナシ」を意味する。[26] 構造的にはナシ樹の組織のL2層とL3層が抵抗性となった周縁キメラ構造をもつ体細胞突然変異体である。この品種は、防除のための薬剤の散布回数がずっと少なくてすみ、減農薬と農家の経費節減に役立ち、日本のナシの最大産地である鳥取県で奨励されている。

第十章　試験管の中での品種改良

十九世紀の細胞学説

組織培養の原理は、ドイツのイエーナ大学の植物学者シュライデンおよびフランスの動物学者シュヴァンによって提唱された細胞学説にまでさかのぼる。

シュライデン（一八〇四〜一八八一）は、一八三八年に *Archiv für Anatomie und Physiologie* 誌に Beiträge zur Phytogenesis（植物発生論）という論文を出し、その中で、動物でも植物でも生物体は細胞を基本的単位として構成され、細胞のもつ核が細胞の発生において重要な役割をもつとした。また、各細胞は自律性をもつとともに、一個の完全な植物体にまで発育する能力、つまり分化についての全形成能をもつと唱えた。ただし、この全形成能は、卵や胞子の発達から思いついたもので、今日のように体細胞でも成り立つとは考えていなかった。彼の説は、当時の若い研究者に大きな影響を与えた。ただしシュライデンの説には、一個の親細胞の内部に一個の娘細胞が核の表面から出芽により生まれるとしたことや、粘液質の顆粒からしだいに核小体、核、細胞へと順次大きな単位へと形成されるとした「遊離性細胞形成」など、大きな誤りも含んでいた。[1]

シュヴァン（一八一〇〜一八八二）は一八三九年に「動植物の構造と成長の一致に関する顕微鏡的観察」という論文で、動物の軟骨組織の観察から、動物も植物と同じように細胞、細胞膜、核などが観察され、動物も植物も細胞から構成されることを確認した。

ハーバーラントと植物組織培養の試み

一八九三年にドイツのレヒンガーは、器官が再生するにはどの程度以上大きくなければならないかを調べるために、植物から種々の大きさで切り離した蕾や根の切片などを、砂の表面に置いて、器官再生の有無を観察した。砂には培養液でなく水を加えただけであった。植物組織は一・五ミリ以上厚ければ発育するというのが結論であった。この実験は培養とはほど遠いが、培養への道を指し示したものといえる。

植物組織培養の基本的な考えをはじめて提示したのは、オーストリアの植物解剖学者ハーバーラント（一八五四〜一九四五）（図10・1）である。彼はハンガリーのアルテンブルグに植物学者の息子として生まれた。ウイーン大学で博士号を得たのち、一八七六年にチュービンゲン大学のシュヴェンデナーのもとに移り、「単子葉植物の解剖学的構造の機構的原理」をテーマとして研究をつづけた。一八八〇年にグラーツ工業大学に講師として移り、一八八四年に *Physiologische Pflanzenanatomie*（『生理学的植物解剖学』）

を出版した。それは当時、植物解剖学教科書として最も普及した。一八八六年に準教授となり、一八八八年からはレイトゲブによって創設された植物研究所の所長を引き継いだ。一九一〇年にはシュヴェンデナーの後継者としてベルリン大学教授となり、九十歳でなくなるまでこの地にとどまり研究に専念した。彼は水彩画や油絵をたしなみ、優れたピアニストであり、文才にも恵まれていた。

ハーバーラントは若い時代には植物細胞の培養に重きをおいていなかった。しかし彼は、すべての細胞は、基本的に、また適した条件におかれれば、再生によって一つの完全な個体にまで発育する潜在的能力をもつと考えるようになり、植物細胞全形成能（vegetable cellular totipotency）という概念を提案した。彼はこの考えを実証するために植物細胞の培養を試みた。材料にはシソ科のヒメオドリコソウの葉の柵状組織細胞、ムラサキツユクサの一種 *Tradescantia virginiana* の雄しべ毛細胞、ムラサキ科の *Pulmonaria mollissima* の腺毛末端細胞などが用いられた。培地には、当時すでに知られていた植物体を無機成分だけで生育させることができるクノップの培養液を採用した。これに栄養分として一～五パーセントのシュクロース、デキストロース、グリセリン、アスパラギン、ペプトンをさまざまに組み合わせて加えた。使用されたスライド、カバーガラス、針、ピペット、ガラス皿などの器具はすべてブンゼンバーナーの焔で何回も焼き、植物材料は滅菌水でたんねんに洗った。しかし単細胞の培養ができるという彼の予想はあまりに楽観的であっ

図 10･1　ハーバーラント

た。またそのころ彼の植物研究所はまだ植物園の一隅に仮住まいの状態で実験設備も整っておらず、また彼自身も所長としての激務に追われていたため、実験は初歩的なものを超えなかった。

彼は培養すべき細胞は完全な個体と異なり、ずっと多くの栄養成分を必要とするにちがいないと考えた。そこでヒメオドリコソウでは、それ自体が光合成器官である葉の柵状組織を材料に選んだ。培養は一八九八年四月二十一日にはじまり、五月二日に終わった。論文には培養組織の細胞の変化していくようすが、日を追って記載されている。[2] 細胞は当初長さ五十ミクロン、幅二十七ミクロンであったが、それが最大のものは長さ百八ミクロン、幅六十二ミクロンにまで成長した。体積増加はもとの八倍に達した。それは真に成長によるもので、単に細胞壁が伸長したことによるのではなかった。しかし細胞の分裂はまったく起きず、植物で最初の組織培養の実験は失敗に終わった。

米国のP・R・ホワイトはその原因として、(一) 培養材料が分化しきって分裂活性がほとんどない組織であったこと、(二) 培地の組成が単純な無機成分といくつかの有機成分だけであり、細胞分裂に必要な物質を欠いていたことをあげている。もし培地にオーキシンのインドール三酢酸が入っていたら成功していたと考えられる。インドール三酢酸はすでに化学者サルコースキーにより一八八五年に見つかっていたが、それが細胞分裂を促進させるということがわかったのは一九二九年になってからである。

実験自体は失敗であったが、彼は論文の中で数々の画期的な考察を行なっている。その考察はその後の研究で正しいことが立証され、それによりその論文は細胞培養の研究の発展過程における一里塚とみなされるようになった。(一) 彼は細胞と花粉管を同じ液滴中で培養することにより、花粉管から浸出する物質 (これをWuchsenzymeとよんだ) が細胞の分裂を促すのではないかと示唆している。これはのちの保護培養に相当する。しかし、実行はされなかった。(二) 培地での成長点の抽出物の使用や成長点細胞の培養が有効であろうと予測している。（三）胚のう液の利用も勧めている。これはのちに行なわれた培地へのココナツミルクの添加につながる。（四）最も大きな考察は、全形成能をすでに信じていたことである。彼は論文の末尾で、細胞から培養によって人為的に胚を得ることができるであろうと述べている。なおtotipotence（分化全能性）の語をはじめて使用したのは、一九〇一年のモーガンであるといわれる。またこの語を植物学者のあいだに広めたのは、一九五〇年のシノットによる論文である。

ハーバーラントは、細胞培養の実験結果に失望して、植物の傷害の研究に移った。ジャガイモの切断面に新しい細胞層が形成されるのを認め、細胞分裂は維管束と関連のある物質および傷ついた細胞から放出されるある物質の二種類の刺激により起こると考えた。これは後の植物ホルモンを暗示している。なお彼は、植物を傷つけたときにできる不定形の細胞塊をカルス（callus）と名づけた。彼の研究室はその後継者により、根の培養研究の中心になったが、彼自身は二度ともとの課題に戻ることはなかった。[3]

培地組成の工夫と器官培養の成功

ハーバーラントの実験は決して無駄ではなかった。当時、培養技術は微生物ではやや進んでいたが、植物組織への応用はまったくなく、組織培養という概念すらまだ生まれていなかった。成功には至らなかったが植物組織培養の最初の試みとして、その実験の意義は大きかった。彼の実験がきっかけとなり、多くの研究者が植物組織培養に挑戦した。その結果、外植片として取り出した植物器官の培養に成功するようになった。

一九〇四年にはハニッヒがハーバーラントのアイデアに触発されて、数種のアブラナ科植物の種子から成熟に近い胚を取り出して培養した。これは胚培養の最初の実験である。一九二二年にはハーバーラントの研究室の学生であったコッテがエンドウとトウモロコシの根端分裂組織の切片を用いて、培地にリービッヒの肉汁を加えて短期間だけ成長させることに成功した。また一九二三年に米国のW・J・ロビンズとマニーヴァルは培養物を新しい培地に継ぎかえる方法、つまり継代培養を行なうことによりトウモロコシの根を二十週間培養できた。培地には、肉汁の代わりにビール酵母の抽出液が加えられた。彼らの実験は、無菌培養条件の確立も目的としていた。一九三四年にはニューヨークのロックフェラー研究所にいたP・R・ホワイトが、トマトの根端と分裂組織を培地液中で長期間成長させることができ、根の培養技術が確立した。培地は種々の無機塩にグルコース、酵母抽出液を加えたものであった。その後、酵母抽出液の代わりにチアミン、ピリドキシン、ニコチン酸が用いられた。ただし、根は培養中に複雑な形態になってしまい、とても正常な培養とはいえなかった。

これらの培養実験はすべて胚や根端などの高い分裂活性をもつ器官を材料としたもので、それが成功の原因であった。しかし最終目標である「一個の細胞からの個体の再生」という全形成能を実証するにはほど遠く、真の細胞培養の成功とはいえなかった。このころ培養技術の開発は袋小路に入った感があった。

カルス培養による隘路《あいろ》の打開

手詰まりになっていた組織培養が、別のアプローチから道が開けた。それはカルスを通した細胞増殖であった。一九二四年にブルメンタールとP・マイヤーは、ニンジンの根の切片を培養したときカルスが形成されることを認めたが、病害によるものと誤解してしまった。しかし一九二七年にレイワルドは病害と関係なくカルスが形成されることをニンジンなど種々の植物で確認した。一九三四年になって、フランスのパリ科学大学のゴースレイがカエデ科の *Acer pseudoplatanus* やヤナギ科の *Salix capraea* などの形成層組織を寒天培地で培養したところ、細胞が構造の分化のないカルス状態で増殖することを発見した。しかし、六か月後に細胞の増殖は停止してしまった。まだ何か細胞分裂に関与する成分が不足していることが明らかであった。それが植物ホルモンである。なお植物学の文献で最初に hormone（ホルモン）の語を用いたのは、フィッティング（一九一〇）である。

植物ホルモンの発見

（一）オーキシンの発見と組織培養の成功

一九二六年にオランダのヴェントにより細胞の成長を促進する物質としてオーキシン（auxin）が発見され、それがかつてサルコースキーによって同定されたインドール三酢酸（IAA）であることがわかった。一九三五年にはスノウにより、この物質が形成層の活性を高めることが示された。

ゴースレイ（図10・2）は、早速このオーキシンとビタミンCをニンジンの組織培養の培地に加えてみた。カルスの増殖は六か月を超えてもつづいたが、十八か月めで止まった。しかしその後の工夫により、ついに一九三九年に正常な植物組織を無期限に培養することができるようになった。その培養系はその後

図 10·2　ゴースレイ

も研究室で維持され、細胞は増殖しつづけた。

同じ一九三九年に、パリ在住の植物病理学者ノベクールが、カルスの無期限培養に成功した。ニンジンの根を培養の材料として、三～四週間ごとに新しい寒天培地に移し替える継代培養を採用することにより、増殖したカルスをいつまでも培養しつづけることができた。ただしカルスは分化や成長が異なる細胞の不定形な集合体であり、カルスの培養はカルス全体を対象として行なわれるので、単細胞培養とは異なる。カルスを構成する細胞の多くは分裂活性をもつが、中には分裂しないものもある。

ホワイトも同様の実験を行なった。しかしこの場合、タバコの種間交雑 *Nicotiana glauca*×*N. langsdorffii* の雑種に生じた腫瘍組織を材料としていて、オーキシンなどの成長物質は、はじめから必要でなかった[4]。

残念ながら、一九三九年に第二次世界大戦が欧州で勃発したことにより、せっかく進展しようとしていた組織培養の研究は、完全に失速してしまった。

(二) カイネチンの発見

戦後になって、オーキシンに加えて新しいタイプの植物ホルモンの発見が、米国の生化学者スクーグによって行なわれた。彼はスウェーデンに生まれ、一九二五年に米国に移住した。学位取得後に、ハーヴァード大学およびジョン・ホプキンズ大学で働き、一九四七年にウイスコンシン大学に移り一九七九年まで教授を務めた。また一九七九年から一九八二年まで国際成長制御物質学会の会長を務めた。二〇〇一年に九十二歳で亡くなった。

スクーグは最初オーキシンの作用に関心をもち、根や芽の細胞の成長制御に関する研究を行なった。またオーキシンを分離したチマンと共同で、オーキシンと他の成長ホルモンとの相互作用を研究した。一九四八年に彼は、ニシンの精子からとったDNAがタバコのカルスの成長促進に有効であることを認めた。効果は古いDNAか、オートクレーブされた新しいDNAではみられるが、通常の新しいDNAでは認められなかった。これより活性部分がDNAの分解物質中にあることが明らかであった。そこでC・ミラーら四人の協力者とともに、一九五五年に酵母抽出液からこの有効成分の分離を試み、細胞増殖に有効な成分を得ることに成功した。この物質は細胞分裂（cytokinesis）活性を促進する作用をもつので、カイネチンと名づけられた。化学名は6-furfryladenineで、プリン塩基のアデニンの誘導物質である。カイネチンは植物が直接生産するものではなく、DNAの分解産物として存在するにすぎない。彼は植物中にはカイネチンに似た物質が自然の成長制御物質として存在すると考えた。実際にその後カイネチン類似物質が多数の植物で広く発見され、サイトカイニンと総称された。

さらに一九五七年にスクーグはミラーとともに、培地中のオーキシンとカイネチンの濃度比を変えるだけで、タバコのカルスからの葉や根の再生を制御できることを見いだした。オーキシン濃度が高いと根が、逆にカイネチン濃度のほうが高いと葉が形成された。両者の濃度が等しい場合には、根も葉も再生されずにカルス状態で増殖した。日系二世の科学者ムラシゲと共同で開発したオーキシン、サイトカイニンおよび新しい無機塩類のセットを組み合わせた培地は、いまでもMS培地として多くの植物で用いられている。

(三) ココナツミルクとサイトカイニン

ゴースレイは、組織培養でココナツミルクが使われるようになったいきさつを紹介している。一九四〇年ごろ、ブレイクスリーはチョウセンアサガオ属で種間雑種をつくろうとしていた。受精はできるが、雑種胚がすぐに致死となった。彼は雑種胚の周りにある胚珠が害をしていると考え、胚を取り出して培養することを思いついた。一九四一年にオーヴァービークはチョウセンアサガオを用いて幼胚の培養を研究していたとき、ココナツミルクを加えると細胞の分裂や増殖が著しく促進されることを発見した。そこで彼はココナツミルクが胚培養によいのではないかとブレイクスリーに提案し、これが種間交雑を成功に導いた。ココナツヤシの核果は、外側が繊維質になっていて、種子の部分が食用となる。ココナツミルクはその種子のもつ液状の胚乳である。一九四八年にカプリンとスチュワードは、ココナツミルクを加えるとニンジンの外植片の増殖がオーキシンの場合よりもずっと活発に行なわれることを認めた。これがココナツミルクを組織培養の分野で用いた最初の実験である。培養のために植物体から切りとられた器官や組織を外植片という。一九五〇年にはフランスのモレルによって、単子葉やシダでもコクナツミルクが有効であることが示された。オーキシンが細胞の伸長を増すのに対して、ココナツミルクは細胞の分裂を促す。その有効成分をとらえることが急務となった。カイネチンの発見後、一九六一年にC・ミラーがトウモロコシの未熟種子でカイネチンの特性を示す物質を検出した。一九六三年にレサムがこの物質を単離し、翌年に共同研究者とともに分子構造を決定し、ゼアチンと名づけた。これが天然のサイトカイニンの第一号となった。さらに彼はココナツミルクの有効成分はゼアチン類似物質であることを示した。オーキシンとサイトカイニンが出そろって、組織培養技術は大きく進歩することになった。

単細胞培養の成功と植物体の再生

ハーバーラントの究極の目的は、植物の単細胞を培養して、培地の栄養条件と培養環境によって細部の増殖と分化を制御することにあった。しかし、実験的にこのことを達成することは予想以上の難事であった。一九三九年に独立して成功したゴースレイ、ノベクール、ホワイトによる培養実験は、単細胞ではなく大きな組織、とくに形成層や前形成層を含む組織を材料としたものであった。培養片を小さくして形成層を含まないようにすると、培養は成功しなかった。ヒトを含む動物細胞では一九五〇年代にすでに単細胞培養が成功していた。

一九五八年、米国コーネル大学の植物生理学者スチュワードらは、ニンジンの根の篩部《しぶ》組織から重さ二ミリグラムほどの小片を取り出して培養を試みた[5]。培養器具には工夫がしてあった。容積一リットルのフラスコの周囲に直径三センチの乳首様の突起を十個つけた。フラスコに培養液と百個の外植片を入れ、フラスコの軸を水平方向にして、軸を中心にゆっくり一分間一回転の速度で回しながら培養すると、突起中に培養液が入り外植片が浸されるときと、培養液が出て外植片が空気にさらされるときとが交互に生じることになる。培養液にはホワイトの培地にココナツミルクを加えた。これが成功の原因であった。

培養二十八日後には、培養組織はフラスコあたりで最初の重さの五十倍（十グラム）に増えた。同時に養液は不透明になったように見えた。そこで培養液を顕微鏡でのぞくと、意外にも培養中の組織から細胞が遊離して浮かんでいた。これらの単細胞は生きていて、またあるものは細胞分裂を示した。ここではじめて被子植物の細胞をバクテリアのように単細胞状態で培養することができるようになった。

単細胞は均等に分裂しつづけ、もとの細胞を中央にして二つの娘細胞が両側についた翼状の形となり、つづけて水平方向に増殖しつづけ、ついで垂直方向にも増殖し、やがて不定形の細胞塊（カルス）となった。回転培養をなおもつづけると、カルスがある程度の大きさになり中心部の細胞が変化をみせリグニン化するころに、根が分化した。培養しはじめの篩管組織からは根が分化することはまれであった。つまり根の分化には、いったん篩管組織が脱分化することが必要であることが観察された。根が分化すると、カルスとしての増殖は抑えられた。さらに回転培養をやめ、培養液から寒天培地上に移すと、最初は全縁の、のちにはニンジン固有の全刻の葉が分化した。ついには、小さいながらも完全なニンジンの植物体が数多く得られた。さらにニンジン特有の根の肥大とカロチンの生成も認められた。このような培養方法は、根や葉の分化を促進するには、どのような培地条件が適するのかは明らかにされなかった。この実験では、根や葉の分化により、三年以上も増殖をつづけることができ、多数の培養系が作成できた。また細胞は継代培養することにより、三年以上も増殖をつづけることができ、多数の培養系が作成された。このような培養方法は、ニンジンの根だけでなく、ジャガイモの塊根（かいこん）やラッカセイの子葉からとった外植片にも応用できた。

ウイルスフリー

一九三〇年代に生化学者スタンレイはタバコモザイクウイルス（TMV）をタバコに人工的な感染をさ

せて増殖させていたが、その作業には多数の個体が必要とされた。そこで同僚のホワイトに培養した根で増殖できないかともちかけた。この実験は成功したが、継代しているうちにウイルスが消滅することがわかった。分析してみると実際に分裂組織にはウイルスが存在していなかった。一九四九年にリマセットは根だけでなく芽でも同じことが起こることを発見した。同僚のモレルとマーティンは、これを参考にしてウイルスにかかったダリアやジャガイモから健全な芽生を得ることに成功した。しかしこれらの場合には、根が形成されないため、増殖するには健全な個体に接木しなければならなかった。その後、分裂組織による培養技術が進み、カルスからの芽や根の分化が容易になり、分裂組織の培養を用いてウイルスを除く、いわゆる「ウイルスフリー」の技術が確立された。とくにシンビジウムでは、茎頂の先端の〇・三ミリの部分の成長点を培養すると、ランの種子が発芽するときに発生するプロトコームに似た組織（ＰＬＢ）が形成されることをモレルが発見した。ＰＬＢを数個に切断して培養すると再びＰＬＢがつくられるので、これをくり返すことにより、ウイルスに冒されない苗が大量に得られるようになった。モレルはこの技術を「メリクローン」と名づけた。

　日本には一九五六年に農林省農林水産技術会議の後藤和夫によりモレルの研究成果が紹介され、農事試験場でサツマイモウイルス病の無毒化の研究をしていた森寛一に技術の実用化を要請したのがはじまりである。一九六六年までに、森らによりジャガイモ、サツマイモ、イチゴなど十二の栽培植物で分離培養法が確立され、計約五十品種でウイルスフリー株が育成された。また東大農学部でジャガイモ、岡山大学でシンビジウム、九州農業試験場でユリなどについてウイルスフリー株育成に成功した。これに刺激されて、褄恋《つまごい》馬鈴薯《ばれいしょ》原原種農場（ジャガイモ）、坂田種苗（ペチュニア、カーネーション、キク）、静岡県農業試験場（カーネーション、キク）などでも成長点培養によるウイルスフリーの研究が進められた。

倍加半数体法のための葯《やく》培養

(一) 半数性カルスの作出

減数分裂は生物の重要な現象であり、また花粉の発達を調べることは植物の増殖などの応用上の意義も大きいので、葯の培養は早くから試みられていた。一九三四年に島倉亨次郎によりムラサキツユクサの葯中にある花粉母細胞の培養が行なわれたのをはじめとして、テッポウユリ、エンレイソウ、ライムギ、タマネギなどで、減数分裂の研究のために花粉母細胞や葯の培養が行なわれた。

花粉から半数性の組織を作出するため、ラリュウとその後継者は、被子植物三十三種、裸子植物十七種について花粉の培養を試みた。一九五三年にラリュウの共同研究者テュレッケが、ホワイトの培地にココナツミルクを加えてイチョウの雄性配偶子を培養したところ、花粉管から生じた半数性のカルスを得た。その後十年間にイチイ、カヤ、マオウなどの裸子植物でも葯培養により半数性カルスが得られた。被子植物では十年遅れてムラサキツユクサ属の *Tradescantia reflexa* の葯培養で半数性の組織が生じることが認められ、それが花粉母細胞由来であろうと考えられた。[7]

(二) 葯培養による最初の半数体作出

葯培養による半数性植物体の作出は裸子植物よりも被子植物で先に成功した。一九六四年にインドのデリー大学植物研究所のグハとマヘシュワリは、大学の構内に自生していたナス科のケチョウセンアサガオ(*Datura innoxia*)を材料として、花粉母細胞の減数分裂を研究する目的でいろいろな発育段階の葯を培養していた。ニッチ・ホワイト培地に二パーセントのシュクロースを加えたものを基本培地とし、これに種々の成長制御物質としてＩＡＡ、カイネチン、カゼイン加水分解物、酵母抽出物、ココナツミルク、さらにサクランボ、ブドウ、レイシ、パイナップル、スモモのジュースが種々の組合せで加えられた。葯は造胞器期から成熟花粉まで種々の発育段階のものを用いた。しかし若い葯は、どの培地でも成長せず乾いてしまった。花粉期の葯は、百万分の一モルのＩＡＡとカイネチンを加えた培地で著しい成長を示し、みずみずしい外観をもつ一～二ミリの大きさのカルスとなった。

それらとは別に、カゼイン加水分解物（千ピーピーエム）、ＩＡＡ（10^{-6}モル）、カイネチン（10^{-6}モル）、ココナツミルク（十五パーセント）、ブドウジュース（十パーセント）、スモモジュース（十パーセント）を加えた培地上の葯で、奇妙な現象が観察された。葯を培地に置いてから六～七週間はなんの変化もなかったので、捨ててしまおうと考えていたころ、急に胚のような構造（胚状体）がたくさん葯の全面から伸び上がってきた。これらの胚状体は根～芽生の軸と子葉をもっていた。色は緑で、外観も完全な胚と同じであった。ただ子葉が多く、正常胚の二枚に対して、ときに十枚もついていた。これらの多くは、発育して幼植物となった[8]。ほとんどの胚状体は花粉のうの中にあって浮かんでいるようにみえた。彼らはその後、葯培養で得た胚状体および幼植物が葯組織ではなく、花粉粒に由来したものであり、染色体数から半数体（$n=12$）であることを証明した。培地の条件を再検討した結果、基本培地だけ、またはそれにＩＡＡを加えた培地では、胚状体は得られなかった。酵母抽出物またはカゼイン加水分解物を加えた培地では、カルスは生じたが再分化は起こらなかった。五、十五、三十パーセントのココナツミルクまたは百万分の一モルのカイネチンを加えると、数多くの胚状体が得られた。ココナツミルクを含む培地で葯を培養すると、過半数の花粉は多核で普通よりずっと大きくなった。当初、明瞭に観察される外膜がやがて崩壊し、胚状体が放出された。胚状体は、はじめふくらんだ細胞の塊で、形は不規則で、原表皮も表皮も認められなかった。細胞はしばらく不規則に増殖したのち、やがて魚雷型の構造をもつようになり、子葉の数が多いこと以外は正常の接合体の胚と似てきた。なお彼らは一九六七年にチョウセンアサガオ属の別の種である *Datura stramonium* でも胚状体を得ている。

葯培養による半数体の作出は、細胞培養の世界ではあまり大きな印象を与えなかったようで、一九六七年のヴァーシルによる葯の発達についての総説でも軽くふれられているだけである。[9] しかし育種学では、半数体の人為的作出法は長いあいだ待たれていた技術であった。片山義勇と根井正利は一九六四年の総説で、「組織培養技術を取り入れて花粉培養を適当に行なえば、半数体が得られるのではないか」と示唆し、その育種的利用を望んでいる。

(三) タバコにおける半数体作出

日本専売公社秦野たばこ試験場の中田和雄と田中正雄は、花粉の発育時期によって幼植物が出現しやすい時期があるのではないかと考え、胞原《ほうげん》細胞、花粉母細胞、第一分裂前期、第一分裂中期、第二分裂中期、四分子期、花粉一核期、花粉二核期、開花一〜二日前の成熟花粉、の九段階のタバコの葯（計五百本以上）を培養した。植物体からとった葯を水洗し、九十五パーセントエタノールで数秒、さらに十パーセント次亜塩素酸ナトリウム液で十〜十五分処理し、殺菌水で洗ってから紙上で乾かし、フラスコ中の寒天培地に置いた。培地には最初ヒルデブラントによるタバコC培養液を用いたが、八十日目になっても葯に変化が見られなかった。そこでリンズマイアーによる培養液の改良版として硝酸アンモニウムと第二リン酸カリを増やした培地に移し変えた。その結果、六本の葯で自然に裂けた葯の内側から幼植物が分化した。

これらの葯はすべて四分子期のもので、この時期の葯だけでみた出現頻度は九十五分の六、つまり六・三パーセントであった。根はでなかったので、苗の葉数が四~五枚になったときに、ホルモン濃度の低い改良ホワイト培地に移しかえた。根がでたのちに幼植物を鉢に移植して温室内で育てた。実験結果は一九六七年十月の育種学会第九回シンポジウム講演で発表され、また翌年遺伝学雑誌に論文として掲載された[10,11]。その後、培地の改良により、四分子期よりむしろ一核期の花粉を用いてさらに高い頻度で半数体が得られるようになった。フランスでもニッチらのグループにより同様にタバコの葯培養による半数体作出の成功が報じられた。

(四) イネにおける半数体作出

一九六六年十月末にインドのニューデリーで開かれたトウモロコシの研究会議のために出張していた農業技術研究所の遺伝科長の村上寛一は、半日をさいてデリー大学を訪れた。彼がその目で確かめたかったのは、マヘシュワリらによる子房内受粉や試験管受精の技術であった。しかし、マヘシュワリはすでに同年春に亡くなっていた。彼はそこで案内してくれた大学院生から、葯培養による半数体作出の成功を告げられた。その成果はすでにネイチャー誌に発表されていたが、見落としていたらしい。

葯培養のニュースは、村上の帰国とともに研究所に伝えられた。一九六八年同研究所の新関《にいぜき》宏夫と大野清春《きよはる》は出穂一~二日前のイネの葯を培養して、半数体の作出に成功した[12]。ダイズの培養で用いられていた培地を基本として、ＩＡＡ、２，４‐Ｄ、カイネチンを加えた培地を使った。培養は摂氏二十八度の暗黒下で行なわれた。寒天培地に葯を置いて三週間くらいたつと葯が茶色に変わった。四~八週目になると、裂開した葯の内側から花粉が分裂し増殖して淡黄色のカルスになっているのが肉眼で認められた。カルス形成は供試した十品種中で「クサブエ」、「ミネヒカリ」などの六品種で認められた。ただし頻度は著しく低く、計三千五百本の葯から二十のカルスが得られた（〇・五七パーセント）だけであった。カルスの盛んに成長している外側の部分の細胞塊をとって、アルコール酢酸液で固定したのち、アセトカーミンで染色して染色体を検鏡した結果、すべて半数性（$2n=12$）であることがわかった。カルスは植え継ぎによって増殖をつづけられたが、種子から得られる通常の二倍性カルスに比べて増殖が遅かった。さらにカルスを一リットルあたり二ミリグラムのＩＡＡと一～四ミリグラムのカイネチンを含む培地に移し、白色蛍光灯の下で培養しところ、四週目に芽と根が発生し、鞘葉《しょうよう》をもつ幼植物が生まれ、やがて正常な葉をつけた。根端分裂組織の細胞を調べた結果、半数体であることが認められた。半数体は二倍体にある葉舌《ようぜつ》が欠けていることからも識別できる。

（五）その他作物における半数体作出

一九六九年に東北大学の亀谷寿昭《かめやとしあき》と日向康吉《ひなたこうきち》はアブラナ科の種間雑種の雑種第一代で葯培養による半数体作出に成功した。

一九七一年に英国ウエールズ中央部の町アベリストウィス近郊にあるウエールズ植物育種研究所の若い細身の研究者クラップハムは、貴族の館をそのまま転用しただけの古風な造りの研究所の廊下の隅を区切ったクリーンベンチを使って、オオムギの葯培養を行ない半数体を得ることができた。成功の原因は、培地の2，4‐Dの濃度をたまたま通常の何倍にも高くしたことにあった。

その後、葯培養による半数体が大量かつ比較的容易に得られるようになり、半数体を倍加して得られる完全ホモ接合体の選抜により、育種年限を大幅に短縮する半数体育種法が実用化され、イネ、コムギ、ナタネなどの育種で用いられるようになった。

土地のいらない培地上の突然変異育種

(一) 培養による染色体変異と突然変異の生起

一九六七年にカリフォルニア大学のムラシゲとナカノが、タバコの髄《ずい》組織の培養で染色体数がさまざまに異なる細胞が生じることを認めた。[13] それらの染色体変異は、外植片をとった組織の細胞にもともと存在していたものもあるが、多くは、培養中に生起したものであることが証明された。

培養によって生じるのは、染色体変異だけではなかった。動物細胞については、一九六七年にプックが、チャイニーズハムスターの卵巣由来で二倍性より染色体数が少ない細胞を材料として、数多くの栄養要求変異の細胞系を選抜することに成功した。選抜効率を高めたのは、とくにBUdR(ブロモデオキシウリジン)—可視光線法を用いたことによる。これはつぎの原理を利用したものである。増殖している細胞では、核酸類似物質であるBUdRをDNAに取り込む。可視光線下に細胞をおくと、BUdRの光分解が生じる結果、DNAが著しい障害を受ける。栄養要求性に変わった変異細胞では、培地上で増殖が進まずBUdRを取り込まないので、可視光線下ではかえって死滅しないですむ。

植物でも一九六〇年後半には、培養により種々の形質の変異が生じることが認められるようになった。植物では、動物と異なり、変異形質の評価が細胞レベルだけでなく、再分化した個体のレベルでも確認できるのが強みであった。

ハワイ・サトウキビ園協会のハインツとミーは、サトウキビを材料として、組織培養で得られた幼植物では染色体数の変異だけでなく、形態やアイソザイムなどの変異も生じることをはじめて認め[14]、一九六七年以降の試験場年報に報告した。彼らはその中から分けつが多く、成長が遅く、直立性が高い個体や矮性で葉が硬く表皮にケイ素が沈着した個体などを選抜できた。培養による変異体が、実際に有用な価値をもつことがあることを認めたのも彼らが最初である。培養によって病害抵抗性、除草剤耐性、ストレス耐性、形態形質などの農業上有用な突然変異が得られるという予測が生まれ、またその達成は比較的容易であると思われた。ハインツらの報告に刺激されて、フィジー島で組織培養によるサトウキビのウイルス病抵抗性の改良事業がはじめられた。コールマンはサトウキビの組織培養でモザイクウイルス病に抵抗性の植物を得ることに成功した。

一九七〇年にムッソーは、培養された単細胞に由来するタバコ個体の集団では、葉の長幅比、葉の単位面積あたりの炭酸ガス吸収量や葉緑素含量などの形質についてもとの集団より広い変異が認められると報告した。またヴィドホルムはニンジンで5-メチルトリプトファンの阻害剤を培地に加えることにより、この物質に抵抗性のカルスおよび植物体の選抜に成功した。

一九七六年に米国パーデュー大学のスキルヴァンとジャニックは、香りの強い五品種のゼラニウムを用いて、カルスから再生した植物体と、茎・根・葉柄の栄養繁殖で得た植物体とで形質を比較した。交雑による改良が難しい栄養繁殖性植物での組織培養の育種的利用性を調べるためであった。茎からの植物体はすべてもとの品種とまったく変わらなかったが、根および葉柄からの植物体で変異が認められた。しかしカルス由来の植物体ではそれよりはるかに多種類の変異が観察された[15]。変異には、植物体や器官の大きさ、葉や花の形態、油成分、帯化《たいか》、毛茸《もうじ》、アントシアン着色などが含まれた。変異の程度はカルス系統により異なっていた。また培養歴の古いカルスほど変異が多かった。これらのカルス系統の中から、品種 Velvet Rose が育成された。これは記録の限りでは、培養変異の利用により生まれた世界最初の品種である。

日本の農業技術研究所の大野清春は一九七八年に、慎重を期してイネの倍加半数体を自殖して得た種子を材料に選び、それを培養しカルスを経て個体を再生させて八百の培養系を得た。三世代にわたってその形質の変異を調査したところ、正常な系統は全体の三割もなかった。葉緑素変異をはじめ、草丈、出穂期、稔性など種々の変異が観察された。

しかし一九七〇年代では、ソマクローナル変異は多くの育種家や栽培家には興味がなかった。その理由はいくつかあげられる。(一) 彼らにとって、培養は同じ遺伝子型を増殖させる手段であり、変異が生じることは経済的な損失を招くので、かえって困ったことであった。(二) 培養で認められた変異は、種子繁殖だけでなく栄養繁殖においても、しばしば後代に伝達されないことがあることも知られていた。このような変異は真の突然変異ではなく、epigenetic variation (発生的変異) とよばれた。(三) どのような形質がどの程度の頻度で得られるかが明らかでない。(四) 変異率が細胞系、用いた培地、培養期間などによって大きく変動する。(五) 細胞やカルスから植物体が再生する頻度が、同じ植物種でも品種間で大きく異なり、再生がむずかしい品種も少なくない。(六) 望ましくない変異が随伴することが多い。

一九八〇年代に入り、いわゆるバイオテクノロジーの時代が到来すると、培養による変異が遺伝的変異の源として再び注目されるようになった。細胞学、分子生物学、生化学の研究者が予算のつきやすくなった育種学分野に参入し、それとともに培養変異の育種的利用について、実際上の限界や制約を忘れた楽観的な意見が横行するようになった。しかし品種育成につながる成果を得ることは、想像以上にむずかしいことがまもなく実感されるようになった。

一九八一年にラルキンとスコークロフトは、培養によって生じる変異を材料に関係なくsomaclonal variation（ソマクローナル変異）とよぶように提案した。彼らの定義は明確でないが、その論文での使い方からみると、培養で生じる遺伝的な変異だけでなく、外植片を採取したもとの組織に存在していた変異や、培地にホルモンを加えたときに生じる一過性の変異をも含めていたようである。

(二) 細胞レベルの人為突然変異処理

人為的処理によって誘発される突然変異はほとんどが劣性であるので、二倍体や二倍性細胞では誘発されてもすぐには表現型が変わらず、突然変異を選抜できない。しかし半数体であれば、劣性の突然変異でもただちに表現型に変化が生じる。単細胞からの植物体の再生と、葯培養による半数体の作出が可能となったことから、細胞単位で突然変異処理をし、細胞単位で突然変異を選抜し、そこから植物体を得ることができるようになった。

一九七〇年に米国のブルックヘヴン国立研究所のカールソンは、葯培養で得たタバコの半数体の茎切片を液体培地に移して単細胞を遊離させてから化学変異原のEMSで処理して、BUdR法を応用して、六系統の栄養要求の誘発突然変異株を選抜することに成功した。またミューラーとグラーへは一九七八年に、塩素酸カリウムとアミノ酸を含む培地でタバコの半数性細胞を培養して、塩素酸塩耐性についての多種類の突然変異体を選抜できた。

培養だけでも突然変異が誘発されるのに、なぜそのうえ突然変異処理が必要なのかという問いに対して、必ずしも明解な回答がない。カールソンらの実験から三十年以上たった現在でも、突然変異処理を加えることにより著しく突然変異率が高まるのか、あるいは培養だけでは得られない突然変異が誘発されるのかなどについての、実験的検証が乏しい。

種子や植物体に突然変異処理をする通常の突然変異育種に比べて、細胞培養中における突然変異処理にはつぎの利点があると、一九七〇年代からよくいわれている。

一、多数の細胞が処理できる。

二、突然変異体の選抜について、多種類の選抜法が採用できる。

三、得られる突然変異体は、キメラ構造にならない。

四、育種操作が迅速である。

ソマクローナル変異の総説には、一九八〇年代から栄養要求性、病害抵抗性、ストレス耐性など各種の突然変異細胞が得られた論文が列記されており、また再生した植物体でそれらの突然変異形質が確認されたことも報告されている[16,17,18]。それにもかかわらず、実際に有用な品種が育成された例は現時点でも多くない。通常の突然変異育種に比べて、細胞レベルの突然変異育種では、突然変異原に対する感受性、突然変異の誘発効率、突然変異細胞の選抜法、突然変異形質の遺伝、などの基礎的研究が十分でなく、種々の事象についての経験的な法則性があまり把握されていない。

培養変異の育種的利用がこのような状況にある原因は、一九八〇年代に分子生物学の技術が急速に進展し、また植物でも遺伝子組換え技術が育種に応用できるようになり、細胞培養の研究者の多くがそれらの新分野へと流れていったためと考えられる。

種の壁を越えた細胞融合法の開発

細胞膜に包まれた原形質をプロトプラスト（protoplast）または原形質体という。植物細胞では、細胞膜の外側にさらに細胞壁が存在する。植物細胞でも細胞壁を除いてプロトプラストの状態にすると、体細胞どうしが融着することが見いだされた。この現象を細胞融合（cell fusion）、二種の異なる細胞の融合で人工的に作出された細胞を雑種細胞という。

（一）動物における細胞融合法の開発

細胞融合を人為的に起こさせる方法は、まず動物細胞で発見された。一九五三年に、東北大学医学部の石田名香雄《なかお》らが血液中の赤血球を凝集させる働きをもつセンダイウイルス（HVJ）と名づけられたウイルスを新生児から分離した。これはマウスやラットを自然宿主とするパラミクソウイルス科の一本鎖ＲＮＡウイルスである。その名は大学の所在地の仙台にちなんでつけられた。

一九五七年に大阪大学の岡田善雄は、エールリッヒ腹水がん細胞をこのセンダイウイルスと共存培養すると、細胞どうしが高い頻度で融合して、多核細胞ができることを発見した。融合は、ウイルスの外被タンパク質にあるＨＡＮＡおよびＦという二種の糖タンパク質の作用によって起こる。センダイウイルスによる細胞融合は、同種の細胞間だけでなく、異種の細胞間でも認められる。一九六〇年にバルスキーらは、形態的に識別できる二種類の細胞を混合培養したところ、中間の形態をもつ新しい雑種細胞が出現した。

一九六七年にニューヨーク大学医学部にいたＭ・Ｃ・ワイスとグリーンが、マウスとヒトの繊維芽細胞を混合培養して、ヒト・マウス雑種細胞をつくりだした。ハムスターとマウスの雑種細胞では、二つのゲノムが共存し機能する。しかしヒトとマウスのように遠縁の種の間の雑種細胞では、両方のゲノムが保たれにくく、片方が失われやすいことがわかった。失われたのはヒトの染色体であった。科学者は転んでもただでは起きない。この現象を利用して、雑種細胞に発現されている機能と残っている染色体を比べることにより、ヒトの遺伝子がどの染色体に乗っているかを解析することがはじめられた。

(二) 植物におけるプロトプラストの大量作製

動物の場合に比べて、植物では細胞融合の研究は進まなかった。動物細胞は細胞膜だけで包まれているのに対して、植物細胞は細胞膜の外側にさらに細胞壁をもつ。細胞壁は、セルロース、ヘミセルロース、ペクチン質などの多糖を主成分とし、植物細胞の最も外側にあって、ウイルスなどの異物が外部から細胞内に侵入するのを防いでいる。植物細胞を融合させるには、この細胞膜をとり除いてプロトプラストにすることが必須の条件であった。ただしプロトプラストにしても、植物細胞にはセンダイウイルスのレセプターがないため、センダイウイルスを培地に加えても細胞融合は起こらない。動物細胞の場合とは別の方法が必要であった。

植物でプロトプラストをつくる試みは古くから行なわれていた。十九世紀末に、タマネギの表皮細胞を高濃度のシュクロース(ショ糖)液に浸して原形質分離を起こさせてから、メスで切りきざんだり、細胞表面をカミソリで切って原形質をしぼりだしたりなどの機械的な方法でプロトプラストの作製が試みられていた。チェムバーらは、一九三一年にタマネギの表皮をはがしてシュクロース液中で切りきざむという方法でプロトプラストをわずかながら得た。しかし、収率が悪く、得られたプロトプラストの生存力も低かった。

その後、酵素を利用する方法が工夫された。最初はカタツムリの消化酵素が用いられた。ついで英国で木材腐朽菌から分離した酵素セルラーゼを用いて、トマトの根端細胞からプロトプラストを作製できた。一九一九年ギアジャが、生きた酵母の細胞をカタツムリの消化酵素で処理し、細胞壁を溶かし去ることによって、プロトプラストを得た。

一九五〇年代後半に細菌や糸状菌で細胞壁を溶かす酵素を用いてプロトプラストが得られた。これにヒントを得て一九六〇年代になり、高等植物でも酵素処理によるプロトプラスト作製が盛んに試みられるようになった。一九六二年に英国ノッチンガム大学のコッキングは、トマトの根端に五パーセントのセルラーゼを二時間処理して、顕微鏡で調べると球状のプロトプラストがたくさんできていた。

一九六八年に農林省植物ウイルス研究所の建部《たけべ》到《いたる》らは、タバコの葉肉組織を材料として、セルラーゼとペクチナーゼの二種類の酵素を二段階に働かせて、生物活性の高いプロトプラストを大量につくりだす方法を開発した。単離されたプロトプラストを長田・建部培地で光をあてながら培養すると、細胞壁がすぐに再生し、分裂増殖を開始し、コロニーが六十パーセント以上の高い率でつくられた。これがきっかけとなってプロトプラストを用いた実験が急速に進み、その特異な性質がつぎつぎと見つけられた。プロトプラストはウイルス溶液と混ぜただけで高頻度で感染した。天然にはない合成ポリエチレン粒子さえも取りこんだ。

(三) プロトプラストからの植物体の再生

一九七〇年に名古屋大学の長田敏行と建部到はタバコ葉肉組織からとった、たった一個のプロトプラストから植物体を再生させることができた。すなわち、プロトプラストから作製されたコロニーを、基本培地に植物ホルモンのオーキシンとサイトカイニンをある比率で加えた分化培地に移すと幼芽が分化し、さらにこれを植物ホルモンがない培地に植え継いで光照射下で培養すると、根が発生して幼植物が得られた。

(四) 植物における細胞融合実験

一九六八年以降、コッキングと共同研究者らは、プロトプラストの融合実験をつぎつぎと行なった[19]。まず、トマトの若い実から取ったプロトプラストに機械的圧力をかけて融合を起こさせることができた。さらに、エンバク、トウモロコシ、コムギ、オオムギ、イネなどの根端から得たプロトプラストを硝酸ナトリウムで洗うと、融合が起こることを発見した。同じ植物のプロトプラスト間だけでなく、エンバクとトウモロコシという異なる種間でも、細胞が融合した。さらに細胞融合は、トウモロコシとダイズ、オオムギとニンジンのように、単子葉植物と双子葉植物間でも観察された。結局プロトプラスト間の融合は、細胞がどのような生物種に由来するかに関係なく起こることが判明した。

一九七六年には、米国でヒトのヒーラ細胞とタバコ属複二倍体（グラウカ種×ラングスドルフィー種）のプロトプラストの融合まで報告された。融合時には親水性界面活性剤であるポリエチレングリコールが用いられた。融合後三時間で、ヒトの核がタバコの大きなプロトプラストに入っているのが観察された。この動物界と植物界の境を越えた薄気味の悪い融合細胞は、融合後六日間だけ分裂し増殖した[20]。

(五) 異種間における細胞雑種の作出

融合細胞から植物体の再生が可能となれば、体細胞雑種が得られる。一九七二年にカールソンらは、タバコ属のグラウカ種（$2n=24$）とラングスドルフィー種（$2n=18$）を材料に選んで、体細胞雑種の作出に挑戦した。二つの種はたがいに染色体数が異なるが、グラウカ種を母親にして交雑すれば雑種が得られることが、一九三〇年にすでにトンプソンによって明らかになっていた。そこで交雑によって複二倍体をつくり、そのカルスの培養に最適の条件をあらかじめ調べた。

若い葉の下部表皮をはがすことにより葉肉細胞を採り、フラスコ中の酵素液に入れた。酵素液には日本製の二種の酵素である四パーセントのセルラーゼと〇・四パーセントのマセロザイム、それに〇・六モルのシュクロースが含まれていた。フラスコを三十七度で四〜六日培養するとプロトプラストが得られた。実験には長田・建部培地が用いられた。この培地中では、グラウカ種でもラングスドルフィー種でもプロトプラストに細胞壁が再生し、ときどき一回の分裂がみられるが、カルスはできない。それに対し、交雑で得た複二倍体のプロトプラストでは、ほんのわずか（〇・一パーセント）であるが、プロトプラストが分裂をつづけてカルスを形成する。カールソンらは、この現象を利用すれば、融合細胞を親の細胞から分けて選びとることができると考えた。つまり長田・建部培地上でコロニーを形成するプロトプラストを選べば、それがすべて雑種細胞となると期待された。

グラウカ種とラングスドルフィー種のそれぞれ一千万個のプロトプラストをほぼ一対一の比で混ぜて、〇・二五モルの硝酸ナトリウム液中に三十分おくと、約二十五パーセントのプロトプラストが融合した。六週間の培養後に三十三個のカルスが形成された。カルスをとり、リンズマイヤー・スクーグ培地を基本としてホルモンを含まない寒天培地上に置いた。ホルモンなしの培地上では雑種細胞だけが増殖した。このようにして、植物で最初の細胞融合による体細胞雑種細胞が作出された[21]。

カルスはやがて芽と葉を形成したが、根はつくらなかった。そこで再生した幼植物は、グラウカ種の若い個体の茎を台木として、その新しい切断面に接がれた。それをパラフィンで包んで、ミスト室に置き高湿度に保つと、やがて何枚かの葉が生じた。グラウカ種の葉は有柄、ラングスドルフィー種の葉は無柄であるが、細胞雑種の植物体に生じた葉は中間の形をもっていた。また。ラングスドルフィー種の葉には毛茸があるが、グラウカ種の葉にはない。細胞雑種の葉には毛茸が生えていたが、密度はラングスドルフィー種の葉よりもずっと低かった。細胞雑種では、茎に腫瘍組織が生じることがあったが、両親ではそのようなことはなかった。細胞雑種個体の体細胞染色体数は $2n=48$ で、両親の染色体数の和に等しかった。パーオキシダーゼのアイソザイムのバンドについては、細胞雑種は両親のもつバンドを示した。なお、培養細胞のホルモン要求性、植物体の葉の形態、染色体数、アイソザイムのバンドのすべてについて、通常の種間交雑による雑種個体は細胞雑種個体と同じであった。彼らは論文の末尾で、細胞融合の成功によって、受精過程に生じる制約を超えることができ、また遠縁の遺伝子型を結びつける可能性が広がったと結論している。

カールソンらの実験につづいて、ペチュニア属、チョウセンアサガオ属でも、種間の体細胞雑種がつくりだされた。しかし、これらの例は、みな人工交配でも雑種がつくれる組合せであるので、手間のかかる細胞融合をつかうメリットはなかった。

なお日本専売公社の長尾照義は、人工交配が成功した例の少ないタバコの栽培種とルスティカ種の間で細胞融合による雑種カルスの選抜と雑種個体の作製に成功した。

(六) 異属間における細胞雑種の作出

ドイツのカイザー・ウィルヘルム研究所の後身であるマックス・プランク生物学研究所のメルヒャース

（一九〇六－一九九七）らは、一九七八年にトマトの葉肉細胞から得た緑色のプロトプラストとジャガイモの懸濁培養細胞から分離した無色のプロトプラストをポリエチレングリコール中で融合させた。融合細胞から二十以上の雑種個体が再生した。[22] これは通常の交雑では雑種が得られない異属間で体細胞雑種が得られた最初の例である。彼は、この雑種植物をドイツ語でトマトの Tomaten とジャガイモの Kartoffeln から造語して、Tomoffeln または Karmaten とよんでいたが、のちに国際会議では英語流に pomato（ポマト）とよばれるようになった。なお pomato の名はもともと米国の園芸家バーバンクがトマトの台木にジャガイモを接いだ、またはジャガイモの台木にトマトを接いだキメラ状植物で、新奇の果実を得たときに用いた名であった。

ポマトの植物体は、トマトとジャガイモの中間的な形態を示し、花弁の色も両親の特徴をもっている。花弁の数は両親の場合より多かった。根は、ジャガイモの血を引いて肥大していたが、その形は宿根性植物のような長細いもので、イモとはとても見えなかった。その後、改良が加えられて根も太くなったが、まだ直接実用に使えるにはほど遠い。雑種個体は、トマト（$2n=24$）とジャガイモ（$2n=48$）の染色体数の和である七十二本をもつものもあったが、四十八、四十九、五十六、六十本などに染色体数が減ったものも少なくなかった。細胞間でも染色体数が同じでない個体もあった。さらに、雑種であることの証拠として、光合成に必須の酵素ＲｕＢＰカルボキシラーゼを調べたところ、核内遺伝子に支配される小サブユニットについては、両親の特徴をあわせもっていたが、細胞質支配の大サブユニットについては、トマトかジャガイモかどちらかの特徴しか示さなかった。

ドイツのマックス・プランク細胞生物学研究所のグレーバとホフマン[23]はアラビドプシスと *Brassica campestris* の細胞融合から雑種植物を得て、Arabidobrassica と名づけた。これは同じ科の異なる類

(tribe)間で得られた最初の細胞雑種である。ポマト以降では、もっぱら通常の交雑ではまったく不可能な属間での細胞融合が多い。そのため得られた細胞雑種は完全不稔で、通常の品種育成にすぐには組み込めなかった。

細胞融合による最初の市販品種は、一九九一年にカナダで育成されたタバコの栽培種とルスティカ種の体細胞雑種として得られたタバコ品種 Delfield である。しかしその後の細胞融合による品種育成の例は少ない。体細胞雑種は、直接に品種として利用するよりは、通常では交雑が不可能な植物間での遺伝子の移行に利用するための素材として期待されるようになった。

第十一章

論議をよぶ遺伝子の人為操作

メンデルの法則を説明するうえでのモデルに登場した因子（遺伝子）は、すぐにサットンやモーガンにより染色体上に存在することが示されたが、なおその正体は不明であった。有機化学者は長いあいだ、遺伝子はタンパク質であると思っていた。しかし、分子生物学の進展により、その正体が核酸であり、さらに遺伝子それ自体を操作して異種生物に導入することも可能となった。進化上の交雑障壁となっていた種や属の境界をたやすく越えてしまうその技術が一般社会に与えた衝撃は大きく、現在も種々の論議をよんでいる。

ミーシャーによる核酸の発見

DNA研究の歴史はミーシャー（一八四四〜一八九五）にはじまる。彼はスイスの優れた科学者の家系に生まれた。彼の父も叔父も、バーゼル大学の解剖学教授であった。シャイで内省的であったが優秀な少年は、長じて医学部に入ったが、学生時代にチフスにかかり聴覚を損ない、医者をあきらめて生理化学に進んだ。[1] 一八六八年に学位を得たのち、組織化学者でヘモグロビンの命名者として知られるホッペ・ザイラーの門下に入り、有機化学の勉学と研究をつづけた。いまでいうポスドクの身分であった。その研究室はチュービンゲン城の中にあった。

ミーシャーは、細胞の最も普遍的な状態についての知見を簡単で独立した形の動物細胞から得るという発想を抱き、動物細胞としてヒトのリンパ球を選んだ。一八六九年にクリミア戦争の戦傷病院の外科病棟で、負傷者の傷の手当てに使われた包帯を集めた。外傷が癒えるときに黄色の膿がでて、包帯に染み込んだ。包帯を洗うと、多量の膿汁が容易に得られた。包帯は毎日供給された。膿はリンパ球を含むので、細胞核を得る好材料であった。リンパ球の溶液に弱いアルカリを加え、ついで酸を加えて中性化すると、繊維状の物質が沈殿してきた。史上はじめて観察されたＤＮＡの姿であった。それは有機化合物として通常認められる炭素、酸素、チッ素、水素のほかに、リンに富むという特徴があった。またリンとチッ素の比率が特異的であった。当時、細胞核の主成分はタンパク質であると考えられていたが、彼はその分子が知る限りではどのタンパク質にも属さないと気づいた。タンパク分解酵素のペプシンでは分解されなかった。彼は、その分子が細胞核（nucleus）だけから由来することを示し、ヌクレイン（nuclein）とよんだ。メンデルが遺伝法則を発表したわずか四年後である。同じような分子は、リンパ球以外の、肝臓、腎臓、酵母などの動植物細胞からも得られた。彼の発見したヌクレインが、あまりにも従来の細胞内物質と異なる特性を示したため、ホッペ・ザイラーは自ら追試してその分子の存在を確認するまで、ミーシャーの論文発表を差し止めた。そのうえ、一八七〇年に戦争が勃発したため出版はさらに遅れた。結果は一八七一年にようやく発表された。しかし誰もヌクレインの正体が理解できなかった。

一八七二年に彼はバーゼル大学の生理学教授となった。バーゼルのライン河の水源地で、彼はサケの精子という細胞核の新しい研究材料にめぐりあった。これは包帯についた膿汁を調べるよりずっと気持ちよいだけでなく、細胞核も大きく扱いやすかった。彼はその後、サケの精子を主材料にして研究をつづけ、ついに純粋なＤＮＡを抽出することに成功した。彼は受精における主役の物質があるとすれば、ＤＮＡをおいてほかにないと考えていた。彼はまた遺伝暗号をはじめて示唆した。

一八七四年に、彼の弟子であるドイツ人病理学者アルトマンにより、ヌクレインが塩基性のタンパク質部分（現在のヒストン）と酸性部分に分離され、後者がドイツ語でNuklear-säure（核酸）と名づけられた。のちのＤＮＡ（deoxyribonucleic acid）である。ミーシャーは一八八五年に大学が彼のために設立したスイスで最初の生理学研究所であるヴェサリアナム研究所の所長となった。しかし一八九五年に健康上の理由で退職し、まもなく生涯を終えた。

遺伝物質は核酸かタンパク質か

ミーシャーの研究室では彼の死後も核酸の研究が進められた。ドイツ人生化学者コッセルは、ヌクレインがタンパク質と非タンパク質部分の核酸とからなることを示し、一八九三年に核酸を構成する四種の塩基チミン、シトシンというピリミジン、アデニン、グアニンというプリン、およびウラシルを発見した。

また彼は「巨大な分子は同じ性質の単位がくり返されて構成されている」と考えていた。タンパク質を構成する積み木の数は文章におけるアルファベットの文字のように多種類で、アルファベットによって無数の文章が作成できるように、種々の積み木が結合して無数の種類のタンパク質ができあがると唱えた。しかしこの場合、彼の念頭にあったタンパク質は、文章というより単語程度の小さなペプチドにすぎず、一つの文章に相当する長さのタンパク質でさえその内容はわかっていなかった。

有機化学者は、一九二〇年代になっても巨大な分子の存在は信じなかった。一九五三年度のノーベル化学賞を受けたドイツの有機化学者スタウディンガーが一九二六年のチューリッヒでの講演会で巨大分子と名づけたポリマーの存在を主張したときでさえ、並みいる研究者のだれもが認めなかった。

米国ロックフェラー研究所のロシア生まれの化学者P・A・T・レヴィーン（一八六九〜一九四〇）は、一九〇九年に酵母の核酸中の炭水化物がペントース糖リボースであることを見いだした。さらに一九二九年に動物の胸腺からとった核酸でも炭水化物を同定することに成功した。それもペントース糖であったが、酵母の核酸から得られたものと異なり、リボースの酸素原子が一個欠けていたのでデオキシリボースと名づけられた。このとき核酸のRNAとDNAがはじめて分離された。彼は化学的分析から、核酸はアデニル酸、グアニル酸、チミジル酸、シチジル酸の四塩基の結合を一単位として、それが反復された分子であると発表した。これを「四塩基仮説」という。ただし、加水分解によって四種の塩基が等しい比率で遊離されるという証拠はなかった。彼は核酸の成分がどのように結合してヌクレオチドを構成しているかを示し、またヌクレオチドが鎖状につながって核酸となっていると述べた。

一九三五年にはベロゼルスキーがはじめてDNAを純粋な形で単離した。またバクテリア中でRNAとDNAが常に共存することを示した。一九四〇年代になると、核酸の分子量は四塩基よりずっと大きいことがわかってきた。ただし、デンプンのようにどの生物体からとられても均質なポリマーであるとみなされていた。

すでに一九二〇年代には核酸が染色体の主成分であることが知られるようになっていたが、それでも多くの研究者は、遺伝情報は染色体のタンパク質上にあると信じていた。レヴィーンもその一人である。核酸は化学的性状が均質すぎるので、遺伝物質である可能性がないとされた。それに対しタンパク質は多様で、生物種により、個体により、さらには同じ生物体の組織により異なっているので、十分複雑な情報に対応できると考えられた。それに対しミーシャーおよび彼の後継者らは、ヌクレインないし核酸が細胞の遺伝に重要な役割を果たしているのかもしれないと考えていた。

グリフィスによる形質転換実験

英国厚生省の医師グリフィスは、抗生物質がない一九二〇年代に年間数千人もの犠牲者がでていた肺炎の原因を探る実験を行なっていた。肺炎は肺炎双球菌の感染によって生じる。一九二三年、彼はマウスに感染する肺炎双球菌には、野生型のS（smooth）型と変異株のR（rough）型という形態の異なる二種類があることを認めた。S型は野生株で菌体をおおうポリサッカライドの莢膜《きょうまく》をもつので、顕微鏡下で表面が滑らかに見える。一方R型は変異株で、莢膜をもたない裸状態であり、ざらざらした感じに見える。

一九二八年に、グリフィスはこれらの菌系を用いて四種類の実験を行なった。
一、R型菌を注射によりマウスに感染させた。マウスは病気にならず一匹も死ななかった。
二、S型菌をマウスに感染させたところ、大部分のマウスは肺炎を起こして死んだ。死んだマウスの血液からS型菌が分離された。

三、菌を覆っている莢膜のポリサッカライドが病気を引き起こすと考え、またポリサッカライドは熱に強いことがわかっていたので、S型菌を煮て殺して、この死菌をマウスに感染させてみた。その結果、すべてのマウスが生き残った。ポリサッカライドが病気の原因ではなかった。マウスの血液からは肺炎菌はまったく分離されなかった。

四、菌中のタンパク質が熱で変性してそれが病気の原因となったのではないかと考えた。そこで生きたR型菌にS型菌を熱で殺したものをまぜて、それをマウスに注射した。驚いたことにマウスはすべて死んだ。しかも死んだマウスの血液からは生きたS型菌が得られた。

実験一と二から、S型菌は致死因子をもつことがわかる。R型は莢膜をもたないため宿主であるマウスの免疫システムに負け、マウスは死なない。それに対してS型菌は莢膜をもつので、宿主のマウスの免疫システムから自らを守る能力があり、これに感染した宿主を殺す。つまり致死的であった。

実験三と四から、S型菌からの致死因子はそれだけではマウスに伝達されないが、生きたR型菌には伝達されることが示された。致死因子は熱を加えても死なないばかりか、伝達され増殖した。実験四から、致死因子をうけとることによりR型菌がS型菌に変換したといえる。このように菌のある系統がほかの系統の遺伝物質を吸収して、その吸収した遺伝物質の型に変化する現象を形質転換（transformation）という。グリフィスは、タンパク質は熱で変性するので、染色体中のタンパク質は遺伝物質ではありえないと考えた。その物質は形質転換物質（transforming principle）とよばれた。

今日の知識からみれば、この物質は莢膜を形成する遺伝子を含むＤＮＡ部分であることがわかる。グリフィスの実験は、ＤＮＡが遺伝物質であることをはじめて示唆した。

エイヴリーによる形質転換物質の解析

DNAが遺伝情報の担《にな》い手であるという実験的証拠は、一九四三年にロックフェラー研究所にいた六十七歳の細菌学者エイヴリーによってもたらされた。

エイヴリー（一八七七〜一九五五）はカナダ東海岸のハリファックスで生まれた。祖父は優れた紙漉《かみす》き職人で、彼の漉いた紙は両面印刷が可能で、オックスフォード版聖書に用いられた。父は英国のバプティスト派の牧師であったが、カナダからさらに召命を受けてニューヨーク市の貧民街に移住した。

青年時代のエイヴリーは科学にまったく興味がなかった。コロンビア大学でも人文系を選び、賞をもらうほど成績優秀であったが、ある年に急に医学を志した。一九〇四年に卒業し医師となったが、患者を救う力がない当時の医療に失望して、基礎医学に転じた。

勤務先としたブルックリンのホーグランド研究所は、米国で最初に民間の寄付で設立された研究所であった。彼はここで病原細菌の生物活性を化学組成から解明したいと努力した。設立まもないロックフェラー研究所病院のコールが、結核についての彼の論文を読んで、肺炎の血清を開発するプロジェクトに協力してもらうため一九一三年に彼を研究所に招いた。エイヴリーは以後三十五年間にわたり肺炎双球菌だけを材料としてたゆみない実験をつづけた。その研究課題は広範囲にわたり、また病院での診療にも加わった。第一次世界大戦中は、軍医に志願して肺炎の診断と治療を指導した。一九四三年に研究所の名誉所員となったのちも、一九四八年に退職するまで実験室にこもった。

ロックフェラー研究所でのエイヴリーの最初の仕事は、ドシェと共同で肺炎患者の口からみつかる肺炎菌の分類であった。彼らは、菌系によって毒性の程度が異なり、その違いは菌がもつ莢膜と関連があることを見いだした。一九二八年にグリフィスの結果が報告されたとき、エイヴリーは信じられなかった。肺炎菌の型は固定していないとすると、診療上も困ったことになった。しかし一九二九年に同室のドーソンとシアがグリフィスの結果を確認した。

一九四〇年代になり、エイヴリーは肺炎菌の形質転換に再び関心を集中させるようになった。新しく研究室に加わったマッカーシーがそれを助けた。彼らは肺炎菌から生物活性のある形質転換物質を取りだした。元素分析をすると、炭素、水素、窒素、リンの含有量が子牛胸腺から得た核酸の場合とよく似ていた。またタンパク質を不活性化するプロテアーゼや、脂質を分解するリパーゼでは、影響されなかった。また核酸に富んでいたが、RNAを分解するリボヌクレアーゼでも不活性化されなかった。アルコールで沈殿するので、ポリサッカライドのような炭水化物でもなかった。形質転換物質は大きな分子量をもち、アルコールで沈殿し、さらにDNA固有の反応を示した。エイヴリーはすぐに兄弟のロイに手紙を書いて、形質転換物質は「遺伝子かもしれない」と伝えた。

エイヴリーは共同研究者マックレオドおよびマッカーシーとともに、結果を*J. Exp. Medicine* 誌の一九四四年二月一日号に発表した。彼らは、形質転換物質は遺伝子になぞらえることができるとしながらも、慎重にほかの解釈もありうるとつけ加えた。ほかの研究者たちは、形質転換が菌から菌への遺伝物質の移行によることと、形質転換物質が遺伝物質であることは理解した。しかし、それがDNAであることは認めようとはしなかった。DNAは四塩基の単位が単純にくり返された分子にすぎず、細胞内の構造としては重要でも生理学的には興味のない物質とされていた。そして多くの者は、形質転換はDNAにたまたま付いていた微量のタンパク質によるのではないかと疑った。

エイヴリーの成果は二十世紀最大の発見といわれたが、ノーベル賞を受けることはついになかった。賞選考委員会が遺伝学の医学への貢献を軽視したともいわれる。時代に認められないまま、彼の研究室ではその後も形質転換の仕事がつづけられた。

DNA塩基についてのシャルガフの法則

シャルガフ（一九〇五〜二〇〇二）はオーストリア—ハンガリー帝国（現在のウクライナ）のチェルノヴィッツに生まれた。ウィーン大学で化学を学び、一九二八年に学位を取得したのち、イェール大学で結核菌の分析を行なった。一九三〇年からベルリン大学で化学助手として細菌の脂質を研究していたが、一九三三年のヒトラーの第三帝国の成立をみてパリに逃れ、パスツール研究所ですごした。一九三五年にニューヨークにわたりコロンビア大学医学部に落ち着いた。ここでの最初の研究対象は植物の染色体タンパク質であった。彼の研究は、核酸、核タンパク質、脂質、リポタンパク質、病原菌の生化学、血液凝固、リンやイノシトールの代謝など広い範囲に及んだ。生涯に二百六十もの論文を発表し、*The Nucleic Acids* 誌の主幹であった。

広い教養に恵まれた彼は終生ヨーロッパ人として任じ、先鋭的な科学者仲間にも米国の生活にもなじまなかった。彼自身、「私は、住んでいる国にも、暮らすべき社会にも、会話している言語にも、そして生まれた世紀にも適応しなかった」と記している。一九五二年から生化学の教授を務め、一九七〇〜一九七四年には生化学部長、退職後は名誉教授となったが、大学での生活は幸せではなかった。絶えずアウトサイダーとして発言し、「分子生物学はライセンスのない生物学である」と批判した。彼はとくに分子生物学が思弁的で極端な還元主義に走り、生命の全体像を忘れた研究競争に堕したことをみて嘆いた。[2] 分子生物学の応用としての遺伝子組換え技術に対しても、「科学者らは自然に向かって戦争をしかけている。われわれの未来は呪われている。彼らは何十億年かかってゆっくり少しずつ形成されてきた遺伝子を大きく改変しようとしている」と反対した。九十六歳でニューヨークの病院で亡くなる間際に、「私の願いは唯一つ、大学から忘れ去られることだ」と告げた。

一九四四年にエイヴリーの論文を読んだシャルガフは、それまでやっていたリポタンパク質から核酸へただちに研究を転じた。一九四九年に彼は核酸もタンパク質と同様に複雑な構造をもっているのではないかと考え、ウシの胸腺、脾臓、肝臓、ヒトの精子、胸腺、肝臓、酵母、鳥類の結核菌など種々の動植物の組織から調整したDNAの化学分析を行なった。その結果、同じ生物種の異なる器官から得たDNAは同じ塩基組成を示すが、同じ器官でも異なる生物種間では四種の塩基の比が異なることが判明した。

さらに彼は一九五〇年に英国のシンジによって開発されたペーパー・クロマトグラフィー技術を改良して、DNAの詳細な化学分析を行なって、塩基とよばれるDNAの四種の化学的単位について著しい規則性があることを見いだした。すなわち、動物や植物のどのような組織からとったDNAでも、プリンであるアデニンとピリミジンであるチミンとの間、同様にプリンのグアニンとピリミジンのシトシンの間に一対一の比が成り立っていた。したがってプリンの総量とピリミジンの総量は同じであった。これは「シャルガフの法則」とよばれた。ただ惜しいことに彼自身その生物学的な意味を理解できなかった。

DNAの構造はそれまで考えられていたP・A・T・レヴィーンの唱えた四塩基仮説よりもずっと複雑で、莫大な種類をとりうることが判明した。核酸の基本的な化学構造がここではじめて明らかにされた。

ハーシェーとチェースによる遺伝子の正体の開示

ハーシェー（一九〇八〜一九九七）は、米国ミシガン州に生まれた。一九三四年にミシガン州立大学の化学・細菌学部で細菌の成分の分離をテーマとして学位を得た。一九三四年からセントルイスのワシントン大学医学部で細菌学と免疫学の専任講師となった。そこではファージ研究家のブロンフェンブレナー教授とともに、最初は細菌の培地の研究、ついで当時あまり研究が進んでいなかった細菌をおかすウイルス（バクテリオファージ）の研究をした。彼はここで二十八篇の論文を発表し、そのうちのいくつかは抗原抗体反応の解明に貢献した。

一九四三年に、彼の論文を読んで興味をもったドイツのヴァンデルビルト大学のデルブリュックから招かれた。そこには同僚のイタリア生まれの微生物学者ルリアもいた。彼らの研究室はデルブリュック、ルリア、ハーシェーが三位一体となったファージ教会とよばれた。彼はここでファージの突然変異を研究した。その中で、二種の異なるファージ突然変異体を同じ宿主細胞で培養すると、突然変異形質が組み換えられることを発見した。これはファージ遺伝学の誕生といえる。

ハーシェーは一九四〇年代末にインディアナ大学とニューヨークにあるコールド・スプリング・ハーバーのカーネギー研究所の両方から招聘《しょうへい》の手紙を受けた。生来寡黙な彼は実験室で静かに仕事をつづけることを好み、後者を選んで一九五〇年に移った。彼はそこですぐに微生物・分子遺伝学部門におけるファージ分野の頭脳となった。ファージに放射性同位元素のリン32を取り込ませると、元素崩壊によってファージが死ぬことを示した。「原子変換効果」の発見である。[3] この研究所の遺伝学部門の主役は、ハーシエーとトウモロコシ遺伝学者のマクリントックであった。

大腸菌に感染するT２とよばれるバクテリオファージは、ＤＮＡとそれを囲む殻のタンパク質だけから構成されている。感染に際しては、オタマジャクシのような形をしたファージがまず宿主である大腸菌の細胞に尾にあたる部分の先でくっつき、ついでファージの一部が細胞内に入る。この細胞内に送りこまれる物質こそが遺伝物質と考えられるので、それがＤＮＡとタンパク質のどちらかを決めれば遺伝物質の正体もわかることになる。

ハーシェーはカーネギー研究所に移って二年後に、助手の女性研究者チェースとともに、この問題の解決に挑戦した。二人は当時ようやく入手できるようになった放射性同位元素のリン３２とイオウ３５を利用した。生物を構成する元素を放射性同位元素で置き換えることをラベルという。彼らは大腸菌をリン３２とイオウ３５でラベルした。イオウはタンパク質のアミノ酸中のメチオニンとシステインに含まれるが、核酸にはイオウが存在しないことがしられていた。いっぽうリンは核酸に大量に含まれるが、タンパク質には存在しない。したがってイオウ３５ではタンパク質が、リン３２ではＤＮＡがラベルされることになる。リン３２とイオウ３５の量は、それらが放出するベータ線によって測られる。

ハーシェーとチェースはリン３２とイオウ３５でラベルしたファージを大腸菌のコロニーに感染させた。感染の過程で、ファージは大腸菌にくっつき、遺伝物質を菌体内に注入する。一定時間後に攪拌《かくはん》して、菌体を壊さずに菌とファージを切り離すことができた。遠心分離をすると、沈殿に大腸菌、上清にファージが回収された。リン３２とイオウ３５の量を測ると、イオウ３５では大腸菌に吸着された量の八十パーセント以上が上清のファージに含まれていた。それに対し上清にきたリン３２は三十パーセント以下にすぎず、ほとんどは菌体内に移っていた。リン３２は大腸菌内で増殖してできた次代の子ファージにも検出された。これより菌体内に侵入してファージの増殖と再生に関与するのは、タンパク質ではなくDNAのほうである可能性が高いと、慎重な言いまわしで彼らは結論した。[4] これが遺伝物質はDNAであることを示す決定的な証拠となった。ハーシェーは退職後はコンピュータと音楽に興味をもちながらすごした。

ワトソンとクリックによるDNA構造のモデル

ワトソン（一九二八〜）は、イリノイ州のシカゴに生まれた。早熟で十五歳でシカゴ大学に入り、十九歳で卒業した。鳥類観察を楽しむ少年は、大学に入り遺伝学に興味を覚えるようになった。一九五〇年にブルミントンにあるインディアナ大学で動物学の学位を得た。博士論文はルリアの指導のもとに行なわれ、課題はバクテリオファージの増殖に対する硬X線の効果に関する研究であった。一九五一年の春に、イタリアのナポリの動物学研究所に行った。五月にそこで開かれたシンポジウムでウイルキンスに会い、はじめて結晶DNAのX線回析写真を見た。これが彼の研究の目的を核酸とタンパク質の化学構造に変えさせた。幸運にも、ルリアがその年の八月に英国キャヴェンディッシュ研究所に行けるように手配してくれた。

キャヴェンディッシュに移ってまもなくクリックに会い、たがいに関心が同じであることを知り、共同研究をすることになった。彼らは、DNAについてのそれまでの実験結果とポリヌクレオチドの立体化学的構造をよく調査すれば、DNAの構造を推測することが可能なのではないかと考えた。一九五一年秋の最初の試みは失敗であった。一九五三年に相補的な二重らせん構造を提案した。

彼は実験科学者としてもX線回析の技術を用いてタバコモザイクウイルスの構造を探り、その化学的サブユニットがらせん状に並んでいることを確認した。一九五三〜一九五五年には米国に戻り、カリフォルニア技術研究所で生物学の上席研究員としてＲＮＡのＸ線回析研究を行ない、メッセンジャーＲＮＡの概念の発展に貢献した。一九五五年から一九五六年には再びキャヴェンディッシュに行き、クリックと仕事をした。一九五六年の秋からハーヴァード大学生物学部に助教授として移り、一九五八年に准教授、一九六一年に教授となった。ここでは、タンパク質生合成におけるＲＮＡの役割を研究課題とした。一九六八年にコールド・スプリング・ハーバー研究所の併任所長となった。一九七六年には教授を辞してフルタイムの所長となり、行政手腕を発揮した。彼は経済的危機にあった研究所を建て直し、研究所の部門をガン研究、植物分子生物学、細胞生化学、神経科学などに再編し、世界のセンターとした。一九九四年には会長となった。また一九八八年に国立衛生研究所のヒトゲノム計画の長に任命され、一九九二年まで務めた。

クリック（一九一六〜二〇〇四）は英国ノーザンプトンに生まれた。彼はロンドンのユニバーシティ・カレッジで物理を学び、一九三七年に修士号を得た。博士課程の学業は一九三九年に勃発した第二次世界大戦で中断された。戦時中は英国海軍省で機雷の研究に携わった。一九四七年に海軍省を去り、生物学に転じた。医学研究評議会の奨学金を得て、ケンブリッジに行き、ストレンジウェイ研究所でヒューとともに培養された繊維芽細胞の細胞質の物理特性について研究した。彼は生物学も有機化学も知らなかったため、一九四七年から数年間その基礎を学んだ。一九四九年に評議会のユニットの職員となった。ここで彼は、タンパク質の構造をＸ線回析技術を用いて研究した。一九五〇年に彼は再び学生となり、四年後に「Ｘ線解析—ポリペプチドとタンパク質」という課題でカイウス大学から学位を得た。一九五一年から当時二十三歳のワトソンと共同研究をはじめたことが、彼の運命を変えた。

二重らせん構造の解明の功績でノーベル賞を受けた後も、彼は数多くの発見をした。イングラムとＤＮ

Aと遺伝暗号の関係を調べ、ブレンナーとDNA塩基配列がどのようにタンパク質の特異性を決めるかを探った。一九六〇年には、染色体と結合したタンパク質のヒストンの構造と機能について研究をはじめた。一九七六年にケンブリッジを去り、カリフォルニア州サンディエゴにあるサルク生物学研究所の教授に就任し、脳の研究に転じた。

共同研究にあたって、ワトソンはファージと細菌の遺伝学の知識を、クリックはX線回析の経験をもちよった。一方、ロンドンのキングズカレッジでも、ニュージーランド生まれのウイルキンスとロンドン生まれの女性研究者フランクリン（一九二〇〜一九五八）（図11・1）がDNA構造の研究を行なっていた。二人とも実験的な手法、とくにX線回析像にもとづいてDNA構造の知見を一つひとつ積み上げていくやり方であった。不幸にも、ウイルキンスとフランクリンのあいだの人間関係はよくなかった。フランクリンはX線回析から、DNAが周辺の湿度によって二種類の形態をとることを見いだした。七十〜八十パーセントの高湿度では明瞭ならせん構造（B型）をとるが、湿度を下げると結晶の図形は不鮮明になった。また、らせんの一回転は二十七オングストロームであり、その構造は複数の同軸核酸鎖を含み、外側に複数のリン酸基をもつと結論した。一九五一年十一月にフランクリンはこのことを内輪の講演会で発表した。ワトソンもそこに出席していたが、メモもとらずに肝腎なことを聞き逃がした。ワトソンはすぐにケンブリッジに戻りクリックとモデルを考案してみたが、その最初のモデルは失敗に終わった。彼らのボスはDNAの研究はやめるようにいった。

一九五二年十二月にキングズカレッジで開かれた医学研究協議会の生物物理委員会の会合で、所長のランダルは研究所での最近の成果についての報告書を配った。その中にフランクリンらによるDNAのX線回析研究の適用も含まれていた。その会に出席していたペルツにより、報告書がランダルの同意なしにワトソンとクリック側に渡された。フランクリンはやがて生体内のすべてのDNAはらせん構造をもっているのではないかと考えるようになった。これを知ってウイルキンスはうちのめされ、助手を使って彼女のX線回析像をひそかに複写し、ワトソンにみせた[5]。一九五三年の一月のことであった。フランクリンはそのことに気づかなかった。他の研究者が営々として得た未発表の結果を、了解もなしに入手し利用することは決して許されることではない。彼女は慎重で、低湿度の場合の構造（A型）についての結果がでるまで発表を差し控えていた。

ワトソンとクリックは再びモデルつくりに挑戦した。金物屋から買ってきたブリキを使って頭の中のモデルを実験室の空間に立体的に組み立ててみた。それはワトソンの背より高かった。そのモデルでは、DNA分子は二つのヌクレオチド鎖からなり、フランクリンの得た結果を取り入れて、互いにゆるくねじれあったらせん構造をしていた。二本の鎖の一方は上方向に、他方は下方向に配列されていた。クリックが一九五二年の夏に知った塩基の量的比率についてのシャルガフの法則をモデルにつけ加え、対応する塩基であるアデニンとチミン、グアニンとシトシンが水素結合で二本鎖の中央で結合するようにした。それにより鎖間の距離が一定になった。彼らは、このモデルにもとづけば、DNA鎖の一方は他方の鋳型となり、細胞分裂の際には二本鎖が分離し、それぞれを鋳型として新しい相手が形成されることを示した。これにより、DNAは突然変異がないかぎり、常にその構造を変えることなしに増殖

図11·1　ロザリンド・フランクリン

できることになる。一九五三年四月二十五日号のネイチャー誌に発表された彼らのモデルは、それまでに得られていた種々の実験データに完全に適合していたので、すぐに認められた。ワトソンとクリックは彼らに協力したウイルキンスとともに、一九六二年度のノーベル医学生理学賞を受けた。その四年前の四月十六日にフランクリンはガンにより三十七歳で亡くなっていた。[6]

遺伝暗号の解読によるDNA機能の解析

ニレンバーグは、ニューヨーク市に生まれた。十一歳のときにリュウマチ熱に冒され、保養のために家族は当時小さな町であったフロリダ州オーランドに移住した。そこは自然の楽園であった。彼は沼や洞穴を探検し、クモを採集し、マングローブ林に群がる数千羽のペリカンに胸を躍らせた。

一九四八年に動物学と化学の修士号をフロリダ大学から、一九五七年に生化学の博士号をミシガン大学から得た。米国ガン協会の奨学金で国立衛生研究所に行き、一九六〇年にそこの職員となった。このころ多くの大学やパスツール研究所から教授として声がかかったが、すべて断った。彼は絶えずグラントを申請しなければならない大学よりも、年間研究予算が決まっている国立衛生研究所のほうが、研究に専心できると考えた。一九六二年に生化学遺伝学部長となった。一九六五年に遺伝暗号の解読がほぼ解決した後は、彼の関心は心の謎の解明に移り、神経生物学に転じた。また一九八九年にはショウジョウバエのホメオボックス遺伝子の研究をはじめた。

ワトソンとクリックによりDNAの二重らせん構造が提示されたのちも、DNAが細胞分裂中にどのように増え、またどのようにその遺伝情報を表現するのかは依然として謎であった。ニレンバーグは一九五九年秋に独立して研究できる立場になったとき、DNAがタンパク質の合成を指令するやり方を調べようと計画した。彼はRNAが遺伝情報をになうDNAと細胞構成するタンパク質の間を取りもつメッセンジャーなのではないかと考えていた。しかし彼には分子生物学の素養がなかったので、同僚からは最先端の分野に挑戦することは自殺行為だと思われた。彼は一九六〇年夏にドイツのボン大学からポスドクとしてきた二歳年下のマサエイとともに、実験を開始した。マサエイは一九六一年五月に人工的に合成したRNA、とくにウリジル酸（U）だけで構成されているポリUを大腸菌に加えたとき、タンパク質にどのようなアミノ酸が取り込まれるかを放射性炭素でラベルしたアミノ酸を使って調べた。実験の結果、ポリUを入れると、タンパク質の伸長している末端に新しくアミノ酸が付加され、それがフェニルアラニンであることが判明した。

ブレンナーは、一九五〇年代にすでにタンパク質に関与する基本単位としてcodon（コドン）という用語を提唱していたが、当時はまだその単位がいくつの塩基から構成されているのかがわからなかった。一九六二年にブレンナーはコドンが三塩基であり、その配列はヌクレオチド上の一定の点から読まれることを遺伝実験で確かめた。

この結果を取り入れると、ニレンバーグらのポリUの実験結果は、三塩基配列UUUがフェニルアラニンに対応していることを意味することがわかった。RNAのもつ遺伝暗号がこのときはじめて解読されたわけである。このRNAこそ、彼らが探していたメッセンジャーRNA（mRNA）であった。メッセンジャーRNAを介して転写されたDNAの遺伝情報が、タンパク質合成を指令することがわかった。ニレンバーグはモスクワで開かれた国際生化学会議に出かけて、三十人ほどの聴衆を前に講演した。さらにクリックの計らいで、会議の最終講演として数百人の前で再度講演する機会を得た。結果は衝撃的であった。これにより、それまで研究者仲間でほとんど知られていなかった国立衛生研究所の名も一気に高まった。[7]しかしマサエイは、仕事上の不満からニレンバーグと袂《たもと》を分かち、独立して研究をするために一九六二年にドイツに帰った。

ニレンバーグはその後二十人のポスドクとともにさらに研究を進め、RNAのAAAはアミノ酸のリジン、CCCはプロリンに対応することを報告した。また三塩基のうちのどれかを他の塩基に変えると、異なるアミノ酸が合成されることもわかった。当初、彼は遺伝暗号は生物種間で共通であるとは思っていなかった。[8]彼は一九六三年に二十種のアミノ酸のそれぞれに対応するRNAの予備的な遺伝暗号表を提示したが、まだ不完全で誤りも多かった。一九六四〜一九六五年に彼のポスドクであったレーダーがコドン中のヌクレオチドの順番を決める方法を見いだし、これが暗号解読のスピードを高めた。一九六六年までに六十四種類の三塩基セットのすべてについて対応するアミノ酸が解明された。

ニレンバーグらの業績は、ケネディー大統領時代の米国のマスコミに大々的に報じられた。ニューヨークタイムズが、「科学は新しいフロンティアに達した。それは原水爆よりも潜在的に大きな意義をもつ革命をもたらすであろう」と掲げ、また別の新聞は、「ダーウィンの進化論以来、全生物に普遍的な法則の発見としてこれ以上のものはない」とか、「物理学におけるニュートンの万有引力の法則発見に匹敵する生物学での大発見」と絶賛した。遺伝暗号の解読には、英国、ドイツ、日本の協力が欠かせなかったにもかかわらず、それは米国科学界の勝利の証しとして利用された。なお遺伝暗号による生物活性の制御法は、当時進展してきたコンピュータ技術におけるプログラムになぞらえられた。

称賛の一方では、遺伝暗号の解読は、「やがて突然変異を意のままに起こさせ、遺伝子を自由に変えることになる」とか、「新しい病気をもたらし、精神をあやつり、遺伝を意図する方向に制御することになりかねない」という危惧を早くも人々に抱かせた。ニレンバーグ自身も一九六七年のサイエンス誌に、「人間が自分自身の細胞を操れるようになるときには、人類の利益のためにその知識を使うことができるようになるまで、その実行を控えなければならない。その知識を応用してよいかどうかの決定は社会が行なうべきであり、十分情報を与えられた社会だけが賢明な決定を下すことができる」とのべている。

DNAを操作する酵素の発見

一九五〇年代後半から一九六〇年代にかけて、DNAの酵素化学的研究が大きく進展した。一九五五年にコーンバーグがDNAポリメラーゼを、一九六六年にワイスとリチャードソンが大腸菌からDNAリガーゼを、一九七〇年にハミルトン・スミスらがⅡ型制限酵素の単離に成功した。DNAを切断する道具としての制限酵素の発見にはバクテリオファージの実験が大きく役立った。これらの酵素を利用して、DNAを合成したり、複数のDNAを付加したり、一本のDNAを断片に切断したり、自由に細工ができるようになった。それにより新しい種類のDNAを作製する道が開けた。

(一) コーンバーグによるDNAポリメラーゼの発見

コーンバーグは、ニューヨーク市ブルックリンに生まれた。彼の両親はポーランドからナチの迫害を逃れてきたユダヤ移民であった。高校までを飛び級で三年早く終えて、ニューヨーク市立大学とロチェスター大学に学んだ。学費と生活費を得るために授業以外の時間に衣料品店の営業マンとして働かなければならず、勉強も睡眠も不足した。高校時代からの興味は化学にあった。しかし、十九歳で修士号を得ても、大学や企業の職が見つからなかった。やむを得ず、さらに四年間学んで内科医になる決心をした。彼は成績抜群であったが、当時の米国社会にあったユダヤ人への強い偏見により奨学金が与えられなかった。一年間学外で研究できる特典も受けられなかった。そんな彼にロチェスター大学のある医学部教授が援助の手をさしのべ、裕福な患者を説得して彼に奨学金を出してくれるよう計らってくれた。一九四一年に卒業し、病院のインターンとしてさらに一年を過ごした。

第二次世界大戦の勃発が、彼の運命を変えた。一九四二年から一九五三年まで米国国立衛生局の国家沿岸警備隊の任命官として、国立衛生研究所に勤めることとなった。最初の配属先は栄養学部門であった。国立衛生研究所はビタミンのナイアシンの発見者で、ビタミン欠乏が病気を引き起こすことをはじめて報告したゴールドバーガーにより創立された。コーンバーグ自身もここで葉酸の発見に貢献したが、彼には純化した餌をラットに与えて新しいビタミンを探索する仕事はもう先の見えた研究に感じた。そこで研究休暇を利用して、生化学、とくに酵素化学の研究をする決心をした。一九四六年にニューヨーク薬科大学の化学・薬理学部に行き、S・オチョア教授のもとで研究を行なった。そこではじめて酵素の精製の原理と技術を学んだ。酵素こそが生物の生命力の源であり、ビタミンが作用する場でもあると理解した。一九四七年にはワシントン薬科大学の生物科学部でC・コリおよびG・コリ教授夫妻のもとで研究する機会を得た。

一九四八年に国立衛生研究所に戻ったコーンバーグは、酵素・代謝部門の長として独立した研究室をもつことができ、酵素精製の研究をつづけた。ここでNADとよばれる酸化・還元の補酵素の合成酵素を発見し、一躍生化学者としての実力を認められた。彼は一九五三年にワシントン薬科大学の微生物学部の教授になった。それはワトソンとクリックによるＤＮＡ構造の論文が発表された年であった。彼はＤＮＡの生合成の経路にとくに興味をもった。

彼は、細胞の機構、とくにＤＮＡがどのように生合成されるかを調べるために、一九五五年に大腸菌から得た酵素の混合液に放射性のヌクレオチドを加えた結果、ＤＮＡ鎖にヌクレオチドを新しく加える酵素反応を発見した。彼はこの酵素をＤＮＡポリメラーゼと名づけた。一九五九年に彼はスタンフォード薬科大学に移った。一九六七年にはグーリアンとともに生物学的活性をもつ人工のＤＮＡの合成にはじめて成功した。

（二）Ｉ型制限酵素の発見

ルリア（一九一二～一九九一）は、イタリアのトリノに生まれ、トリノ大学で医学、とくに放射線医学を学んだ。彼は折から台頭してきたファシストのムッソリーニに賛同できず、一九三八年にフランスに移り、パリのラジウム研究所でファージ研究の技術を身につけた。しかし一九四〇年にナチがフランスにも侵略してくると、ユダヤ系の彼は米国に逃れた。最初コロンビア大学で研究助手を務め、一九四二年にファージの電子顕微鏡写真をとることに成功した。一九四三年にインディアナ大学に移り、微生物学の講師、助教授、准教授となった。このころドイツ生まれで当時ヴァンデルビルト大学にいたデルブリュックに出会い、米国のファージ研究グループに属することになった。一九五〇年にイリノイ大学に微生物学教授として招かれた。一九五九年にマサチューセッツ工科大学の教授に就任した。彼はニクソン政権下でのベトナム戦争の終結を強く望んだ。科学技術がベトナム人の殺戮《さつりく》のために使われるのを憎み、ニューヨークタイムズにハノイの「爆撃を止めろ」と全頁大の反戦広告をかかげ、政治的ブラックリストに載せられた。一九七二年にMITガン研究センターを創立し、十三年間所長を務めた。彼はバイオテクノロジーの成果を評価する一方で、その行く末と危険性についても議論した。

細菌をおかすファージの特性は、宿主である細菌の遺伝子型に影響されることはない、というのがウイルス学の基本的原則と当時は信じられていた。しかし、イリノイ大学にいたルリアとヒューマンは、一九五二年にある細菌の系統Aではよく増殖するファージが、他の系統Bではあまり増殖せず、わずかな溶菌斑しかつくらないことを発見した。この溶菌斑から得られたファージは系統B中で増殖するが、元の系統A中では増殖しなかった。[9]同様のことが翌年同じくイリノイ大学のG・ベルターニとウェイグルにより大腸菌と赤痢菌を材料として報告された。この現象は制限ファージ感染とよばれたが、なぜ生じるかは長い間わからなかった。

アーバーは、スイスのアールガウ県に生まれた。一九五三年にジュネーヴ大学の生物物理研究室で電子顕微鏡の技術を習うために助手を務めた。その際に生物標本の作製技術とファージの生理と遺伝を学んだ。そのころ同大学の教授であったウエイグルが、カリフォルニア技術研究所から毎夏やってきて数か月滞在した。彼の影響は大きく、アーバーはラムダファージを博士論文の研究材料に選ぶことにした。一九五八年に米国の南カリフォルニア大学に行き、ウエイグルの共同研究者であったJ・ベルターニの研究助手となった。博士論文の研究が認められて、バークレイのステント、スタンフォードのレーダーベルク、マサチューセッツのルリアなど優れた研究者に招かれ、それぞれの場所で数週間滞在する機会を得た。一九六〇年にケレンベルガーに請われてジュネーヴ大学に戻った。彼はここで大勢の学生、院生、共同研究者に恵まれた。一九六五年に教授に就任し、講義を受けもつことになったが、学生の熱意のなさに嫌気がさし、一九七〇年に分子生物学への関心の深いバーゼル大学に移り、微生物学教授となった。

ジュネーヴ大学での最初の実験は、大腸菌B系統とその放射線抵抗性突然変異体B／r系統をラムダ・ファージに感受性にすることであった。結果はすぐに得られた。しかし、実際に得られた系統では、ファージが十分増殖しなかった。制限ファージ感染の現象が関与していた。一九六二年にアーバーは博士課程の学生のデュソワと共著の論文で、制限ファージ感染の現象を説明するモデルを提出した。それは次のようであった。ある細菌の系統はDNAを切断する酵素をもち、しかも自分自身のDNAがその酵素により切断されないような系統固有の変異機構をもつ。ファージのように細菌の外から侵入したDNAは、変異していないので、DNAが切断され、増殖が制限される。ほんの一部のファージDNAは、DNA切断を受ける前に変異機構をうけて変化するため、切断を免れる。この変異したファージは、別の細菌中ではDNAが切断されずによく増殖する。しかしもとの細菌系統に対しては、変異機構が異なるため有効でなく、DNAは切断され、増殖しない。

その後、細菌を犯す能力のあるファージでは、DNAのアデニンまたはシトシンにメチル基がつく、いわゆるメチル化が起きていることが判明した。つまり、メチル化されていないDNAは、細菌のもつ酵素により切断され分解され、それにより細菌中でのファージの増殖が制限される。メチル化したDNAは酵素による切断を免れる。

一九六八年にアーバーはリンとともに大腸菌でファージの増殖を制限する二種類の酵素を単離した。一つはDNAをメチル化する酵素で、メチラーゼと名づけられた。もう一つは、メチル化していないDNAを種々の場所で切断する酵素で、制限ヌクレアーゼ、詳しくはDNAを末端でなく中間で切断するので制限エンドヌクレアーゼとよばれた。この酵素は、DNAを認識配列の位置に関係なくランダムに切断するタイプでⅠ型制限酵素とよばれた。同年メセルソンとユアンも大腸菌で同様の制限酵素を発見した。

（三）Ⅱ型制限酵素の発見

ハミルトン・スミスはニューヨーク市に生まれた。ルビンシュタインのピアノ曲に惹かれていた少年は、高校時代に優れた教師の影響で、化学、物理、数学に興味をもつようになった。最初イリノイ大学に入り数学を専攻したが没頭できず、神経回路の数理モデルの本などを熟読していた。一九五〇年にカリフォルニア大学に移り、細胞生理学、生化学、生物学に出合い興奮を覚えた。そこで希望を変えて、メリーランドにあるジョンズ・ホプキンズ医科大学に移った。一九五七年に二年間の兵役義務で海軍に入った。配属先で、遺伝学とくにライトやフィッシャーの集団遺伝学の書を読みふけった。一九五九年にミシガン州の病院に勤務医として赴任したとき、図書館で黎明《れいめい》期の分子生物学の文献に出会った。ここではじめて彼の探し求めていた研究の進路が確定した。一九六二年にポスドクとしてミシガン大学の人類遺伝学部に入り、M・レヴィーンと共同で研究を始めた。レヴィーンがサバティカル・イヤー（研究のための長期有給休暇）でアーバーのところに行ったとき、彼からの便りでスミスはアーバーによる制限ファージ感染の仕事をはじめて知った。一九六七年にジョンズ・ホプキンズ医科大学に微生物学の助教授として赴任した。

一九七〇年にスミスは、ウイルコックスやケリーとともに、インフルエンザ菌 *Haemophilus influenzae* のある系統（Rd）の細胞がサルモネラのファージDNAに対して制限酵素の作用を示すことを偶然発見し、その作用を示す本体として一種の制限酵素を単離し、エンドヌクレアーゼRと名づけた[10,11]。のちに*Hind*Ⅱと名づけられたこの酵素は、それまで知られていた制限酵素と違って、特定の六塩基からなる配列の点で常に安定してDNAを切断することがわかった。Ⅱ型制限酵素の発見である。この制限酵素はファージDNAを全長にわたって走査して、ある特定の認識配列を見つけると、そのDNA分子に結合し二重らせんを構成する二本の糖―リン酸の骨格のそれぞれを一か所で切断する。切断されたDNAは、相補的な塩基間に働いている水素結合で結ばれるだけの状態となり、水素結合は弱いので破れ、DNA鎖はたがいに離れて断片となる。

その後、多くの研究者により大腸菌を含む種々の細菌、ウイルス、真核生物から認識配列や切断点が異なる数千もの種類の制限酵素が発見された。酵素を用いてDNAを切ったりつけたりして細工するには、切断点がランダムでなく特定の点に起こることが必要であった。Ⅱ型制限酵素はこれを可能にし、DNAを切断する分子的なハサミとして、その後における遺伝子操作の発達において欠かせない道具となった。

バーグによる雑種DNAの作出

バーグは、ニューヨーク市に生まれた。高校時代の女教師S・ウォルフに多大な影響を受けた。女教師は科学クラブの担当として科学的探究の面白さを教えた。教え子からバーグを含めて三名のノーベル賞受賞者が出ている。バーグはペンシルヴァニア州立大学で生化学を学んだ。二年間の兵役を務めたのち、一九五二年にウエスタン・リザーヴ大学で博士号を受けた。その後、デンマークのコペンハーゲンにある細胞生理学研究所のカルカー、および米国ワシントン医科大学のコーンバーグのところで、それぞれ一年間ポスドクとして滞在した。このときコーンバーグに才能を高く認められた。一九五五年にワシントン医科大学の微生物学の助教授となった。一九五九年にコーンバーグのグループがスタンフォード医科大学に変るのにともなって移り、生化学教室の准教授、ついで教授となった。彼の研究室は、はじめDNAの構造と機能の解析に集中したのち、一九八〇年代に組換えDNAの研究に転換した。一九八五年に分子遺伝医学のニューベックマン・センターの所長となった。また一九九一年に国立衛生研究所のヒトゲノム計画の科学諮問委員会会長に任命された。

一九七二年にバーグらはガラクトース発酵能を支配する遺伝子をもつラムダ・ファージ（*λ gal*）のDNAと哺乳動物の腫瘍ウイルスSV40のDNAとを、複数の酵素を連続的に反応させることにより試験管内で結合させた。[12] 酵素としては、まず環状DNAを開いて線状にするために制限酵素が用いられた。次にDNA分子の末端に相補的塩基を形成させるために末端トランスフェラーゼを加えた。二種のDNAを液体中で一緒にすると、自然にくっつく。さらにリガーゼを加えると、結合が完成する。バーグらは論文の中で「この方法は一般的で、どのような二つのDNA分子も結合させる手法となる」と書いている。これらのDNAは宿主が異なるので自然には形成されない。これが異種のDNAが結合したいわゆる雑種DNAを人工的に作成した最初の実験で、遺伝子工学のさきがけとなった。彼は「組換えDNA技術の父」といわれた。

ボイヤーとコーエンによる遺伝子操作

ボイヤーは、ペンシルヴァニアで生まれた。若者の多くが鉄道員か鉱夫になる土地で、彼自身は高校時代にフットボール選手になることを夢みていた。しかしコーチは科学の教師でもあり、ボイヤーの活躍の場はグラウンドでなく実験室にあることを見抜いた。彼はセントヴィンセント大学に入り生物学と化学を学び、そこで微生物遺伝学を知った。一九六三年にピッツバーグ大学で博士号を得たのち、カリフォルニア大学の助教授となり、DNA組換えの研究をはじめ、とくに大腸菌のもつ制限酵素*EcoRI*に興味をもった。制限酵素を使えば、DNAの特定の塩基配列を切断でき、その切断端は別のDNAの切断端とくっつきやすいことを知った。その方法を使えば、新しい配列のDNAがつくれた。しかしそれが生物学的にどのような働きをするのかはわからなかった。一九七二年にコーエンに出会ったことから事態が一気に進展した。彼らはたがいの技術を補いあって翌年に遺伝子組換え技術を成功させた。

一九七五年にシリコンバレーのベンチャー企業にいた当時二十九歳の若い実業家スワンソンが、大学の近くで開かれたあるビールパーティでボイヤーに近づいてきた。スワンソンはボイヤーらが開発したばかりの遺伝子操作技術を企業化して医療に応用する計画をもちかけた。数分の約束が三時間にわたる議論になったのち、ボイヤーは計画に賛同した[13]。その結果、世界最初のバイオテクノロジー会社ジェネンテク（Genentech）が一九七六年四月に誕生した。社名はgenetic engineering technology（遺伝子操作技術）に由来する。その計画は当初、学会からも実業界からも疑問視されたが、彼らは一九七七年にヒトタンパク質であるソマトスタチン、一九七八年にインスリン、一九七九年に成長ホルモンとつぎつぎに医療上重要な物質のクローン化に成功した。細胞を工場とした遺伝子操作による医薬品の製造という事業は、やがて十兆円規模の巨大企業に成長した。ボイヤーはカリフォルニア大学の生物化学と生物物理担当の教授であるとともに、一九九〇年までジェネンテク社の副社長を務めた。

コーエンはニュージャージーに生まれ、ペンシルヴァニア大学医学部を卒業した。スタンフォード大学医学部の准教授であった彼は、一九七〇年に抗生物質耐性のプラスミドを大腸菌に導入し、プラスミド内の遺伝子をクローン化する技術を開発した。

ボイヤーとコーエンの共同研究は、一九七二年四月の夜にハワイのワイキキのレストランではじまった。彼らは当地で開かれた細菌のプラスミドをテーマとする会議に出席してはじめて顔を合わせた。ボイヤーの制限酵素の技術と、コーエンのプラスミドに関する技術を合わせることにより、四か月後にプラスミドをDNAの担い手としてある生物種のDNAを他の種に導入するDNA組換え技術の基礎が完成した。すなわち彼らは、一九七三年にテトラサイクリン耐性遺伝子をもつ大腸菌のプラスミド *pSC101* と、カナマイシン耐性遺伝子をもつブドウ状球菌のプラスミドを試験管内で制限酵素 *EcoRI* を用いて結合させた。できあがった雑種DNAを大腸菌に移入した結果、大腸菌は両方の抗生物質に対して耐性を示した。最初の遺伝子組換え生物であった。さらに翌年、彼らはアフリカツメガエルからとったリボソームRNA遺伝子を含むDNA断片をプラスミドのDNAに結合した雑種DNAも、大腸菌内でそのまま増殖することを確認した。これによりどのような生物のDNAも大腸菌内で急速に大量にふやすことが可能であることが証明され、遺伝子操作実験が本格的にスタートした。

遺伝子操作の安全性をめぐる論争とアシロマ会議

一九七〇年代は遺伝子操作の道が開けた時代であるとともに、当初から新技術にともなう未知の危険性に対する恐れが社会の関心の的となった時代でもあった。

バーグらは、国立衛生研究所の研究費を受けて、ガンウイルスSV40の発ガン遺伝子を大腸菌のラムダファージに由来するプラスミドに組み込み増殖させようと計画していた。それは発ガン機構の解明を目的とした実験であった。しかしSV40は人間に近縁のアカゲザルの腎臓細胞からとったウイルスであり、それを人体に入りやすい大腸菌に組み込むことにより、その大腸菌が万一実験室から洩れだしたときには伝染性ガンの蔓延という大災厄をもたらす可能性が皆無ではないと考えられた。そうした組換え体が生物兵器に悪用される危険性もあった。そのためベルグらは組み換えたDNAを大腸菌に入れるという最終段階で実験を中止した。

新しい技術としてのDNA組換えの安全性について議論するため、一九七三年六月にゴードン会議が開かれた。国立衛生研究所と国立医学研究所は、安全性問題を調べるための委員会を招集するよう政府から要請された。また国立衛生研究所の科学委員会の命で、組換えDNA諮問委員会が組織された。

バーグは遺伝子操作のリスクと利益について手紙を交わして議論し、一九七四年四月に米国科学アカデミーの要請によりマサチューセッツ工科大学で会合を開いて、DNA組換え実験の指針を立案するまで実験を一次的に停止するようモラトリアム声明を出した。また著名な科学者らは、実験の自粛をネイチャーやサイエンス誌上で世界の研究者によびかけた。その署名者には、バーグ、ワトソン、バルティモア、ナタンズ、コーエンなどが入っていた。科学者が実験の結果について重大な関心を払い、実験を自主的に止めることは歴史上かつてないことであった。バーグは米国細胞生物学会の会長として二年間かけて米国全土の科学者、政治家、各界の代表者などに遺伝子操作の問題を説明してまわった。

一九七五年二月に米国カリフォルニア州パシフィック・グローブのアシロマ会議センターにおいて百四十人の専門家が集まり、三日間にわたり遺伝子組換えとバイオハザード問題に関して激しい議論を戦わした。これをアシロマ会議という。結果は、組換え実験のモラトリアムを解き、自主規制を基本としながら慎重に実験をすることで合意された。ほとんどのDNA組換え実験は続行してもよいことになった。ただし早い機会に組換え実験のガイドラインを設けることが決められた。それを受けて審議がはじめられ、一九七六年に米国のガイドラインが国立衛生研究所から発表された。そこでは遺伝子組換え実験の潜在的な危険性の大きさに応じて、P1からP4まで四段階の物理的封じ込めと、B1からB2までの二段階の生物的封じ込めという隔離を設けるべきことが決められた。ヨーロッパ諸国でも一九七七年にガイドラインが出された。日本では、一九七九年三月三十一日に文部省の「組換えDNA実験指針」が、同年八月二十七日に科学技術庁による「組換えDNA実験指針」が公布された。

しかし米国をはじめ世界中で遺伝子工学フィーバーが起きると、モラトリアム声明を出した指導的科学者の中から慎重論が消えた。ワトソンなどは、「アシロマ会議はドタバタ劇の練習にすぎず、ガイドラインは見たことも聞いたこともない狼に怯えるようなものだ」と嗤《わら》った。米国のガイドラインも一九七八年までには規制緩和の方向に理由なく変えられた。日本でもガイドラインの緩和が行なわれた。一九八〇年四月に文部省指針での認定宿主ベクター系に、それまでの大腸菌だけでなく真核生物の酵母が加えられた。一九八一年四月には、枯草菌ベクター系が加えられた。さらに一九八二年八月には、物理的封じ込めのレベルが全面的に軽減された。

アグロバクテリウムのプラスミドのTi発見と植物における遺伝子組換え

細菌、酵母、さらに動物細胞では、異種DNAを宿主細胞に導入する方法が開発されたが、植物ではD

NA組換え実験は進展しなかった。植物細胞だけがもつ細胞壁がDNAの取り込みを妨げていた。細胞壁を取り除いたプロトプラストが利用できるようになって、この問題は解決したが、植物におけるDNA組換えには、ほかの生物とは異なる方法が必要であった。

植物の根頭癌腫病がグラム陰性の土壌細菌アグロバクテリウムの一種 *Agrobacterium tumefacience* により引き起こされることは、二十世紀はじめにすでに報告されていた。[14] 植物が風などでゆすられて地際部がすれたり、接木のときに傷ができたりすると、そこからアグロバクテリウムが侵入し、根の一部が過大成長して腫瘍となる。アグロバクテリウムは世界に広く分布し、多犯性でさまざまな双子葉植物や裸子植物をおかす。ブラウンは、腫瘍ができるのはある活性物質の働きによると考え、それを腫瘍誘発因子(tumor inducing principle, TIP)と名づけた。[15] その正体が判明したのは、二十七年後のことである。

ゲントにあるベルギー国立大学のシェルをリーダーとするグループにより、一九七九年にアグロバクテリウムの病原性菌系だけに大きなプラスミドが存在することが発見された。このプラスミドはTiプラスミドと名づけられた。TiとはTumor inducing の略である。病原性菌系にプラスミドが認められなくなると、非病原性になり、非病原性の菌系にプラスミドを導入すると、病原性になることが報告された。

さらに二年後にチルトンらは、Tiプラスミドを制限酵素で切った断片と根頭癌腫病にかかった植物の腫瘍細胞から抽出したDNAとが相同であることを、DNA—DNA雑種によって証明した。彼女らは、このDNAをT-DNA(transferred DNA)と名づけた。[16] これらの結果から、ブラウンが唱えたTIPの正体はTiプラスミドであり、Tiプラスミドの一部が植物に移行することによって腫瘍が形成されることが確認された。

プラスミドとは、微生物では本来の染色体以外に自立的に増殖し、世代を通じて安定して伝達される遺伝因子の総称である。プラスミドはほとんどすべての微生物に存在し、接合、抗生物質耐性、重金属イオン耐性、抗菌物質の合成、腫瘍形成などに関与する遺伝子をもっている。プラスミドは環状二重鎖のDNAで、微生物がもつ本体のDNAに比べれば小さい。

自然界でアグロバクテリウムという細菌が、Tiプラスミドを介して、そのDNAの一部を真核生物に導入させていることが発見され、Tiプラスミドを利用すれば目的の遺伝子を植物体に導入して形質転換させることができるのではないかと考えられるようになった。チルトンらは、ニンジンで植物細胞最初の形質転換に成功した。

米国南カリフォルニア大学のハンガリー人マルトンらは、タバコのプロトプラストをアグロバクテリウムと共存させて培養させたところ、プロトプラストから得られた細胞系がTiプラスミドのもつ腫瘍遺伝子の形質を発現することを発見した。また植物ホルモンを欠いた培地でも増殖できる細胞系を選抜することができた[17]。

翌年ダヴェイらは、タバコよりも植物ホルモン要求性が高いペチュニアを材料に選び、プロトプラストによりDNAが直接取り込まれることを示した。彼らはアグロバクテリウムから分離したTiプラスミドのDNAを含む培養液中で、ペチュニアのプロトプラストを培養して、植物ホルモンを含まない培地でも増殖可能な系を選抜できた。また二年間の培養後に置床したプロトプラストあたり十万分の一という低頻度でホルモン要求性のコロニーが得られたが、それもアグロバクテリウムによる腫瘍にだけみられるオパインという特殊なアミノ酸を含んでいた。マルトンやダヴェイの実験結果は、DNA組換え実験として先駆的であったが、その頻度がごく低かったことから、当時は安定した組換え法としては認められなかった。

物理的および化学的ＤＮＡ組換え実験

アグロバクテリウムの利用は、その後植物におけるＤＮＡ組換え実験を促進させるのに大きく役立ったが、イネ科の栽培植物には有効でなく、ＤＮＡを直接取り込ませる方法や、エレクトロポレーション、マイクロインジェクション、パーティクルガンなどの物理的方法が工夫された。

外来のＤＮＡを植物細胞に直接取り込ませる方法は、一九七〇年代から知られていたが、それらの実験は試験管内だけで終わり、植物体が得られることはなかった。

一九八二年になってクレンズにより細胞融合に用いられるポリエチレングリコール（ＰＥＧ）がプロトプラストへの外来遺伝子の導入にも有効であることが示された。[18] 導入すべき遺伝子と選抜マーカー遺伝子を含むベクターＤＮＡをタバコのプロトプラストに加えて混ぜた。これにＰＥＧを添加すると、ＤＮＡがプロトプラストに取り込まれる。その後ＰＥＧを少しずつ除いてからプロトプラストを培養し、植物体を再分化させた。ＰＥＧの濃度は、細胞融合があまり生じず、また細胞分裂が抑えられないように、細胞融合の場合よりも低く十三・三パーセントに設定された。

プロトプラストをＤＮＡ溶液中に懸濁させて高電圧の直流パルスをかけると、細胞膜に一時的に小さな孔があき、それをとおして溶液中のＤＮＡが電気泳動の作用で細胞内に導入される。[19] 電圧を除くと細胞膜の小孔はふさがり、細胞膜はもとの状態に自然と修復される。この方法は一九八六年にフロムにより開発され、エレクトロポレーションとよばれた。

プロトプラスト、細胞、組織などを材料として、細胞を顕微鏡下で観察しながら微量のＤＮＡをマイクロマニピュレータを用いて核に直接注射するか、細胞質に注射してそれが核へ移行するのを期待するマイクロインジェクション法が工夫された。[20]

ＰＥＧ法やエレクトロポレーション法のようにプロトプラストを媒介にする方法では、プロトプラストから植物体を再生させる技術が開発されていない植物には役立たない。米国コーネル大学の園芸学教授サンフォードは、トマトやトウモロコシの花粉を用いて形質転換の研究を行なっていた。一九八七年に、彼はＥ・Ｄ・ウォルフおよびアレンと共同で現在パーティクルガンとよばれているＤＮＡの直接的導入法を開発して、特許を得た。[21]ただし彼らはこの方法を当初 biolistic process とよぶように提唱していた。ＤＮＡを直径四ミクロンのタングステンの超微粒子に付着させて、高速で金属微粒子ごとタマネギの表皮細胞に打ちこむと、細胞壁と細胞膜を貫いて生細胞にＤＮＡが直接導入された。[22]生細胞を観察できるノマルスキー顕微鏡でみると、表皮細胞にきれいな円形の孔があいていた。この方法では、細胞からプロトプラストを作成したり、処理後に培養する必要がない。また用いるＤＮＡの量も〇・一マイクログラム程度と少なくてすむ。金属粒子の加速には、当初は火薬を用いるショットガン方式が採用されたが、その後ヘリウムガスによる方法に変わった。サンフォードの研究室では、ドラッグストアで買ってきた麻酔銃用の空砲が使われていた。この方法は一九九四年に医学のためのマウス実験にも応用されるようになった。

植物におけるＤＮＡ組換えの実験手法が確立されるとすぐに、それを利用して新品種の育成が試みられるようになった。

遺伝子組換えによる新品種の登場

(一) 腐らないトマト品種

トマトが赤く熟すると酵素ポリガラクツロナーゼ(PG)が果実内に生成されて、細胞壁のペクチンを分解する結果、果実が柔らかくくずれていく。そこでPGの合成を抑えるために、PGのメッセンジャーRNAに結合するようなアンチセンスRNAをつくるDNAを導入すると、果実が完熟しても腐りにくく鮮度が保たれるようになる。アンチセンスRNAとは、メッセンジャーRNAの全部または一部の塩基配列に対して相補的な配列をもつRNAの総称で、その塩基配列に対応した標的となるメッセンジャーRNAと結合して、タンパク質への翻訳を阻害することにより、機能の発現を抑制する。

この原理の特許が一九八八年に米国のカルジーン社で申請され、それを用いて生食用トマトの品種FlavrSavrが育成され、MacGregor'sの名で販売された。これが遺伝子組換えによる市場に登場した最初の作物となった[23]。カルジーン社はカルフォルニア大学デーヴィス校の分子生物学者ヴァレンタイン教授らによって一九八〇年に設立された。FlavrSavrの開発の中心者は、ハイアットであった。その品種の果実は収穫してから四週間以上室内に置いても腐らなかった。これにより生鮮食品売り場でのトマトの日持ちが画期的に高められた。それまでのトマトでは、畑で少しでも赤みがかった果実を収穫して市場に出すと、流通の過程で過熟になり腐った。そのためまだ緑色で固いうちに果実を収穫して、エチレンで人為的に赤くする方法がとられた。しかし、それでは青臭さが抜けなかった。FlavrSavrならば、畑で十分に赤く熟してから収穫ができた。完熟トマトは、他品種の倍の値段で取引された。最初の遺伝子組換え育種は慎重で公正に行われた。遺伝子組換えにともなう種々の安全性の検査もなされ、また店頭のトマトには遺伝子組換え作物（ＧＭＯ）であることを示すラベルも付けられた。当時の米国ではＧＭＯに対する消費者の反対もほとんどなかった。

しかしカルジーン社は農作物としてのトマト品種の栽培や流通販売についての経験がなく、それが弱点となった。トマトを増殖し栽培する土地の選定が適切でなかった。畑での収量や品質は期待したほどではなかった。生食用として販売にまわせる果実は十〜二十パーセントにすぎなかった。完熟トマトはそれまで流通していた緑色トマトにくらべれば柔らかく流通過程で傷つきやすかった。また米国内の他品種と同様に香りに難点があった。生食用トマトの事業は失敗に終わった。研究開発の莫大な費用は回収できず、損失はFlavrSavrだけで一億五千万ドルに達した。カルジーン社はモンサント社に買収され、トマト部門は縮小された。

（二）害虫を殺すトウモロコシ

土壌細菌 *Bacillus thuringiensis* は、胞子形成期にデルタエンドトキシンという昆虫に毒性を示すタンパク質を生産する。これをBt毒素という。Bt菌は一九〇一年にカイコの卒倒病を起こす細菌として日本で発見された。Bt毒素は選択性が強く、ガ、チョウ、カ、カブトムシなど、限られた昆虫の幼虫期にだけ効く。そのため、この土壌細菌自身が生物農薬として使われていた。細菌中では毒素は前駆体の形で存在し、害虫のアルカリ性の消化液にふれてはじめて活性化する。生物農薬として植物体の外部からの散布するのでは、茎中にひそむ害虫は駆除しにくかった。そこで防除したい植物自体にこの遺伝子を導入することが考えられた。[24] Bt遺伝子を導入されたトウモロコシをBtトウモロコシとよぶ。

Bt遺伝子を導入された植物体で毒素が形成される。昆虫が葉や茎を食べると、毒素もいっしょに摂取されて、消化液中のタンパク質分解酵素プロテアーゼにより部分的に分解されてより低分子で毒性のあるポリペプチドとなり、これが昆虫の消化管の中腸上皮細胞にある受容体と結合し、イオン輸送の機能を破壊し中腸を麻痺させ栄養素を摂取できなくさせる。昆虫は食欲を失い死に至る。

一九九六年にチバガイギー社とマイコーゲンシーズ社は、はじめてBtトウモロコシの一代雑種品種を育成した。その後、優良なトウモロコシ近交系にBt遺伝子を導入する種子会社が増加した。Btトウモロコシはトウモロコシの害虫であるアワノメイガの被害が大きい米国のトウモロコシの潅水栽培が行われるテキサス、西部カンザス、東部コロラドなど、ネブラスカ州などで採用されるようになった。

(三) 除草剤に耐えるラウンドアップレディー作物

一九八三年にイタリア生まれでカルジーン社にいたコマイにより、非選択性除草剤グリフォサートに対する耐性遺伝子がサルモネラ菌の aroA 座の突然変異体から得られた。彼をリーダーとしてこの遺伝子がタバコに導入された。カルジーン社はこの技術によるGMO品種の育成を断念したが、その後ミズーリ州に本部をもつモンサント社で製品化された。

モンサント社は一九〇一年に化学企業としてクイーニによって設立され、第二次世界大戦前は、サッカリン、硫酸を、戦後は、プラスチック、合成繊維、PCB、2,4,5-Tや2,4-Dを含む除草剤などを生産してきた。

グリフォサートを主成分とする除草剤はラウンドアップ（Roundup）という商標がつけられ、ラウンドアップに耐性の組換え体はラウンドアップレディーと名づけられて、除草剤と種子がセットで同社から販売された。ダイズをはじめとするラウンドアップレディー作物は同社の売上の六十七パーセント（二〇〇〇年）を占める大ヒット商品となった。

植物にはホスホエノールピルビン酸とシキミ酸－３－リン酸からアミノ酸を生成する一連の化学反応がある。グリフォサートを植物に散布すると、植物細胞中でこのシキミ酸経路を制御する酵素にグリフォサートが結合して失活させる。これにより植物体内で必要な芳香族アミノ酸が生成されず、シキミ酸－３－リン酸が蓄積し、細胞が死に、植物体が枯れる。遺伝子組換えによるグリフォサート耐性品種では、シキミ酸経路の触媒活性は変わらずに、グリフォサートとの親和性が低くなった酵素をつくる遺伝子を導入してあるため、酵素の失活がなく、除草剤による枯死を免れることができる。

（四）日本における最初の遺伝子組換え体実験

一九八八年に農林水産省の農業生物資源研究所で作出された組換え体トマトが、日本で生まれたＧＭＯの最初である。遺伝子組換え実験の材料として選ばれたのは、栽培トマトの系統と野生のペルヴィアヌム種の系統を交雑して得られた一代雑種であった。農業生物資源研究所の本吉《もとよし》総男《ふさお》らは、トマトにタバコモザイクウイルスに対する抵抗性をつけるために、ウイルスの外被タンパク質の遺伝子をアグロバクテリウム法によってトマトに導入した。この組換え体は、自家不和合性をもち、自殖しても果実や種子ができない。また交雑では一側性不和合性を示し、雑種の花粉が栽培品種のめしべにかかると種子が生じるが、逆交雑では種子ができない。一九八九年から三年間、農業環境技術研究所の閉鎖系、非閉鎖系、模擬的環境で、この組換え体の環境安全性を評価する実験が行なわれた[25]。一連の実験は、日本におけるＧＭＯの作出と、その安全性評価を行なうモデルシステムを構築することを目的としていた。

年代	人名(国名)	事　項
1969	(カナダ)	マニトバ大で、マカロニコムギとライムギの交雑により、6倍性ライコムギの最初の品種「Rosner」が育成される。
1970	ボーローグ(米国)	“緑の革命”をもたらしたコムギ品種の育成と普及の功績によりノーベル平和賞授与。
	(米国)	米国の一代雑種トウモロコシのT型細胞質を犯すごま葉枯病菌による被害が大発生。
	長田敏行、建部到(日本)	タバコ葉肉組織からとった1個のプロトプラストから植物体の再生に成功。
	カールソン(米国)	タバコの培養細胞を化学変異原EMSで処理して栄養要求性突然変異株の選抜に成功。
	スミスら(米国)	II型制限酵素を発見。
1971	J・R・ハーラン(米国)	作物の起源地について「中心非中心地説」を提唱。
	(国際)	CGIAR(国際農業研究協議グループ)設立される。
1972	カールソンら(米国)	タバコ属の種間で細胞融合により、はじめて体細胞雑種を作成。
1973	袁隆平(中国)	水稲の一代雑種品種「南優2号」を育成。イネにおける三系法のはじまり。
	石明松(中国)	日長感応性の雄性不稔の自然突然変異体を発見。二系法のはじまり。
	ボイヤー、コーエン(米国)	大腸菌で最初の遺伝子組換え生物を作出。遺伝子操作実験の本格的スタート。
1974	(国際)	CGIAR(国際農業研究協議グループ)の主催する国際科学機関としてIBPGR(国際植物遺伝資源委員会)が設立される。
1975	(米国)	サンフランシスコ郊外のアシロマで遺伝子操作の安全性に関する会議が開催される。
1978	メルヒャーズ(ドイツ)	トマトとジャガイモの細胞融合により、交雑不可能な属間で最初の体細胞雑種ポマトを作出。
1981	チルトン(フランス)	アグロバクテリウムのT-DNAを発見。翌年ニンジンで植物細胞最初の形質転換に成功。
1982	クレンス(オランダ)	ポリエチレングリコール(PEG)によるDNA導入法を開発。
1986	ランダー、ボートシュタイン(米国)	量的形質遺伝子座(QTL)の解析のための区間マッピング法を提案。
1988	(米国)	遺伝子組換えによる最初の市販品種であるトマトのFlavrSavrが育成される。

年代	人名(国名)	事　項
1950	スプラーグ、ブリムホール(米国)	単純循環選抜法の有効性がトウモロコシの油含量で実証される。
1951	(日本)	第二次日本育種学会発足。
1953	ワトソン(米国)、クリック(英国)	DNAの相補的二重らせん構造を提示。
1954	シアーズ(米国)	コムギでモノソミック、ナリソミック、トリソミック、テトラソミックのシリーズを完成。
1956	(日本)	福井県農試で「コシヒカリ」が育成される。
1957	スクーグ、ミラー(米国)	培地中のオーキシンとカイネチンの割合を変えるだけで、タバコのカルスからの葉や根の再生を制御できることを発見。
1960	(日本)	青森県農業試験場藤坂試験地で、集団育種法による最初の水稲品種「フジミノリ」が育成される。
	(日本)	農林省放射線育種場が設立される。1961年よりガンマ・フィールドの照射開始。
1962	ボーローグら(米国)	CIMMYTで「農林10号」の血をひいた矮生多収品種「ピテイック762」および「ペンハーモ62」を育成。“緑の革命”をもたらす。
	コッキング(英国)	トマトの根端にセルラーゼを処理してプロトプラストの作成に成功。
1963	(日本)	水稲品種「日本晴」が世代促進利用の集団育種法により育成される。
1964	グハ、マヘシュワリ(インド)	ケチョウセンアサガオにおいて葯培養による半数体植物の作成に成功。
1966	(フィリピン)	国際イネ研究所でイネ品種IR8が育成される。“緑の革命”の引き金となった品種。
	(日本)	青森県農試藤坂試験地で人為突然変異による日本最初の実用品種「レイメイ」が育成される。
1967	中田和男、田中正雄(日本)	タバコの葯培養により半数体の作出に成功。
	ムラシゲ、ナカノ(日本)	タバコの髄組織の培養で、染色体異常が発生することを認める。
1968	(メキシコ)	CIMMYTで6倍性ライコムギに半矮生コムギが自然交雑した早熟多収のライコムギアルマジロ系統が発見される。
	新関宏夫、大野清春(日本)	イネの葯培養により半数体の作出に成功。
	建部到(日本)	タバコの葉肉組織から酵素処理により生物活性の高いプロトプラストの大量作成法を開発。

年代	人名(国名)	事　項
1932	フィッシャー(英国)	インマーおよびテディンと共著で、量的形質についての統計遺伝学モデルの論文を発表。
1935	ニルソン・エーレ(スウェーデン)	オオムギで最初の実用的突然変異 erectoides を得る。グスタフソンらによる突然変異育種の本格的開始。
	稲塚権次郎(日本)	世界のコムギ多収品種育成の親となった小麦「農林 10 号」を岩手県立農事試験場で育成。
	禹長春(日本)	アブラナ属種間の類縁関係を表す「禹の三角形」を発表。
1936	H・V・ハーラン、マルティニ(米国)	近代品種により在来品種が駆逐されるという遺伝的浸食の危険を指摘。
1937	ブレイクスリー、アヴェリー(米国)	麻酔剤コルヒチンによる染色体倍加の方法を発見。倍数性育種のはじまり。
	ルイセンコ(ソ連)	獲得形質の遺伝を唱え、メンデル遺伝学を攻撃する。以後約 30 年にわたりソ連の遺伝学が停滞。
1939	ノベクール(フランス)、ホワイト(米国)、ゴースレイ(フランス)	たがいに独立に、植物組織を器官の再分化なしに無限に成育させることに成功。
	ホークス(英国)	ジャガイモの遺伝資源を求めてアルゼンチン、メキシコ、ペルーなどを探索。
1940	ヴァヴィロフ(ソ連)	栽培植物の発祥中心地を世界の 7 地域にまとめ、『ソヴィエト科学』誌に発表。
1941	アウエルバッハ(ドイツ)	エジンバラ大学でマスタードガスによる人為突然変異の誘発に成功。
1944	マックファーデン、シアーズ(米国)	パンコムギの祖先 DD 種はタルホコムギであることを交雑により証明。
	木原均(日本)	パンコムギの祖先 DD 種がタルホコムギであることを形態分析法により推定。
1946	(米国)	中期貯蔵用の「遺伝資源センター」が設けられる。
	サヴィツキー(ソ連)	移住した米国のテンサイ畑で単胚性の突然変異体を発見。
1948	スクーグ(米国)	細胞分裂活性を促進する物質であるカイネチンを発見。
1949	コムストック、ロビンソン、ハーヴェイ(米国)	相反循環選抜法を提唱。
	酒井寛一(日本)	集団育種法を日本に紹介。

年代	人名(国名)	事　項
1917	ジョーンズ(米国)	トウモロコシにおけるヘテロシス利用法として複交雑を提案。
	南鷹次郎(日本)	札幌農学校でオオムギ品種「北大1号」を育成。日本最初の交雑育種による実用品種。
1918	(ロシア)	ロシアのサラトフ農業試験場で、コムギとライムギの自然交雑による雑種が大量に発見される。
	坂本徹(日本)	コムギ属で14、28、42本の3種類の染色体数を発見。
1921	寺尾博、仁部富之助(日本)	農事試験場陸羽支場でイネ品種「陸羽132号」を育成。国立機関で交雑育種により育成された最初のイネ品種。
1922	H・V・ハーラン、ポープ(米国)	オオムギで戻し交雑育種法を植物の改良法として採用。
	ブリッグス(米国)	戻し交雑育種によるコムギの病害抵抗性育種に着手。
1923	ヨハンセン(デンマーク)	genotype(遺伝子型)とphenotype(表現型)を定義。
1925	ジョーンズ(米国)	タマネギ圃場で細胞質雄性不稔株を発見。
	ナドソン、フィリポフ(ソ連)	酵母を材料としてX線による突然変異誘発に成功。
	盛永俊太郎(日本)	アブラナ属種間における類縁関係の細胞遺伝学的解析のための交雑を開始。
1926	ヴェント(オランダ)	細胞の成長を促進する物質としてオーキシンを発見。
1927	マラー(米国)	ショウジョウバエでX線による人為突然変異の誘発に成功し、発表。
	(日本)	水稲育種について、全国を8つの生態地域に分け、各地域に地域農事試験場が指定され、新しい育種組織が発足
1928	スタッドラー(米国)	オオムギの発芽種子にX線を照射して、人為突然変異誘発に成功。
1929	木原均(日本)	コムギ5倍性雑種の染色体伝達からゲノム説を提唱。
1930	ミュンツィング(スウェーデン)	チシマオドリコ属を材料としてはじめて複2倍体の作出に成功。
1932	ホワイト(米国)	種々の無機塩の組合せにショ糖と酵母抽出液を加えた培地を工夫し、培養によるトマトの根の長期間生育に成功。

年代	人名(国名)	事　項
1901	ファーラー(英国)	オーストラリアに移住し早熟で短強稈性のコムギ品種Federationを育成。
1903	サットン(米国)	メンデルのいう遺伝因子は染色体上にあると指摘。
	加藤茂苞(日本)	国立農事試験場畿内支場でイネおよびムギ類の交雑育種に着手。また重要形質の遺伝様式の解析をはじめる。1904年にイネの交雑に成功。
1905	メイヤー(米国)	農務省職員として中国に植物探索に赴く。
1906	チェルマク(オーストリア)	欧州最初の育種学講座がウイーン農科大学に開設され、教授に就任。
	ニルソン・エーレ(スウェーデン)	集団育種法を提案。
	外山亀太郎(日本)	カイコを用いて、動物においてメンデルの法則をはじめて確認。また雑種強勢を報告。
1908	シャル(米国)	米国育種家協会の報告会でトウモロコシにおける交雑と自殖の実験結果を報告。
1909	ヨハンセン(デンマーク)	遺伝における「純系説」を提唱。メンデルの仮定した遺伝因子をgene(遺伝子)と名づける。
	シャル(米国)	トウモロコシの品種改良に一代雑種の利用を提案。
1910	モルガンら(米国)	ショウジョウバエでの広範な実験により、遺伝子が染色体上にあることを立証。
	寺尾博(日本)	農事試験場陸羽支場時代にイネおよびダイズで純系選抜による育種を開始。
	岡田鴻三郎(日本)	イネでもメンデルの法則が成り立つことを証明。
	阿部文夫(日本)	『作物品種改良論』を出版。
1912	明峰正夫(日本)	『育種学』を出版。
	H・V・ハーラン(米国)	オオムギの遺伝資源を求めて探索行をはじめる。
1913	シャル(米国)	ヘテロシスの語をつくり、その概念を提示。
1914	(日本)	純系選抜法により、イネ品種「陸羽20号」が育成される。
	永井計三(日本)	園芸試験場でナスを材料として野菜最初の一代雑種の実験を行なう。

年代	人名(国名)	事　項
1871	バーバンク(米国)	ジャガイモの実生から多収個体を選抜。のちに品種 Burbank Potato となる。
1872	(日本)	大蔵省勧業寮内藤新宿試験場がつくられ、国内外の穀物、野菜、果樹の試作と、種苗の繁殖、配布がはじめられる。
1875	ウイルソン(英国)	コムギとライムギの交雑に成功。
1877	(日本)	芝の三田育種場が置かれ、海外品種の栽培が行なわれる。
	丸尾重次郎(日本)	無芒で短稈のイネ自然突然変異体を発見。のちに「神力」と命名。
1883	ド・カンドル(フランス)	『栽培植物の起源』を著す。
1886	(スウェーデン)	スワレフにスウェーデン種子協会が設立され、大規模な選抜実験が開始される。
	ド・フリース(オランダ)	オオマツヨイグサ自然集団で「突然変異」の研究を開始。
1888	リムパウ(ドイツ)	最初の安定したコムギ・ライムギ雑種を得ることに成功。
	横井時敬（日本）	『稲作改良法』を著し、選抜の重要性を説く。
1891	ジャルマ・ニルソン(スウェーデン)	系統育種法を提案。1892年からコムギ、オオムギ、エンバク、ヴェッチなどで大規模な純系分離育種を開始。
1893	阿部亀治(日本)	冷水に強い自然突然変異体を発見。品種「亀ノ尾」と命名される。
1895	江頭庄三郎(日本)	無芒で耐寒性のイネ個体を発見。「坊主」と命名され、北海道稲作の北限拡大に貢献する。
1896	ホプキンス(米国)	トウモロコシ穀粒のタンパク質と油含量について、高低両方向への連続選抜実験を開始。
1898	(米国)	米国農務省内に「種子・植物導入局」が設置され、その中に「植物導入部」が置かれる。
	高橋久四郎(日本)	イネが自家受粉することを明らかにし、除雄後に人工授精を行なう。交雑による最初のイネ品種の「近江錦」を育成。
1900	ド・フリース(オランダ)、コレンス(ドイツ)	メンデルの法則を再発見。
1901	ド・フリース(オランダ)	オオマツヨイグサでの実験にもとづいて「進化の突然変異説」を提唱。

育種学小史—年表

年代	人名(国名)	事　項
1694	カメラリウス(ドイツ)	ホウレンソウ、アサ、トウモロコシなどを用いて植物の性の存在を証明。
1717	フェアチャイルド(英国)	カーネーションとアメリカナデシコとの遠縁交雑から雑種を得る。これより欧州でアマチュア園芸家の交雑による品種改良が隆盛。
1760	ケルロイター(ドイツ)	タバコ属の種間交雑を行ない、はじめて雑種強勢を記録。
1764	バートラム(英国)	英国国王付の植物学者に任命され、1765年よりジョージアやフロリダを探索。
1768	バンク(英国)	エンデヴァー号に乗り、タヒチ、オーストラリア、ニュージーランドなどをまわり植物を探索。
1819	シレフ(英国)	コムギで純系選抜を行なう。
1827	アダムス(米国)	米国第6代大統領として、海外領事に赴任地から帰国の際には、その国の珍しい植物や種子を持ち帰るよう指示。
1843	(英国)	ハーペンドンのロザムステッドに世界最初の農事試験場が設立される。
1846	(アイルランド)	ジャガイモ作に疫病が蔓延し、1850年までの大飢饉がはじまる。
1849	ハーバーラント(オーストリア)	葉の柵状組織の培養を試みるが失敗。植物で最初の組織培養の試み。
	ゲルトナー(ドイツ)	種間交雑について書を著す。80属700種について約1万種類の交雑を行ない、350の雑種植物を得る。
1854	ペリー(米国)	日米修好条約で開港された下田や函館などで、大統領の命令を受けて隊員が植物採集。
1856	ヴィルモラン(フランス)	後代検定法を提案。
1858	グリム夫妻(米国)	ドイツから米国ミネソタ州に移り住み、アルファルファの耐寒性品種の選抜を開始。
1859	ダーウイン(英国)	『種の起源』を著す。
1862	リンカーン(米国)	大統領として米国農務省(USDA)を設置。
1865	メンデル(オーストリア)	ブリュン自然研究会でエンドウの交雑実験結果にもとづく遺伝法則を発表。

Pub.

図 8･1. イアン・シャイン，シルヴィア・ウロベル（1981）『モーガン＝遺伝学のパイオニア』p.100，サイエンス社

図 8･2. 松村清二（1953）『コムギの祖先』p.8，岩崎書店

図 8･3. *Svalöf 1886–1986*,（1986）p.19, Svalöf AB.

図 8･4. *Plant Breeding Reviews* 10,（1992）Frontispiece. John Wiley & Sons.

図 8･5. *Genetics* 47,（1955）Frontispiece

図 9･1. *Genetics* 46,（1954）Frontispiece

図 9･2. *Svalöf 1886–1986*,（1986）p.13, Svalöf AB.

図 10･1. Laimer M. and Rucker W.（ed.）（2003）*Plant Tissue Culture: 100 Years Since Gottlieb Haberlandt*, p.55, Springer Verlag.

図 10･2. Laimer M. and Rucker W.（ed.）（2003）*Plant Tissue Culture: 100 Years Since Gottlieb Haberlandt*, p.105, Springer Verlag.

図 11･1. Senker C.（2002）*Rosalind Franklin*, p.141, Harper Collins Publishers Inc.

図 表 出 典

図 1・1. *Genetics* 4,（1919）Frontispiece.
図 1・2. 菅洋（1983）『稲を創った人びと＝庄内平野の民間育種』p.51，東北出版企画
図 2・1. *Genetics* 5,（1920）Frontispiece
図 2・2. Alain F.C. and Floyd V.M.（1993）*Gregor Mendel's Experiments on Plant Hybrids: A Guided Study*, Frontispiece. Rutgers Univ. Press.
図 2・3. *Genetics* 12,（1927）Frontispiece.
図 3・1. Bobby J.W.（2004）*The Plant Hunter's Gardens: The New Explorers and Their Discoveries*, p.15, Timber Press.
図 3・2. マイケル・シドニー・タイラー・ホイットル，白幡洋三郎（1983）『プラント・ハンター物語＝植物を世界に求めて』p.25，八坂書房
図 3・3. Toby Musgrave, Chris Gardner and Will Musgrave（1998）*The Plant Hunters: Two Hundred Years of Adventure and Discovery Around the World*, p.32, Ward Lock Ltd.
図 3・4. マイケル・シドニー・タイラー・ホイットル，白幡洋三郎（1983）『プラント・ハンター物語＝植物を世界に求めて』p.109，八坂書房
図 3・5. *Vavilov and His Institute*, p.75, left photo, IPGRI.
図 4・1. *Genetics* 8,（1923）Frontispiece.
図 4・2. *Svalöf 1886-1986*,（1986）p.13, Svalöf AB.
図 4・3.『農業技術研究所八十年史』口絵写真中　農業環境技術研究所
図 4・4. 金沢夏樹，松田藤四郎（編著）（1996）『稲のことは稲にきけ—近代農学の始祖横井時敬』口絵写真，家の光協会
図 5・1. *The Book of the Rothamsted Experiments*,（1919）Face Page xxi, John Murray.
図 5・2. *The Book of the Rothamsted Experiments*,（1919）Face Page xxxii, John Murray.
図 5・3.『農業技術研究所八十年史』口絵写真中　農業環境技術研究所
図 5・4. 安藤圓秀（1964）『農学事始め』口絵写真　東京大学出版会
図 5・5. *Svalöf 1886-1986*,（1986）p.14, Svalöf AB.
図 5・6. 玉利喜造先生伝記編纂事業会（1974）『玉利喜造先生伝』口絵写真　鹿児島大学農学部
図 6・1. *Genetics* 3,（1918）Frontispiece.
図 6・2. Cleland R.E.（1972）*Oenothera* p.49, Academic Press.
図 6・3. Peterson P.A. and Bianchi A.（1999）*Maize Genetics and Breeding in the 20th Century*, p.19, World Scientific Pub. Co. Inc.
図 6・4. *Crop Sci.* 42,（2002）p.7, Crop Science Society of America.
図 6・5. *Plant Breeding Reviews* 17,（2000）Frontispiece, John Wiley & Sons.
図 7・1. *Genetics* 9,（1924）Frontispiece.
図 7・2.『農業技術研究所八十年史』口絵写真中　農業環境技術研究所
図 7・3. Müntzing, A.（1979）*Triticale Results and Problems* p.8, Paul Parey Scientific

16. Chilton, M.D. *et al.* (1977) Stable incorporation of plasmid DNA into higher plant cells: the molecular basis of crown gall tumorgenesis. *Cell* 11: 263-271.

17. Marton, L. *et al.* (1979) *In vitro* transformation of cultured cells from *N. tabacum* by *Agrobacterium tumefaciens. Nature* 277: 129-132.

18. Krens, F.A. *et al.* (1982) *In vitro* transformation of plant protoplasts with Ti-plasmid DNA. *Nature* 296: 72-74.

19. Fromm, M.E. *et al.* (1986) Stable transformation of maize after gene transfer by electroporation. *Nature* 319: 791-793.

20. Crossway, A. *et al.* (1986) Transformation of tobacco protoplasts by direct DNA microinjection. *Mol. Gen. Genet*. 202: 179-185.

21. Sanford, J.C. *et al.* (1987) Delivery of substances into cells and tissues using a particle bombardment process. *J. Particulate Science and Technology*, 6: 559-563.

22. Klein, T.M. *et al.* (1987) High-velocity microprojectiles for delivering nucleic acids into living cells. *Nature* 327: 70-73.

23. Martineau, B. *First Fruit. The Creation of the FlavrSavr Tomato and the Birth of Genetically Engineered Food*. McGraw-Hill.

24. Vaeck, M. *et al.* (1987) Transgenic plants protected from insect attack. *Nature*, 328: 33-37.

25. 浅川征男ほか（1992）遺伝子組換えによってTMV抵抗性を付与したトマトの生態系に対する安全性評価．農業環境技術研究所報告 8：1-51.

18. Duncan, D.R. and J.M. Widholm (1986) Cell selection for crop improvement. *Plant Breeding Reviews* 4: 153-173.
19. Cocking, E.C. (1960) Method for the isolation of protoplasts and vacuoles. *Nature* 187: 927-929.
20. Jones, C.W. *et al.* (1976) Interkingdom fusion between human (HeLa) cells and tobacco hybrid (GGLL) protoplasts. *Science* 193: 401-403.
21. Carlson, P.S. *et al.* (1972) Parasexual interspecific plant hybridization. *Proc. Nat. Acad. Sci.* USA 69: 2292-2294.
22. Melchers, G. *et al.* (1978) Somatic hybrid plants of potato and tomato regenerated from fused protoplasts. *Carlsberg Res. Comm.* 43: 203-218.
23. Gleba, Y.Y. and F. Hoffmann (1980) "Arabidobrassica": a novel plant obtained by protoplast fusion. *Planta* 149: 112-117.

第十一章　論議を呼ぶ遺伝子の人為操作

1. http://www.whonamedit.com/doctor.cfm/1754.html
2. Chargaff, E (1971) Preface to a grammar of biology. *Science* 172: 637-642.
3. Stahl, F.W. (1998) Hershey. *Genetics* 149: 1-6.
4. Hershey, A. and M. Chase (1952) Independent functions of viral protein and nucleic acid in growth of bacteriophage. *J. General Physiology* 36: 39-56.
5. Sayre, A. (1975) *Rosalind Franklin and DNA*. W.W. Norton.
6. Maddox, B. *Rosalind Franklin. The Dark Lady of DNA*. Harper Collins Pub.
7. Matthaei, J.H. *et al.* (1962) Characteristics and composition of RNA coding units. *Proc. Natl. Acad. Sci. USA* 48: 666-677.
8. Nirenberg, M.W., *et al.* (1962) An intermediate in the biosynthesis of polyphenylalanine directed by synthetic template RNA. *Proc. Natl. Acad. Sci. USA* 4: 104-109.
9. Luria, S.E. and M.L. Human (1952) A nonhereditary, host-induced variation of vacteria viruses. *J. Bacteriol.* 64: 557-569.
10. Smith, H.O. and K.W. Wilcox (1970) A restriction enzyme from *Haemophilus influenzae*. I. Purification and general properties. *J. Mol. Biol.*, 51: 379-391.
11. Kelly, T.J.Jr. and H.O. Smith (1970) A restriction enzyme from *Haemophilus influenzae*. II. Base sequence of the recognition site. *J. Mol. Biol.* 51: 393-400.
12. Jackson, D.A. *et al.* (1972) Biochemical method for inserting new genetic information into DNA of simian virus 40: Circular SV40 DNA molecules containing lambda phage genes and the galactose operon of *Escherichia coli*. *Proc. Natl. Acad. Sci.* 69: 2904-2909.
13. http://www.biosapce.com/articles/120799.cfm
14. Smith, E.F. and C.O. Townsend (1907) A plant tumor of bacterial origin. *Science*, 25: 671-673.
15. Brown, A.C. (1907) Thermal studies on the factors responsible for tumor initiation in crown gall. *Am. J. Bot.* 34: 234-240.

第十章　試験管の中での品種改良

1. Hughes, A.（1959）A History of Cytology. p.162, Abelard-Schman Ltd.（西村顯治訳『細胞学の歴史』p.238，八坂書房.）
2. Haberlandt, G.（1902）Experiments on the culture of isolated plant cells. *Bot. Rev.* 35: 68-85.（English translation by Krikorian, A.D. and D.L. Berquam from Culturversuche mit isolierten Pflanzenzellen. *Sitz-Ber. Mat.-Nat. Kl. Lais. Akad. Wiss. Wien.* 111 (1): 69-92.）
3. Krikorian, A.D. and D.L. Berquam（1969）Plant cell and tissue culture: The role of Haberlandt. *Bot. Rev.* 35: 59-88.
4. Gautheret, R.J.（1982）Plant tissue culture: The history.（In: Fujiwara, A.（ed.）（1982）*Plant Tissue Culture* pp.7-12. Maruzen.）
5. Steward, F.C. *et al.*（1958）Growth and organized development of cultured cells. I. *Am. J. Bot.* 45: 693-703.
6. Steward, F.C. *et al.*（1958）Growth and organized development of cultured cells. II. *Am. J. Bot.* 45: 705-708.
7. Yamada, T. *et al.*（1963）Formation of calli and free cells in the tissue culture of *Tradescantia reflexa. Bot. Mag. Tokyo.* 76: 332-339.
8. Guha, S. and S.C. Maheshwari（1964）*In vitro* production of embryos from anthers of *Datura. Nature* 204: 497.
9. Vasil, I.K.（1967）Physiology and cytology of anther development. *Biol. Rev.* 42: 327-373.
10. 田中正雄・中田和男（1968）半数体の育成法について．育種学最近の進歩 9：23-32.
11. 中田和男・田中正雄（1968）葯の組織培養による花粉からのタバコ幼植物の分化．遺伝学雑誌 43：65-71.
12. Niizeki, H. and K. Oono（1968）Induction of haploid rice plant from anther culture. *Proc. Japan Acad.* 44: 554-557.
13. Murashige, T. and R. Nakano（1967）Chromosome complement as a determinant of the morphogenic potential of tobacco cells. *Am. J. Bot.* 54: 963-970.
14. Heinz, D.J. and W.P. Mee（1969）Plant differentiation from callus tissue of *Saccharum* species. *Crop Sci.* 9: 346-348.
15. Skirvin, R.M. and J. Janick（1976）Tissue culture-induced variation in scented *Pelargonium*, spp. *J. Amer. Soc. Hort. Sci.* 101: 281-290.
16. Scowcroft, W.R., F.J. Larkin and R.I.S. Brettell（1983）Genetic variation from tissue culture. In: *Use of Tissue Culture and Protoplasts in Plant Pathology.* 139-162. Academic Press.
17. Negrutiu, I. *et al.*（1984）Advances in somatic cell genetics of higher plants—the protoplast approach in basic studies on mutagenesis and isolation of biochemical mutants. *Theor. Appl. Genet.* 67: 289-304.

5. Singleton, W.R.（1955）The contribution of radiation genetics to agriculture. *Agron. J.* 47: 113-117.
6. Stadler, L.J.（1928）Genetic effects of X-rays in maize. *Proc. Nat. Acad. Sci.* 14: 69-75.
7. Stadler, L.J.（1930）Some genetic effects of X-rays in plants. *J. Hered.* 21: 3-19.
8. Gager, C.S. and A.F. Blakeslee（1927）Chromosome and gene mutations in *Datura* following exposure to radium rays. *Proc. Natl. Acad. Sci. U.S.* 13: 75-79.
9. Goodspeed, T.H.（1929）The effects of X-rays and radium on species of the genus *Nicotiana. J. Heredty* 20: 243-25.
10. Auerbach, C.（1976）*Mutation Research. Problems, Results and Perspectives.* Chapman and Hall.
11. Auerbach, C. and J.M. Robson（1946）Chemical production of mutations. *Nature* 157: 302.
12. Auerbach, C. and J.M. Robson（1947）The production of mutations by chemical substances. *Proc. Royal Soc.* Section B, 62: 271-283.
13. Nilan, R.A. *et al.*（1973）Azide-a potent mutagen. *Mutation Res.* 17: 142-144.
14. Udda Lundqvist. 私信.
15. Gustafsson, Å.（1947）Mutation in agricultural plants. *Hereditas* 33: 1-100.
16. Gustafsson, Å. *et al.*（1960）The induction of early mutants in Bonus barley. *Hereditas* 46: 675-699.
17. Freisleben, R. and A. Lein（1942）Über die Auffindung einer mehltauresistenten Mutante nach Röntgenbestrahlung einer anfälligen reinen Linie von Sommergerste. *Naturwiss.* 30: 608.
18. Sapehin, A.A.（1930）Röntgenmutationen beim Weizen（*Triticum vulgare*）. *Der Züchter* 2: 257-259.
19. Ichijima, K.（1934）On the artificially induced mutations and polyploid plants of rice occurring in subsequent generations. *Proc. Imp. Acad.*, 10: 388-391.
20. Imai, Y.（1935）Chlorophyll deficiencies in *Oryza sativa* induced by X-rays. *Japan. J. Genet.* 11: 157-161.
21. 木原均（1942）X線照射と突然変異，農業および園芸 17：199-200.
22. キュリー（Ci）は，線源の放射能強度を表す旧単位で，現在はベクレル（Bq）が使われる．$1Ci=3.7\times10^{10}$ の関係にある．
23. Sparrow, A.H. and H.J. Evans（1961）Nuclear factors affecting radiosensitivity. I. *Brookhaven Symp. Biol.* 14: 76-100.
24. Kawai, T.（1963）Mutations in rice induced by radiation and their significance in rice breeding. I., II. *Bull. Natl. Inst. Agri. Sci.* 10: 1-137.
25. Futsuhara, Y.（1968）Breeding of a new rice variety Reimei by gmma-ray irradiation. *Gamma Field Symp.* 7: 87-109.
26. Sanada, T.（1986）Induced mutation breeding in fruit trees: Resistant mutant to black spot disease of Japanese pear. *Gamma Field Symposia* 25: 87-108.

11. Kihara, H.（1924）Cytologische und genetische Studien bei weichtigen Getreidearten mit besonderer Rucksicht auf das Verhalten der Chromosomen und die Sterilität in der Bastarden. *Mem. Coll. Sci. Kyoto Imp. Univ.* Ser. B1: 1-200.
12. Winge, O.（1924）Zytologische untersuchungen über Speltoide und andere mutantenähnliche Aberranten beim Weizen. *Hereditas* 5: 241-286.
13. Longley, A.E.（1927）Supernumerary chromosomes in *Zea mays. J. Agr. Res.*, 35: 769-784.
14. Lesley, J.W.（1928）A cytological and genetical study of progenies of triploid tomatoes. *Genetics,* 13: 1-43.
15. Sears, E.R.（1954）The aneuploids of common wheat. *Res. Bull. Missouri Agr. Exptl. Stat.*, 572. 1-58.
16. Gaines, E.F. and H.C. Aase（1926）A haploid wheat plant. *Amer. J. Bot.*, 13: 373-385.
17. Johansen, D.A.（1934）Haploids in *Hordeum vulgare. Proc. Nat. Acad. Sci.*, 20: 98-100.
18. Morinaga, T. and E. Fukushima（1934）Cytological studies on *Oryza sativa* L.I. Studies on the haploid plant of *Oryza sativa* L. *Japan. J. Bot.*, 7: 73-106.
19. Katayama, Y.（1934）Haploid formation by X-rays in *Triticum moncoccum. Cytologia*, 5: 235-237.
20. Kihara, H. and T. Ono（1926）Chromosomenzahlen und systematische Gruppierung der Rumex-Arten. *Z. Zellforsch*. 4: 475.
21. Blakeslee, A.F. and A.G. Avery（1937）Methods of inducing doubling chromosomes in plants. *J. Hered.*, 28: 393-411.
22. Blakeslee, A.F. and A.G. Avery（1937）Dédoublement du nombre de chromosomes chez les plantes par traitement chimique. *Comptes Rendus Acad. Sci. Paris*, 205: 476-479.
23. Blakeslee, A.F. and A.G. Avery（1937）Methods of inducing chromosome doubling in plant by treatment with colchicine. *Science*, 86: 408.
24. 野口弥吉（1947）『非メンデル式作物育種法』養賢堂.
25. Levan, A.（1945）The present state of plant breeding by induction of polyploidy. *Sveriges Utsädes-förenings Tidskrift*, 55: 109-143.

第九章　突然変異を人為的に誘発する

1. Mavor, J.W.（1922）The production of non-disjunction by X-rays. *Science* 55: 295-297.
2. Carlson, E.A.（1981）*Genes, Radiations, and Society. The Life and Work of H.J. Muller.* Cornell Univ. Press.
3. Muller, H.J.（1927）Artificial transmutation of the gene. *Science* 66: 84-87.
4. Stadler, L.J.（1928）Mutations in barley induced by X-rays and radium. *Science* 68: 186-187.

F1 hybrid of *O. sativa L.. and O. minuta* Presl. *Japan. J. Bot.* 11: 1-6.
4. 角田房子（1990）『わが祖国―禹博士の運命の種』新潮社.
5. U, N.（1935）Genome-analysis in Brassica with special reference to the experimental formation of *B. napus* and peculiar mode of fertilization. *Japan. J. Bot.* 7: 389-453.
6. McFadden, E.S.（1930）A successful transfer of emmer characters to vulgare wheat. *J. Amer. Soc. Agronomy* 22: 1020-1034.
7. Holmes, F.O.（1938）Inheritance of resistance to tobacco-mosaic disease in tobacco. *Phytopathology* 28: 553-561.
8. 岡英人（1961）タバコにおける野生種の育種的利用．育種学最近の進歩 2：20-31.
9. Sears, E.R.（1956）The transfer of leaf-rust resistance from *Aegilops umbellulata* to wheat. *Brookhaven Symp. Biol.* 9: 1-22.
10. Kanta, K. and P. Maheshwari（1963）Test-tube fertilization in some Angiosperms. *Phytomorophology* 13: 230-237.
11. Laibach, F.（1925）Das Taubwerden der Bastardsamen und die künstliche Aufzucht früh absterbender Bastard-embryonem. *Zeitschrift für Botanik* 17: 417-459.
12. Clausen, R.E. and T.H. Goodspeed（1925）Interspecific hybridization in *Nicotinana*. II. A tetraploid *glutinosa-tabacum* hybrid, an experimental verification of Winge's hypothesis. *Genetics* 10: 279-284.
13. Müntzing, A.（1930）Über Chromosomenvermegrung in *Galeopsis*-Kreuzungen und ihre Phylogenetische Bedutung. *Hereditas* 14: 153-172.
14. Leighty, C.E.（1916）Carman's wheat-rye hybrids. *J. Hered.* 7: 420-427.

第八章　遺伝子の乗る染色体を操作する

1. Baltzer, F.（1964）Theodor Boveri. *Science*, 144: 809-815.
2. Hughes, A..（1959）*A History of Cytology*. Abelard-Schuman Ltd.（西村顕治訳『細胞学の歴史―生命科学を拓いた人びと』八坂書房）
3. Shine, I. and S. Wrobel（1976）*Thomas Hunt Morgan. Pioneer of Genetics*. Univ. Press Kentucky.（徳永千代子・田中克巳訳『モーガン．遺伝学のパイオニア』サイエンス社）
4. Kuwada, Y.（1910）A cytological study of Oryza sativa L. *Bot. Mag. Tokyo*, 24: 267-280.
5. Sakamura, T.（1918）Kurze Mitteilung über die Chromosomenzahlen und die Verwandschaftsverhäktnisse der *Triticum*-Arten. *Bot. Mag.* Tokyo., 32: 150-153
6. 木原均（1954）コムギ研究 35 年の回顧．所収：木原均編著『小麦の研究』pp.632-638，養賢堂.
7. Burnham, C.R.（1956）Chromosomal interchanges in plants. *Bot. Rev.*, 22: 419-552.
8. Belling, J.（1914）A study of semisterility. *J. Hered.*, 5: 65-73.
9. Khush, G.S.（1973）*Cytogenetics of Aneuploids*. Academic Press.
10. Goodspeed, T.H. and P. Avery（1939）Trisomic and other types in *Nicotiana sylvestris*. *J. Genet.*, 38: 381-458.

4. Darwin, C.（1868）*The Variation of Animals and Plants under Domestication*.（published by Johns Hopkins Univ. Press, Baltimore in 1998）.
5. Fitzgerald, D.（1990）*The Business of Breeding. Hybrid Corn in Illinois, 1890–1940*. Cornell Univ. Press.
6. Mangelsdorf, P.C.（1955）George Harrison Shull. *Genetics* 40: 1–4.
7. http://www.bulbnrose.com/Heredity/Jones/jones_double.htm
8. Peterson, P. A and A. Bianchi（eds.）（1999）*Maize Genetics and Breeding in the 20th Century*. World Scientific, Singapore.
9. Hopkins, C.G. *et al.*（1903）The structure of the corn kernel and the composition of its different parts. *Illinois Agr. Expt. Sta. Bul*. 87: 79–112.9.
10. Mangelsdorf, P.C.（1951）Hybrid corn: Its genetic basis and its significance in human affairs. In: L.C. Dunn（ed.）*Genetics in the 20th Century. Essays on the Progress of Genetics during its First 50 Years*. pp.555–571, MacMillan.
11. Josephson, L.M. and M.T. Jenkins（1948）Male sterility in corn hybrids. *J. A M. Soc. Agron*. 40: 267–274.
12. Wricke, G. and W.E. Weber（1986）*Quantitative Genetics and Selection in Plant Breeding*. Walter de Gruyter.
13. 斎藤清（1969）『花の育種』誠文堂新光社.
14. 井上頼数編（1967）『蔬菜採種ハンドブック』養賢堂.
15. 篠原捨喜（1954）西瓜. 所収：宗博士古稀記念出版会編『育種学各論』, pp.352–356, 養賢堂.
16. 月川雅夫（1994）『野菜つくりの昭和史—熊澤三郎のまいた種子』養賢堂.
17. 坂田正之編（1985）『種子に生きる—坂田武雄追想録』坂田種苗.
18. 宗正雄（1926）『品種改良法』日本園芸会.
19. 山田実（1995）露天の風物詩　焼きトウモロコシの背景—トウモロコシ作—所収：『昭和農業技術発達史　3. 畑作編/工芸作物編』, pp.283–303, 農林水産技術情報協会.
20. 中村茂文（1977）一代雑種とうもろこし. 所収：農林水産技術会議事務局編『作物の育種—その回顧と展望』, pp.26–28, 農林統計協会.
21. Whitaker, T.W.（1983）Dedication: Henry A. Jones（1889–1981）Plant breeder extraordinate. *Plant Breeding Reviews* 1: 1–10.
22. Jones, H. A and L.K. Mann（1963）*Onions and their Allies: Botany, Cultivation, and Utilization*. Leonard Hill Books Ltd.
23. 西澤治彦（1999）中国における飢餓. 所収：丸井英二編,『飢餓』pp.42–71, ドメス出版.

第七章　遠縁交雑による新作物の創出

1. ただし, 交雑場所については, Roberts（1965）は Sulz と記している.
2. Renner, O.（1929）Artbastarde bei Pflanzen. *Handbuch der Vererbungswissenschaft*. BandII.
3. Morinaga, T.（1940）Cytogenetical studies on *Oryza sativa*. IV. The cytogenetics of

lems" pp.46-71, Carl Mbloms Boktryckeri A.-B. Lund.
4. Nilsson, H.H.（1914）Plant-breeding in Sweden. *J. Hered.* 5: pp.281-296.
5. 横井時敬（1888）『稲作改良法』奎文堂.
6. 菅洋（1983）『稲を創った人びと』東北出版企画.
7. 寺尾博（1952）育種今昔ばなし．遺伝 6：43-45.
8. Dudley, J.W. and R.J. Lambert 2004. 100 generations of selection for oil and protein in corn. *Plant Breeding Reviews* 24 Part1: 79-110.
9. Bolton, J.L. *et al.*（1972）World distribution and historical developments. In: Hanson, C.H.（ed.）*Alfalfa Science and Technology*. pp.1-34.
10. 波多江久吉（1955）リンゴ生産の発達．所収：農業発達史調査会編『日本農業発達史』第 5 巻 423-534，中央公論社．この「印度」の由来については，異説もある．

第五章　交雑はいまも植物改良法の主流

1. Roberts, H.F.（1965）*Plant Hybridization before Mendel*. Hafner Pub. Company.
2. 大槻真一郎・月川和雄（訳）（1988）『テオフラストス植物誌』八坂書房.
3. http://www.tallpoppies.net.au/australianachievers/cavalcade/farrer.htm
4. Feddak, G.（2000）http://res2.agr.ca/CRECO/au/marquis_e.htm
5. 岩崎文雄（1991）「ソメイヨシノとその近縁種の野生状態とソメイヨシノの発生地」筑波大学農林研報　3：95-110.
6. Hall, A.D.（1919）*The Book of the Rothamsted Experiments*.（revised by E.J. Russell）John Murray.
7. Hurt, R.D.（2002）*American Agriculure. A Brief History*. Purdue Univ. Press.
8. Ruckenbauer, P.（2000）E. von Tschermak-Seysenegg and the Austrian contribution to plant breeding. *Vorträge für Pflanzenzüchtung* 48: 31-46.
9. Hagberg, A.（1965）Plant Breeding in Sweden. In: "*Scandinavian Plant Breeding*", pp.97-125. by EUCARPIA,（1965）Almqvist & Wiksells Boktryckeri AB, Uppsala,
10. Goulden, C.H.（1941）Problems in plant selection. Proc. 7th. Intern. Genetics Congress, Edinbourgh, pp.132-133.
11. 玉利喜造（1892）大麦交種試験の成績．農学会会報 18：5-9.
12. 渡辺好孝（1996）アサガオ．所収：『日本人が作りだした動植物』pp.99-105，裳華房.
13. 蝦名賢造（1991）『札幌農学校―日本近代精神の源流』新評論.
14. 崎浦誠治（1984）『稲品種改良の経済分析』養賢堂.
15. 酒井寛一（1949）ラムシュ育種法の理論と方法．農業及園芸 24：105-110.

第六章　トウモロコシの生産を飛躍させた一代雑種育種

1. Roberts, H.F.（1929）*Plant Hybridization before Mendel*. Hafner Pub. Company.
2. Darwin, C.（1839）*Voyage of the Beagle*.（published by Penguin Books in 1989）.
3. Barlow, N.（1993）*The Autobiography of Charles Darwin*. 1809-1882. W.W. Norton & Company.

5. de Candolle, A.（1883）*Origin of Cultivated Plants*. Hafner Pub. Company.
6. http://marxists.anu.edu.au/subject/science/essays/speeches.htm
Genetics in the Soviet Union: Three speeches from the 1939 conference on genetics and selection. *Science and Society* 4(3)
7. Vavilov, N.I. 1926-1940.（中村英司訳（1980）『栽培植物発祥地の研究』八坂書房.
8. Harlan, J.R.（1971）Agricultural origins: centers and noncenters. *Science* 174: 468-474.
9. True, A.C.（1937）*A History of Agricultural Experimentation and Research in the United States, including a History of the United States Department of Agriculture*. USDA, Miscellaneous Pub. No.251.（吉武昌男訳（1950）『合衆国における農業試験研究の歴史』農林省農業総合研究所.）
10. Cunningham, I.S.（1984）*Frank N. Meyer, Plant Hunter in Asia*. The Iowa State Univ. Press.
11. Plucknett, D.L. *et al.*（1987）*Gene Banks and the World's Food*. Princeton Univ. Press.
12. Harlan, H.V.（1957）*One Man's Life with Barley*. Exposition Press.
13. Loskutov, I.G.（1999）*Vavilov and his Institute. A History of the World Collection of Plant Genetic Resources in Russia*. IGRI.
14. 木原均（1950）バビロフの追憶．遺伝 4：60-64.
15. Vavilov, N.I.（1939）（菊池一徳訳（1992）『ヴァヴィロフの資源植物探索紀行』八坂書房.）
16. http://www.hempstore.com/Hemp-CyberFarm_com/htms/research_orgzs/Vavilov/Vavilovindex.html, The Vavilov Institute.
17. 星川清親（1978）『栽培植物の起源と伝播』二宮書店.
18. 石原助熊（1943）輸入園芸植物に就いて．所収：日本園芸中央会編『日本園芸発達史』pp.9-32，朝倉書店.
19. 生井兵治（2003）「育種」という用語の由来に関する歴史的考察（1）「育種（そだてぐさ）」から「育種（いくしゅ）」までの変遷．育種学研究 5：161-168.
20. 農業技術研究所 80 年史編さん委員会編（1974）『農業技術研究所八十年史』農業技術研究所.
21. 菊池文雄（1989）FAO（国連食糧農業機関）における遺伝資源活動．所収：松尾孝嶺監修『植物遺伝資源集成』 第 1 巻，104-106，講談社サイエンティフィク.

第四章　交雑なしで選抜だけによる改良の時代

1. Johannsen, W.L.（1903）*Über Erblichkeit in Populationen und in reinen Linien. Gustav Fischer Verkagsbuchhandlung*, Jena
2. de Vries, Hugo（1907）*Plant-Breeding. Comments on the Experiments of Nilsson and Burbank*. The Open Court Pub. Company.
3. Åkerman, Å. and J. MacKey（1948）The breeding of self-fertilized plants by crossing. In: Å. Åkerman *et al.*（eds）"*Svalöf 1886-1946. History and Present Prob-*

6. http://www.mendelweb.org/MWpaul.html
7. Wood, R.J. and V. Orel (2001) *Genetic Prehistory in Selective Breeding: A Prelude to Mendel.* Oxford Univ. Press.
8. Milovidov, P.F. (1935) Mendel as a microscopist. A new chapter in the life of Gregor Mendel. *J. Hered.* 26: 337-348.
9. Tschermak-Seysenegg, Erich von (1951) The rediscovery of Gregor Mendel's work. A historical retrorespect. *J. Heredity* 42: 163-171.
10. Corcos, A. and F. Monaghan (1985) Role of de Vries in the recovery of Mendel's work. I. Was de Vries really an independent discoverer of Mendel? *J. Heredity* 76: 187-190.
11. Monaghan, F. and A. Corcos (1987) Tschermak: a non-discoverer of Mendelism II. A critique. *J. Heredity* 78: 208-210.
12. 横山忠雄ら (1967) 外山亀太郎博士生誕100年記念記事. 日蚕雑36：451-464.
13. Blixt, S. (1975) Why didn't Gregor Mendel find linkage? *Nature* 256: 206.
14. Fisher, R.A. (1936) Has Mendel's work been rediscovered? *Annals Sci.* 1: 115-137.
15. Pilgrim, I. (1984) The too-good-to-be-true paradox and Gregor Mendel. *J. Heredity* 75: 501-502.
16. Corcos, A and F. Monaghan (1985) More about Mendel's experiments: where is the bias? *J. Heredity* 76: 384.
17. Corcos, A.F. and F.V. Monaghan (1993) *Gregor Mendel's Experiments on Plant Hybrids.* A Guided Study. Rutgers Univ. Press.
18. Monaghan, F. and A. Corcos (1985) Chi-square and Mendel's experiments: where is the bias? *J. Heredity* 76: 307-309.
19. 森脇靖子 (2000) メンデル遺伝学の受容. フランスの場合. 生物学史研究66: 79-84.
20. 小川真里子 (2000) メンデル遺伝学の受容. ドイツの場合. 生物学史研究66：85-88.
21. Paul, D.B. and B.A. Kimmelman (1988) Mendel in America: Theory and practice, 190-1919. In: Rainger *et al.* (eds.) *The American Development of Biology.* pp.281-310, Univ. Pennsylvania Press.
22. 篠遠喜人 (1972) 臼井勝三の「メンデル氏の法則」 所収：木原均ら共著『黎明期日本の生物史』pp.376-379, 養賢堂.
23. 盛永俊太郎 (1957)『日本の稲—改良小史』養賢堂.

第三章　プラント・ハンティングから遺伝資源の収集へ

1. Lemmon, K. (1969) *The Golden Age of Plant Hunters.* A.S. Barnes and Company.
2. Tyler-Whittle, M. (1970) *The Plant Hunters.* Chilton Book Comp.
3. USDA (1940) *Farmers in a Changing World.* USDA Yearbook 1940.
4. Parliman, B.J. and G.A. White (1985) The plant introduction and quarantine system of the United States. *Plant Breeding Reviews* 3: 361-434.

参考文献および注

第一章　植物改良は自然突然変異と自然交雑の利用からはじまった

1. Clerand, R.E.（1972）*Oenothera: Cytogenetics and Evolution*. p.370, Academic Press.
2. 安田健（1954）稲作の慣行とその推移．所収：『日本農業発達史』第二巻，pp.119-399，中央公論社．
3. 盛永俊太朗（1970）中国の稲—直省志書からみた品種．農業及び園芸 45，1769-1775.
4. 池隆肆（1974）『稲の銘』オリエンタル印刷．
5. 田中諭一郎（1954）温州蜜柑はどうしてできたか．遺伝 8(11)：4-7.
6. 岩政正男（1976）柑橘の育種に関する諸問題（5）．農業および園芸 51，1051-1055.
7. 胡道静（渡部武訳）（1990）『中国古代農業博物誌考』農文協．
8. 郭文韜（渡部武訳）（1998）『中国大豆栽培史』農文協．
9. 陳文華・渡部武（編）（1989）『中国の稲作起源』六興出版．
10. 春山行夫（1980）『花の文化史』講談社．
11. 天野元之助（1979）『中国農業史研究』お茶の水書房．
12. 佐藤武敏編訳『中国の花譜』平凡社．
13. Pelt, J.（1993）*Des Lègumes*. Arthème Fayard.（田村源二訳（1996）『おいしい野菜』晶文社）
14. 斉藤清（1975）『花の育種学』二十一世紀書房．
15. 冨野耕治・堀中明（1980）『花菖蒲』家の光協会．
16. 盛永俊太郎・安田健編著（1986）『江戸時代中期における諸藩の農作物』日本農業研究所．
17. 菊池秋雄（1980）果樹園芸．所収：日本学士院編『明治前日本農業技術史』pp.199-332，野間科学医学研究資料館．
18. 永井威三郎（1959）『米の歴史』至文堂．

第二章　メンデルによる遺伝学と近代育種の誕生

1. Roberts, H.F.（1929）*Plant Hybridization before Mendel*. Hafner Pub. Company.
2. Iltis, H.（1924）*Gregor Johann Mendel. Leben, Werk und Wirkung*. Springer.（長島禮訳（1942）『メンデルの生涯』創元社.）
3. Zirkle, C.（1951）The knowledge of heredity before 1900. In: L.C. Dunn（ed.）*Genetics in the 20th Century. Essays on the Progress of Genetics during its First 50 Years*. pp.35-57, MacMillan.
4. 中沢信午（1998）『メンデル散策．遺伝子論の数奇な運命』新日本出版社．
5. Orel, V.（1971）*Secret of Mendel's Discovery. Dedicated to the 150 Anniversary of Mendel's Birthdate*.（篠遠喜人訳（1973）『メンデルの発見の秘録』教育出版.）および Orel, V.（1996）*Gregor Mendel, the First Geneticist*. p363. Oxford Univ. Press.

ラヴ（H. H. Love） 135, 140
ラザフォード（Ernest Rutherford） 217
ラッセル（E. J. Russell） 108
ラボウ（E. Rabaud） 40
ラポポルト（J. A. Rapoport） 228
ラリュウ（C. R. LaRue） 260
ラルキン（P. J. Larkin） 268
ランダル（J. T. Randall） 292
ランドルフ（L. F. Randolph） 210
ランドレッス（B. Landreth） 75

リービッヒ（Justus von Liebig） 107
リーベンベルク（A. v. Liebenberg） 32
陸游 12
リッツ（F. D. Lits） 211
リップマン（E. O. Lipmann） 18
李必湖 156
リマセット（P. Limasset） 259
リムパウ（Wilhelm Rimpau） 29, 85, 180
リュムカー（Kurt v. Rümker） 86, 115
リン（Stewart Linn） 301
リンドレイ（J. Lindley） 68
リンネ（Carl von Linné，ラテン名 Carolus Linnaeus） 49, 99, 130, 159

ル・クトゥール（John Le Couteur） 84
ルイセンコ（Torfim Denisovich Lysenko） 58, 234
ルダンテク（LeDantec） 40
ルッツ（A. M. Lutz） 203, 209
ルリア（Salvador Edward Luria） 288, 299
ルンドクヴィスト（Udda Lundqvist） 232

レイトゲブ（Leitgeb） 249
レイワルド（L. Rehwald） 253
レイン（A. Lein） 233
レヴァン（A. Levan） 214
レヴィーン（Myron Levine） 302
レヴィーン（Phoebus Aaron Theodor Levene） 281, 287
レヴィツキー（G. A. Lewitsky） 181
レサム（D. S. Letham） 256
レズリー（J. W. Lesley） 204
レーダー（Philip Leder） 296
レーダーベルク（Joshua Lederberg） 300
レーニン（Vladimir Il'ich Lenin） 59
レピック（F. F. Leppik） 74
レヒンガー（L. Rechinger） 248
レントゲン（Wilhelm Conrad Röntgen） 216
レンナー（O. Renner） 165

ロチョウ（Lochow） 86
ローガン（James Logan） 98
ローズ（John Bennet Lawes） 107
ローゼンベルク（O. Rosenberg） 209
ロバーツ（H. F. Roberts） 18, 32
ロバーツ（Lewis M. Roberts） 145
ロビンズ（W. J. Robbins） 252
ロブソン（J. M. Robson） 227

■わ 行

ワーゲン（Wilhelm Heinrich Waagen） 3
ワイス（Mary C. Weiss） 270
ワイスマン（August Weismann） 83, 188
ワイブル（Walfrid Weibull） 86
若名英治 121
和田豊治 195
ワトソン（James Dewey Watson） 290, 308
ワルデイアー（Heirich Wilhelm Gottfried Waldeyer） 187

松尾孝嶺　114, 242, 246
マッカーシー（Maclyn McCarthy）　285
マックファーデン（Edgar S. McFadden）　172
マックレオド（Colin M. MacLeod）　285
松平左金吾　15
松平頼寛　14
松村清二　243
曲直瀬篁　75
マニーヴァル（W. I. Maneval）　252
マヘシュワリ（S. C. Maheshwari）　260
マラー（Hermann Joseph Muller）　218, 219, 227
丸尾重次郎　8
マルティニ（M. L. Martini）　78, 119
マルトン（Laszlo Márton）　310
マンゲルスドルフ（Paul C. Mangelsdorf）　139

ミー（W. P. Mee）　266
ミーシャー（Johann Friedrich Miescher）　278
水島宇三郎　156, 169
水野勝元　14
ミチューリン（I. V. Michurin）　59, 234
南鷹次郎　124, 195
峰岸正吉　14
宮川謙吉　11
宮沢賢治　125
宮沢文吾　44
宮部金吾　71, 197
ミューラー（A. J. Müller）　268
ミュンツィング（Arne Müntzing）　178, 182
ミラー（C. Miller）　255, 256
ミラー（Philip Miller）　98

ムッソー（J. Mousseau）　266
陸奥宗光　110
村上寛一　263
ムラシゲ（Toshio Murashige）　255
村地孝一　237, 243

メイヴァー（J. W. Mavor）　213
メイヤー（Frank Nicholas Meyer）　66
メセルソン（M. Meselson）　302
メソン（Francis Masson）　51
メルヒャース（Georg Melchers）　275
メンデル（Gregor Johann Mendel）　17, 83, 114

モーガン（Thomas Hunt Morgan）　191, 219, 226, 251
モール（W. Mall）　164
本吉総男　316
森寛一　259
盛永俊太郎　72, 166
モレル（G. Morel）　256, 259

■や　行

保井コノ　195
安田貞雄　150
柳田国男　168
山崎義人　152
山田いち　10
ヤンセンス（F. A. Janssens）　193

袁隆平（Yuan Long Ping）　155
ユアン（R. Yuan）　302
横井時敬　89, 112
吉川定五郎　15
吉田閏之助　15
ヨハンセン（Wilhelm Ludwig Johannsen）　81, 138

■ら　行

ラーブル（C. Rabl）　188
ライバッハ（F. Laibach）　176
ライレイ（Ralph Riley）　206

ブラゴヴィドーヴァ（M. Blagovidova） 234
フランクリン（Rosalind Franklin） 292
フランケル（O. H. Frankel） 78
ブリクスト（Stig Blixt） 36, 233
ブリッグス（F. N. Briggs） 120
ブリッジス（Calvin Blackman Bridges） 191, 201
プリニウス（Gaius Plinius Secundus） 12
ブリンク（R. Alexander Brink） 139
フルヴィルス（C. Fruwirth） 115
ブルメンタール（R. Blumental） 253
ブレイクスリー（A. F. Blakeslee） 178, 203, 209, 212, 256
ブレスマン（Earl N. Bressmann） 204
フレミング（Walther Flemming） 187
ブレンナー（Sydney Brenner） 292, 295
フローレル（V. H. Florell） 119
ブロンフェンブレナー（J. J. Bronfenbrenner） 288
ブロンベリー（A. Blomberg） 28

ヘイズ（Herbert Kendell Hayes） 93, 140
ベイリー（Liberty Hyde Bailey） 29
ベーツソン（William Bateson） 35, 39, 41, 57
ベクレル（Henri Becquerel） 217
ヘスロー（H. Heslot） 229
ペッファー（W. Peffer） 31
ベッヘル（J. J. Becher） 18
ベネツカヤ（G. K. Benetzkaja） 181
ペリー（Matthew C. Perry） 55
ベリング（John Belling） 199, 209
ベルグナー（A. D. Bergner） 207
ベルゴニエ（Jean Alban Bergonié） 218
ベルターニ（G. Bertani） 300
ベルターニ（Joe Bertani） 300
ペルツ（Max Perutz） 292
ヘルナンデ（F. Hernandez） 48
ペルニス（B. Perunice） 211
ヘルベルト（William Herbert） 163
ベロゼルスキー（Andrei Mikolaevitch Belozersky） 281
ヘロドトス（Hrodotos） 97

ボイヤー（Herbert W. Boyer） 304
ボヴェリ（Theodor Boveri） 188
ボーア（Niels Bohr） 237
ホークス（J. G. Hawkes） 69
ポープ（M. N. Pope） 120
ボーリン（Pehr Bohlin） 29
ホールデン（John Burdon Sabderson Haldane） 193
ボーローグ（Nornman E. Borlaug） 184
星野勇三 44
細川斉護 15
ホッペ・ザイラー（Ernst Felix Immanuel Hoppe-Seyler） 279
ポピーノ（Wilson Popenoe） 67
ホプキンズ（Cyril G. Hopkins） 92, 140
ホフマン（Hermann Hoffmann） 28, 276
ホルデン（Perry Greeley Holden） 135, 139
ホルムズ（F. O. Holmes） 172
ホワイト（Gilbert White） 130
ホワイト（Philip R. White） 250, 252

■ま 行

マーティン（C. Martin） 259
マイスター（G. M. Meister） 181
マイヤー，P.（P. Meyer） 253
前田正名 76
マクリントック（Barbara McClintock） 200, 288
マッケイ（James MacKey） 233
マサエイ（Johan Heinrich Matthaei） 295
真島勇雄 214

ハーグベリー（Arne Hagberg） 202, 232
パーシー・サンダーズ（Percy Saunders） 104
ハーシェー（Alfred Day Hershey） 288
ハースト（C. C. Hurst） 41
パーソン（G. Persson） 232
ハートヴィッヒ（Richard Hertwig） 188
バートラム（John Bartram） 49, 98
ハーバーラント（Gottlieb Johann Friedrich Haberlandt） 31, 248
バーバンク（Luther Burbank） 100, 136
ハーラン息子（Jack Rodney Harlan） 61, 67
ハーラン父（Harry V. Harlan） 62, 67, 78, 119, 120, 170
バーンハム（C. R. Burnham） 202
ハイアット（William R. Hiatt） 313
ハインツ（D. J. Heinz） 266
バウアー（Erwin Baur） 41, 226, 233
ハヴァス（L. Havas） 211
萩尾貞蔵 123
萩原時雄 44
白居易 12
鉢蝋清香 126
バックストン（B. H. Buxton） 210
ハックスリー（Thomas Henry Huxley） 220
ハックバルス（J. Hackbarth） 6
ハトシェプスト（Hatshepsut） 46
ハニッヒ（E. Hannig） 252
林遠里 16
バルスキー（George Barski） 270
バルティモア（David Baltimore） 307
ハレット（F. F. Hallett） 85
バンクス（Joseph Banks） 19, 50, 130
范成大 12
ハンソン（N. E. Hanson） 65
パンネット（Reginald Crundall Punnett） 35
ピアソン（Karl Pearson） 83
ピーターズ（Adrian J. Pieters） 67
日向康吉 264
ビール（James Beal） 134
ピルグリム（I. Pilgrim） 37

ファラー（William James Farrer） 101
ファン・ベネデン（Edouard van Beneden） 187
フィッシャー（Ronald Aylmer Fisher） 37, 108
フィッティング（H. Fitting） 253
フィリッポフ（G. S. Filippof） 219
フィルモア（Millard Fillmore） 55
ブーゲンヴィル（Louis Antonie de Bougainville） 50
フェアチャイルド（David Fairchild） 66
フェアチャイルド（Thomas Fairchild） 98, 159
フェルドマン（Moshe Feldman） 206
フォーチュン（Robert Fortune） 65
フォッケ（Wilhelm Olbers Focke） 28, 31, 33
フォン・クーベ（Dr. von Cube） 47
ブカソフ（S. M. Bukasov） 171
福島栄二 208
ブサンゴー（Jean Batiste Joseph Dieudonné Boussingaullt） 108
許慎 6
藤井健次郎 43, 194
プック（T. T. Puck） 265
蓬原雄三 62, 244
ブッフホルツ（J. T. Buchholtz） 222
船津伝次平 111
フライスレーベン（R. Freisleben） 233
フライ（K. J. Frey） 235
ブラウン（D. J. Brown） 65
ブラウン（Robert Brown） 51
ブラウン（Thomas Brown） 3

テュレッケ（Walter Tulecke） 260
寺尾博 90, 113, 124, 149
デルザヴィン（A. Derzhavin） 183
デルブリュック（Max Delbrück） 226, 288, 299
デローネ（L. N. Delone） 234

ド・ウェット（J. M. J. de Wet） 62
ド・カンドル，アルフォンス（Alphonse Louis Pierre Pyramus de Candolle） 55, 129
ド・フリース（Hugo Marie de Vries） 3, 30, 41, 83, 137, 219
ド・モル（W. E. de Mol） 233
ド・レクルーズ（Charles de L'Ecluse）（Carolus Clusius） 47
稲若水 14
ドーソン（Michael Dawson） 285
ドシェ（Alphonse Dochez） 284
ドブジャンスキー（Theodosius Dobzhansky） 193
外山亀太郎 33, 42, 44, 90, 148
トラデスカント息子（John Tradescant） 48
トラデスカント父（John Tradescant the elder） 48
トリボンド（L. Tribondeau） 218
鳥山国士 244
トレナール（D. Tollenaar） 235
トンプソン（W. P. Thompson） 274

■な 行

ナイト（Thomas Andrew Knight） 18, 99, 129
ナヴァシン（S. G. Navaschin） 31
永井威三郎 43, 72
永井計三 149
長尾照義 275
仲尾政太郎 194
中島吾一 183
中島次三郎 8
長田敏行 272
中馬磯助 10
永松土巳 169
中村直三 16
中山 148
ナタンズ（Daniel Nathans） 307
ナップ（Prelate Cyrill Franz Napp） 22
ナドソン（G. A. Nadson） 219
並河功 197
並河成資 126
ナワシン（M. Nawaschin） 165

ニーアガールド（Th. V. Neergaard） 110
新関宏夫 263
ニクソン（Richard M. Nixon） 147
仁科芳雄 237
西村米八 77
仁部富之助 124
ニルソン（F. Nilsson） 171
ニルソン・エーレ（Nils Herman Nilsson Ehle） 117, 229
ニレンバーグ（Marshall Warren Nirenberg） 294

根井正利 262
ネーゲリ（Carl Wilhelm von Nägeli） 28, 31, 56, 129
ネーベル（B. R. Nebel） 213
ネルソン（D. Nelson） 51

野口弥吉 213
ノベクール（Pierre A. C. Nobécourt） 254
野村徳七 194

■は 行

パーキン（William Henry Perkin） 186
バーグ（Paul Berg） 303

スタウディンガー（Hermann Staudinger） 281
スタッドラー（Lewis John Stadler） 205, 218, 223
スタンレイ（W. Stanley） 258
スチュワード（Frederick Campion Steward） 256, 257
スティーヴンス（H. Stevens） 119
ステント（Gunther Stent） 300
スノウ（R. Snow） 253
スパロー（A. H. Sparrow） 240
スミス（Hamilton O. Smith） 302
スミス（L. H. Smith） 140, 205
スワンソン（Robert A. Swanson） 305

ゼングブッシュ（R. von Sengbusch） 6

宗正雄 151
曽禰荒助 112
ソランダー（Daniel Carl Solander） 51

■た 行

ダーウィン（Erasmus Darwin） 130
ダーウィン（Charles Robert Darwin） 3, 4, 130
ターナー（William Turner） 47
ダーリントン（C. D. Darlington） 210
ダヴェイ（M. R. Davey） 310
ダヴェンポート（Charles Davenport） 41, 136
ダヴェンポート（Eugene Davenport） 135
高橋久四郎 122
高橋良直 123
竹内鼎 149
竹崎嘉徳 44, 123
建部到 272
多遅摩毛理 75
ダスティン（A. P. Dustin） 211
ダドレイ（Paul Dudley） 98
田中長三郎 10, 44, 75
田中義麿 43, 236
田原正人 165, 195
玉利喜造 120, 154, 163, 180
田道間守 75

チェース（Martha Chase） 289
チェムバー 271
チェルマク（Erich von Seysenegg Tschermak） 32, 88, 114, 181
チマン（Kenneth Thimann） 255
チモフェーエフ・レソフスキー（Nikolai Wladimirovich Timoféeff-Ressovsky） 220, 226
チャールズ・サンダーズ（Charles Saunders） 104
チャドウイック（James Chadwick） 218
趙時庚 12
チルトン（M. D. Chilton） 309
チンマー（K. G. Zimmer） 226

ツァークル（Conway Zirkle） 21
津田仙 105
土屋又三郎 14
ツレッソン（Göte Wilhelm Turesson） 113, 119

デイヴィド（Jean Pierre Armand David） 53
ディオスコリデス（Dioscorides of Anazarbus） 46
ディクソン（W. E. Dixon） 211
ディグビー（L. Digby） 199
ディダス（V. I. Didus） 234
テオフラストス（Theophrastus） 12, 97
デケメ（Jacques-Louis Descemet） 105
テディン（H. Tedin） 87
デュソワ（Daisy Dussoix） 301
デュポン（Andre Dupont） 105

佐瀬与次衛門　14
ザックス（Karl Sax）　205
サッシャロウ（W. W. Ssasharow）　226
サットン（Walter Stanborough Sutton）　189
佐藤順治　123
真田哲朗　246
サペヒン（A. A. Sapehin）　234
サルコースキー（E. Salkowski）　250
沢野淳　110
サンクカラ（Sankhkara）　45
サンシェ・モンジェ（E. Sanchez-Monge）　183
三之丞　7, 105
サンフォード（John Sanford）　312

シア（Richard H. P. Sia）　285
シアーズ（Earnest Robert Sears）　140, 174, 204
ジアール（A. Giard）　40
シーマン（E. Schiemann）　226
石明松　157
ジールゾン（Johann Dzierzon）　21
ジェセンコ（F. Jesenko）　183
ジェファーソン（Thomas Jefferson）　54
シェベスキ（L. H. Shebeski）　183
シェル（Jozef S. Schell）　309
ジェンキンス（B. C. Jenkins）　183
シノット（Emund W. Sinnott）　251
篠遠喜人　195
島倉享次郎　260
下斗米直昌　165
釈浄因　8
ジャニック（J. Janick）　266
シャメル（Archibald Dixon Shamel）　135
シャル（George Harrison Shull）　41, 136
シャルガフ（Erwin Chargaff）　286
ジャルマ・ニルソン（Hjalmar Nilsson）　87, 110, 116
シュヴァルツコップ（Schwarzkopf）　105
シュヴァン（Theodor Schwann）　248
シュヴェンデナー（Schwendener）　248
ジューコフスキー（P. M. Zhukovsky）　74
シュツッベ（H. Stubbe）　233
シュテックハルト（Julius Adolf Stöckhart）　108
シュトラスブルガー（Eduard Strasburger）　194, 207, 209
シュナイダー（F. Schneider）　53
シュプレンガー（Sprenger）　6
シュマルハウゼン（I. F. Schmalhausen）　28
シュライデン（Matthias Jakob Schleiden）　129, 247
ジュリアナ（Julianna Grimm）　93
ジョーンズ（Donald Forsh Jones）　142, 212
ジョーンズ（Henry A. Jones）　153
ジョゼフィーヌ（Joséphine，本名 Marie Josèphe Tascher de la Pagerie）　104
ジョリオ・キュリー夫妻（Frederic Joliot-Curie と Iréne Joliot-Curie）　218
ジョン・イング（John Ing）　94
ジリンスキー（F. J. Zillinsky）　184
シレフ（Patrick Shirreff）　84, 99
シンジ（John Martin と Richard Synge）　287
新城長有　156

スキルヴァン（R. M. Skirvin）　266
スクーグ（Folke Skoog）　254
スコークロフト（W. R. Scowcroft）　268
スタートヴァント（Alfred Henry Sturtevant）　193, 201
スターリン（Iosif Vissarionovich Stalin）　57
スターン（C. Stern）　200

クイーニ（John Francis Queeny） 315
グーリアン（Mehran Goulian） 299
グスタフソン（Åke Gustafsson） 230
グスリー（F. B. Guthrie） 102
クック（James Cook） 51
クッシュ（Gurdev S. Khush） 203
グッドスピード（T. H. Goodspeed） 68, 178, 204
工藤吉郎兵衛 119, 123, 164
グハ（Sirpa Guha） 260
熊澤三郎 150
クラーク（A. J. Clark） 227
グラーヘ（R. Grahe） 268
クラウゼン（R. E. Clausen） 173, 178, 204
クラップハム（David Clapham） 264
グリーン（Howard Green） 270
クリック（Francis Harry Compton Crick） 291
グリフィス（Frederick Griffith） 282
グリム（Wendelin Grimm） 93
クルー（F. A. E. Crew） 227
グレイ（Asa Gray） 55, 134
クレイン（M. B. Crane） 171
グレーバ（Gleba） 276
グレゴリー（W. C. Gregory） 235
クロッチ（J. F. Klotsch） 68
桑田義備 194

ゲイツ（R. R. Gates） 203
ゲインズ（E. F. Gaines） 207
ゲスナー（Conrad Gesner） 47
ケリー（T. J. Kelly） 302
ゲルトナー（Carl Friedrich von Gärtner） 162
ケルナー（Kerner） 28
ケルロイター（Joseph Gottlieb Kolreuter） 18, 99, 128, 161
ケレンベルガー（Eduard Kellenberger） 300

コーエン（Stanley N. Cohen） 305
ゴースレイ（Roger J. Gautheret） 253, 256
郡場寛 197
コール（Rufus Cole） 284
ゴールドバーガー（Joseph Goldberger） 298
ゴールトン（Francis Galton） 82
コールマン（R. E. Coleman） 266
コーンバーグ（Arthur Kornberg） 297, 303
古在由直 91, 112, 122
ゴス（John Goss） 20
コッキング（E. C. Cocking） 272
コッセル（Albrecht Kossel） 280
コッテ（W. Kotte） 252
コットン・マザー（Cotton Mather） 97
後藤和夫 259
駒井卓 193
コマイ（Luca Comai） 315
コメルソン（Philbert de Commelson） 50
コリ，C.（Carl Cori） 298
コリ，G.（Gerty Cori） 298
コリンスン（Peter Collinson） 49
コレンス（Carl Erich Correns） 31, 41
コンクリン（Edwin Grant Conklin） 136
近藤頼巳 126

■さ 行

斉藤清 148
サヴィツキー（V. F. Savitsky） 7
サウンダース（William Saunders） 109
酒井寛一 126
坂口進 77
坂田武雄 151
坂村徹 71, 166, 195
佐々木惣吉 8
サジェレ（Augustin Sageret） 20

■か 行

人名索引

■あ　行

アース（H. C. Aase）　207
アーバー（Werner Arber）　300
アヴェリ（B. T. Avery, Jr.）　203, 209, 212
アウエルバッハ（Charlotte Auerbach）　227
明峰正夫　71
アダムズ（John Quincy Adams）　54
アッカーマン（Åke Åkerman）　110, 232
アッセイエーヴァ（T. Asseyeva）　234
アフィフィ（A. Afify）　171
阿部亀治　9
アリストテレス（Aristotelēs）　3, 97
アルテンブルク（E. Altenburg）　200
アルトマン（Richard Altmann）　280
アルベルトゥス（Albertus Magnus）　46
アレン（E. Allen）　211, 312
アンダーソン（E. G. Anderson）　202
安藤広太郎　44, 91, 112, 122
安楽庵策伝　14

イアチェフスキー（A. A. Iachevskii）　70
イースト（Edward Murray East）　41, 135, 139, 223
池野成一郎　34, 43, 164
石川千代松　34, 194
石川理紀之助　16
石田名香雄　270
石渡繁胤　44
泉有平　208
市島吉太郎　236
伊藤伊兵衛　105
伊藤庄次郎　150
伊藤博　77
伊藤政武　105
稲塚権次郎　126
井上兵助　121
今井喜孝　44, 193
イルティス（Hugo Iltis）　37
岩崎常正　8

ヴァヴィロフ（Nikolai Ivanovich Vavilov）　57, 62
ヴァレンタイン（Ray Valentine）　313
ヴァレンティン（Michael Bernard Valentin）　97
ヴィクター・ヘーン（Victor Hehn）　57
ヴィドホルム（J. M. Widholm）　266
ヴィベル（Jean-Pierre Vibert）　105
ウイリアム・サンダーズ（William Saunders）　103
ウイルキンス（Maurice Wilkins）　290
ウイルコックス（K. W. Wilcox）　302
ウイルソン（Alexander Stephen Wilson）　179
ウイルソン（E. B. Wilson）　189
ヴィルモラン（Louis de Vilmorin）　13, 86
ヴィルモラン女史（Marquise Phillipa de Vilmorin）　71
ウィンクラー（Hans Winkler）　198, 210
ウインゲ（Ö. Winge）　177, 204
ウェイグル（Jean Weigle）　300
ウェリンダー（Birger Welinder）　110
ウェルギリウス（Publius Vergilius Maro）　12
ウェルドン（Walter Frank Raphael Weldon）　40, 83
ウェルハンゼン（Edwin J. Wellhausen）　145
ヴェント（F. W. Went）　253
ウォード（Nathaniel Bagshaw Ward）　52

著者略歴

鵜《う》飼《かい》　保《やす》雄《お》（農学博士）

一九六六年　東京大学大学院農学系研究科博士課程修了
東京大学農学部農業生物学科助手
農林省放射線育種場研究員
一九七九年　農林水産省農業技術研究所放射線育種場室長
一九八六年　農林水産省農業環境技術研究所室長
一九九一年　東京大学教授（農学部）
一九九五年　東京大学農学部緑地植物実験所所長（併任）
一九九八年　定年により退官
現　在　著述に専念

主要著書

植物改良の原理　上・下巻（共著、培風館）
改良される植物（共著、培風館）
世界を変えた作物（共著、培風館）
植物育種学　上・下巻（共著、培風館）
ゲノムレベルの遺伝解析（著、東京大学出版会）
量的形質の遺伝解析（著、医学出版）
植物育種学—交雑から遺伝子組換えまで—（著、東京大学出版会）

植物改良への挑戦
メンデルの法則から遺伝子組換えまで

二〇〇五年九月八日　初版発行

著　者　鵜飼保雄
発行者　山本　格

発行所　株式会社　培風館
東京都千代田区九段南四-三-一二　郵便番号102-8260
電話(〇三)三二六二-五二五六(代表)・振替〇〇一四〇-七-四四七二五

東洋経済印刷・牧製本

PRINTED IN JAPAN

ISBN4-563-07793-3 C3045